建筑制图

JIANZHU ZHITU

（第二版）

主审　李光树

主编　蒲小琼　苏宏庆

编者　（以姓氏拼音为序）

蒲小琼　苏宏庆　王　静　熊　艳

叶颖娟　尹湘云　张　琳

四川大学出版社

责任编辑:毕　潜
责任校对:李思莹
封面设计:墨创文化
责任印制:王　炜

图书在版编目(CIP)数据

建筑制图 / 蒲小琼,苏宏庆主编. —2版. —成都:
四川大学出版社,2011.8
ISBN 978-7-5614-5437-4

Ⅰ.①建…　Ⅱ.①蒲…②苏…　Ⅲ.①建筑制图-高
等学校-教材　Ⅳ.①TU204

中国版本图书馆 CIP 数据核字 (2011) 第 169316 号

内 容 提 要

　　本书是在蒲小琼、苏宏庆主编的《建筑制图》第一版的基础上,根据教育部工程图学教学指导委员会最新修订并公布的"普通高等学校工程图学课程教学基本要求"以及国家有关制图标准,总结多年的教学经验修订而成。

　　除绪论外,本书共分 12 章,其主要内容包括:制图的基本知识和基本技能,投影法的基本知识,点、直线、平面的投影,投影变换,立体,曲线与工程曲面,轴测图,组合体,视图、剖面图、断面图,房屋建筑图,装饰施工图,标高投影。

　　与本书配套使用的《建筑制图习题集》也同时出版,可供选用。

　　本书可供高等学校本科、高职高专建筑学、城市规划、景观设计、土木工程、工程管理、工程造价、建筑装饰设计、环境艺术设计、园林设计等专业作为教材使用,也可供其他类型学校,如电视大学、函授大学、网络学院、成人高校等相关专业选用和有关工程技术人员选用和参考。

书　名	建筑制图 (第二版)
主　　编	蒲小琼　苏宏庆
出　　版	四川大学出版社
地　　址	成都市一环路南一段24号 (610065)
发　　行	四川大学出版社
书　　号	ISBN 978-7-5614-5437-4
印　　刷	郫县犀浦印刷厂
成品尺寸	185 mm×260 mm
印　　张	18.25
字　　数	441 千字
版　　次	2011 年 8 月第 2 版
印　　次	2015 年 10 月第 6 次印刷
印　　数	14 001~16 000 册
定　　价	33.00 元

◆读者邮购本书,请与本社发行科联系。
　电话:(028)85408408/(028)85401670/
　(028)85408023　邮政编码:610065
◆本社图书如有印装质量问题,请
　寄回出版社调换。
◆网址:http://www.scup.cn

前　言

　　本书是在蒲小琼、苏宏庆主编的《建筑制图》第一版的基础上，根据教育部工程图学教学指导委员会最新修订并公布的"普通高等学校工程图学课程教学基本要求"以及国家有关制图标准，总结多年的教学经验修订而成。

　　在本书修订过程中，我们注意了下面几个方面：

　　1. 在内容组织上，根据"普通高等学校工程图学课程教学基本要求"，以培养应用型人才为目标，按"应用为目的"和"必须够用为度"的标准，强调学习基础理论、掌握基本知识和基本技能，力求为学生奠定坚实的专业基础。

　　2. 在内容安排上，将画法几何的基础理论、制图的基本知识和技能与建筑制图的基本图样表达有机地结合起来，并考虑学习对象的不同，尽量注意内容排序的合理性和深浅度，以便在教学中可以根据不同专业及学时作相应的增删与选学。

　　3. 在内容的表述上，书中插图尽量做到简单、清晰，文字叙述尽量做到易读、易懂。本书对各种画法和表达方法在遵循投影理论规律的基础上，力求做到简明扼要、易懂、易解；对内容的重点、难点和典型例题做了较为详细的分析和叙述。

　　4. 本书尽量突出建筑类专业应用性强的特点，以继承和创新并重、理论与实践结合为基准，选择实际工程图样，达到易绘、易读，融会贯通。

　　5. 同时配套编写的《建筑制图习题集》，在选题上，按照教学的基本要求，尽量结合专业，由浅入深，循序渐进，其内容与教材内容密切配合，便于读者的学习和练习。

　　6. 鉴于近年来较多学校把计算机绘图单独开课，而相关的计算机绘图书籍较多，其内容均较为详尽，为减少篇幅，本教材内容不包含计算机绘图的内容。

　　7. 本书力求反映新的国家标准和行业标准。所采用的标准有：《技术制图标准》及《房屋建筑制图统一标准》GB/T50001－2001（简称"统一标准"）、《总图制图标准》GB/T50103－2001（简称"总标"）、《建筑制图标准》GB/T50104－2001（简称"建标"）、《建筑结构制图标准》GB/T50105－2001（简称"结标"）、《给水排水制图标准》GB/T50106－2001（简称"给标"）等。

　　8. 在修订过程中，除了对第一版中失误之处进行修正外，还以附录的形式在书中增加了"单层工业厂房建筑施工图的阅读"部分，方便读者选用。

　　参加本书修订工作的高等院校有：四川大学、四川大学锦城学院、四川大学锦江学院、成都艺术职业学院、成都纺织高等专科学校等。具体修订内容的分工为：蒲小琼（绪论、第 2 章、第 3 章、第 4 章、第 5 章）、苏宏庆（第 10 章）、熊艳（第 1 章、第 6 章、第 12 章）、尹湘云（第 7 章）、叶颖娟（第 8 章）、张琳（第 9 章）、王静（第 11 章）。四川大学蒲小琼、苏宏庆任主编，李光树任主审。审阅人为本书提出了许多宝贵的意见和建议，为此，我们表示衷心的感谢。

对在本书修订过程中给予大力支持的康志华、罗特军、冉昌光、易晓园、王芃、刘琛、石涓力、张乃心、严瑞佳、蒋岚、张爱玲等表示特别的感谢。

本书在修订过程中参考了相关的文献，在这里，我们对这些作者表示诚挚的谢意。

由于编者水平有限，疏漏错误在所难免，敬请读者批评指正。

编　者

2011 年 8 月

目　录

绪 论

一、本课程的性质和任务

工程图样是工程设计、工程施工、加工生产和技术交流的重要技术文件，主要用于反映设计思想、指导施工和制造加工等，被称为"工程界的技术语言"。

本课程是高等院校工科类专业的一门既有系统理论又有较强实践性的专业技术基础课。

本课程包括画法几何、工程制图（如建筑、机械、水利等）和计算机绘图基础三个部分的内容。画法几何部分研究如何运用正投影法来图示空间形体及图解空间几何问题的原理和方法；工程制图部分在国家或行业制图标准规定的基础上，研究建筑等工程图样的绘制与阅读方法；计算机绘图基础部分介绍运用现代化手段（用 AutoCAD）绘制工程图样的方法。

本课程的主要任务是：

1. 学习投影法的基本理论及其应用，着重培养空间想象能力、分析能力和空间几何问题的图解能力。

2. 掌握制图的基本知识和规范，培养绘制和阅读工程图样的基本能力。

3. 初步掌握计算机绘制图形的基本方法。

4. 培养自学能力、分析和解决问题的能力，以及创新能力。

5. 培养认真、负责的工作态度和严谨、细致的工作作风。

二、本课程的特点及学习方法

本课程的特点是既有系统理论又有较强实践性，需要将理论和实践相结合，不断地进行训练。

画法几何的特点是系统性强、逻辑严谨。上课时应注意认真听讲，做好笔记；复习时应先阅读教材中的相应内容，弄懂在课堂所学习的基本原理和基本作图方法，最好能亲自动手，完成课堂上一些典型图例的作图过程，以检查自己对相关内容的掌握情况；然后独立地完成一定数量的作业，加强对所学内容的理解和掌握。在学习过程中，要注意运用正投影原理来加强空间形体和平面图形之间的对应关系，进行由物到图和由图到物的反复练习，不断提高空间想象能力和空间分析能力。

工程制图的特点是实践性强。只有通过一定数量的画图、读图练习和多次实践，才能逐步掌握画图和读图的方法，提高画图和读图的能力。在完成大作业练习题之前，要仔细阅读作业指示书，然后按指示书的要求（如投影正确，作图准确，字体端正，图面美观等），并遵循国家和行业制图标准，正确使用绘图工具，严肃认真、耐心细致地完成画图和读图作业。计算机绘图部分可以利用相关的计算机绘图书籍和绘图软件进行学习，并上机反复进行图形绘制练习，以熟练地掌握这一技术。

第 1 章　制图的基本知识和基本技能

图样是工程技术界的共同语言，是产品或工程设计结果的一种表达形式，是产品制造和工程施工的依据，是组织和管理生产的重要技术文件。为了便于技术信息交流，对图样必须作出统一的规定。

由国家指定专门机关负责组织制定的全国范围内执行的标准，称为"国家标准"，简称"国标"，代号为"GB"；由"国际标准化组织"制定的世界范围内使用的国际标准，代号为"ISO"。目前，在建筑方面，国内执行的制图标准主要有：《房屋建筑制图统一标准》GB/T50001—2001、《建筑制图标准》GB/T50104—2001 等。

本章将分别就"国标"中规定的基本内容包括图纸的幅面及格式、比例、字体、图线、尺寸标注等作简要介绍，并对绘图工具的使用、基本几何作图、绘图方法与步骤等基本技能作简要介绍。

1.1　制图的基本规定

1.1.1　图纸幅面和格式

1.1.1.1　图纸幅面

图纸幅面是指由图纸宽度 B 与长度 L 所组成的图面。绘图时，图纸可以横放（长边 L 水平放置）或竖放（长边 L 垂直放置）。

（1）基本幅面。

《房屋建筑制图统一标准》GB/T50001—2001规定，绘制技术图样时应优先采用表 1−1 所规定的五种基本幅面（第一选择），其代号为 A0、A1、A2、A3、A4，尺寸为 $B×L$（mm×mm）。各号图幅格式如图 1−1 所示。

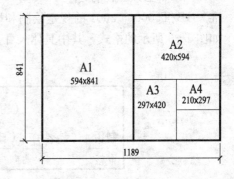

图 1−1　图纸幅面

表 1−1　图纸幅面及图框格式尺寸（mm）

幅面代号	A0	A1	A2	A3	A4
$B×L$	841×1189	594×841	420×594	297×420	210×297
a	25				
c	10			5	

（2）加长幅面。

　　必要时，允许选用由基本幅面的短边成整数倍增加后所得的加长幅面。A0、A2、A4幅面的加长量应按 A0 幅面长边的 1/8 倍数增加，A1、A3 幅面的加长量应按 A0 幅面短边的 1/4 倍数增加。

1.1.1.2　图框格式及标题栏

　　图框是指图纸上限定绘图区域的线框。图框格式分为不留装订边和留装订边两种，同一种产品只能采用同一种格式。无论装订与否，均用粗实线画出图框线。需要装订的图纸，图框格式如图 1-2 所示，其尺寸按表 1-1 的规定。

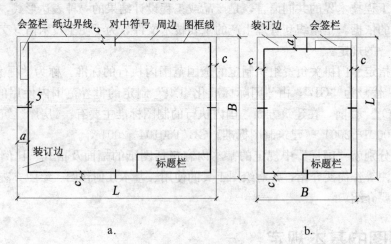

a.　　　　　　　　　　　　　　b.

图 1-2　有装订边的图纸格式

　　标题栏是图纸提供图样信息、图样所表达的产品信息及图样管理信息等内容的栏目。每张图纸都必须画出标题栏，其基本要求、内容、格式和尺寸按《房屋建筑制图统一标准》GB/T50001-2001 的规定绘制和填写。但在学校中，建筑专业中简化标题栏可采用如图 1-3 所示的格式，其中具体尺寸、格式及分区可根据工程需要来选择。

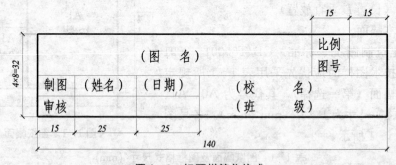

图 1-3　标题栏简化格式

　　说明：（1）图 1-3 所示标题栏是按一定的比例缩小处理过的，画图时按尺寸用 1∶1 的比例画出。

　　（2）标题栏中字体大小为：图名用 10 号，校名用 7 号，班级用 3.5 号，其余（包括图号）均用 5 号。

1.1.2　比例

1.1.2.1　比例的概念

比例是指图中图形与实物相应要素的线性尺寸之比。当绘制的图形与相应实物一样大时，比值为 1，即比例为 1:1，称为原值比例；当绘制的图形比相应实物小时，比值小于 1，如比例为 1:2，称为缩小比例；当绘制的图形比相应实物大时，比值大于 1，如比例为 2:1，称为放大比例。

1.1.2.2　比例的选择

根据《房屋建筑制图统一标准》GB/T50001-2001 的规定，绘制技术图样时应优先采用表 1-2 所规定系列中优先选取的比例，必要时也可选取允许选取的比例。

表 1-2　比例的种类及系列

种类	绘图的比例		
	优先选取	允许选取	
原值比例	1:1		
放大比例	5:1　　2:1	4:1　　2.5:1	
	5×10^n:1　2×10^n:1　1×10^n:1	4×10^n:1　2.5×10^n:1	
缩小比例	1:2　　1:5　　1:10	1:1.5　　1:2.5　　1:3　　1:4　　1:6	
	$1:2\times10^n$　$1:5\times10^n$　$1:1\times10^n$	$1:1.5\times10^n$　$1:2.5\times10^n$　$1:3\times10^n$　$1:4\times10^n$　$1:6\times10^n$	

注：n 为正整数。

1.1.2.3　标注的方法

当整张图纸的各个视图采用同一比例时，其比例应填写在标题栏的"比例"栏中；当某一视图需采用不同比例时，必须另行标注在视图名称的右侧，比例的字高宜比图名的字高小一号或二号，如：

$$\text{平 面 图}\quad \textbf{\textit{1:200}}$$

在特殊情况下，允许在同一个视图中的铅垂和水平方向采用不同的比例，但两个不同比例之间不得超过 5 倍。

1.1.3　字体

GB/T14691-93《技术制图——字体》中，规定了技术图样及有关文件中书写的汉字、数字、字母的结构形式及基本尺寸。

基本要求： 字体端正，笔划清楚，间隔均匀，排列整齐。

字体的高度： 字体的高度（h）用字号来表示，如字高为 5mm 就是 5 号字。常用的字号有 2.5、3.5、5、7、10、14、20 等。若需要书写大于 20 号的字，其字体高度应按 $\sqrt{2}$ 的比率递增。

1.1.3.1　汉字

国家标准规定，汉字应写成长仿宋体，并采用国家正式公布的简化字。汉字只能写成直体，其高度 h 不宜小于 3.5mm，长仿宋字体的字高与字宽的比例为 $1:1/\sqrt{2}$，约为 $1:0.7$，如 10 号字的字宽为 7，5 号字的字宽为 3.5，即 5 号字的字宽就是 3.5 号字的字高。

仿宋字的特点是：笔划粗细均匀、横平竖直、刚劲有力、起落分明、书写规则。其书写要领是：高宽足格、排列匀称、组合紧密、布局平稳。为了保持字体大小一致，应在按字号大小画的格子内书写。字距约为字高的 1/8~1/4，行距约为字高的 1/4~1/3。

汉字的基本笔划见表 1-3。

表 1-3　汉字的基本笔划

汉字中有很多字是由偏旁部首组成的，对它们应有一定的了解。常用的偏旁部首和有关字例见表 1-4。

表 1-4　部分常用偏旁部首及字例

偏旁	写法	字例		偏旁	写法	字例	
亻	撇斜度宜大而直竖位于撇的中部	作	位	禾	短横的长度约占字宽的 1/3 强	利	科
讠	竖点与短横不搭接	设	计	米	横稍上，上密下稀	料	粗
廴	撇要陡一些，最后一笔要向左出头	廷	建	刂	右边一竖要长些	制	到
广	撇应向上出头	度	麻	戈	弯钩上半宜竖直，撇要长	成	或
灬	左边第一点向左偏，其余微向右偏	照	然	殳	上部占格短些，"又"部略长而宽	投	段
艹	左边竖直，右边斜撇	范	幕	人	撇长捺短，结尾高	令	全

汉字除单体字外，其字形结构一般由上、下或左、右几部分组成，常见的情况是各部分分别占整个汉字宽度或高度的 1/2、1/3、2/3、2/5、3/5 等，如图 1－4 所示。

装 1/2 1/2
意 1/3 1/3 1/3
最 1/3 2/3
贯 2/5 3/5
孔 1/2 1/2
抛 1/3 1/3 1/3
沉 1/3 2/3
锥 2/5 3/5

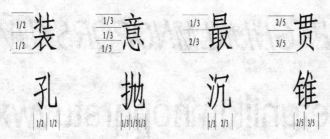

图 1－4　汉字的字形结构

长仿宋体汉字的书写示例如图 1－5 所示。

10号字

字体端正 笔划清楚 排列整齐 间隔均匀

7号字

横平竖直注意起落结构均匀高宽足格

5号字

国家标准技术机械制图电子航空汽车船舶运输水文水利土木建筑矿山井坑巷口

3.5号字

零件装配剖视斜锥度深沉最大小球后直网纹均布旋转前后表面展开水平镀抛光研磨两端中心孔销键螺纹齿轮轴

图 1－5　长仿宋体汉字示例

1.1.3.2　数字和字母

数字和字母分为 A 型和 B 型，A 型字体的笔划宽度 d 为字高 h 的 1/14；B 型字体的笔划宽度 d 为字高 h 的 1/10。在同一图样上只允许采用同一形式的字体。

工程上常用的数字有阿拉伯数字和罗马数字，分别如图 1－6 和图 1－7 所示。阿拉伯数字有直体和斜体两种。斜体字向右倾斜约与水平线成 75°。图样上的尺寸数字常用斜体，与汉字混写的时候宜用直体。图 1－6 为阿拉伯数字的斜体和直体示例。图 1－7 为罗马数字的直体示例。

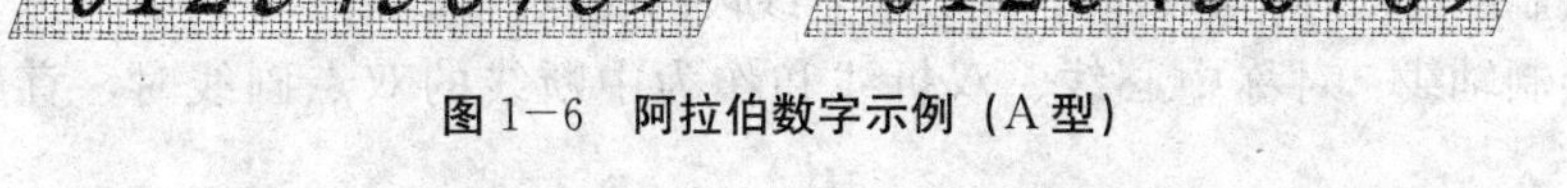
0123456789
0123456789

图 1－6　阿拉伯数字示例（A 型）

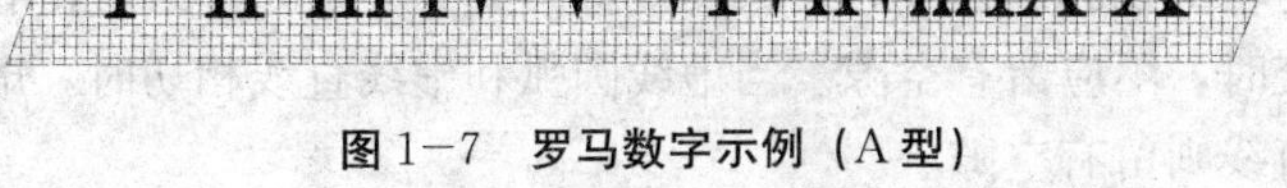
I II III IV V VI VII VIII IX X

图 1－7　罗马数字示例（A 型）

拉丁字母有大写、小写、直体、斜体四种，图1-8为拉丁字母的大写斜体和小写直体两种示例。

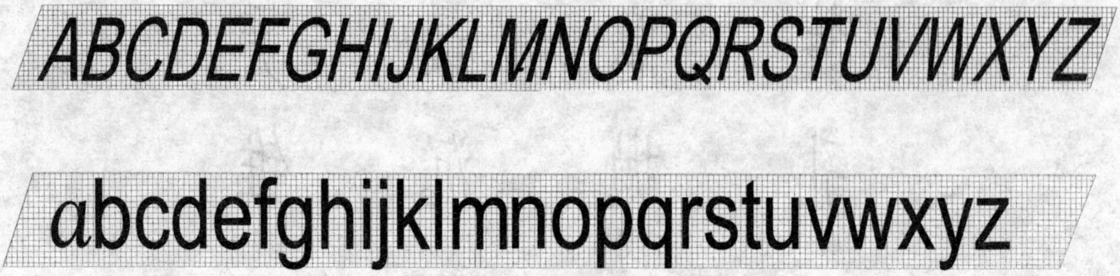

ABCDEFGHIJKLMNOPQRSTUVWXYZ

abcdefghijklmnopqrstuvwxyz

图1-8 拉丁字母示例（A型）

1.1.4 图线

《房屋建筑制图统一标准》GB/T50001-2001规定了图样中图线的线型、尺寸和画法。

1.1.4.1 基本线型

在土建制图中，常用的图线有粗实线、中实线、细实线、虚线、点画线、双点画线、折断线和波浪线等。表1-5中列出了工程建设中常用的基本图线的名称、形式、宽度及主要用途。

图线的线宽是指图线的粗细程度。图线根据线宽分为粗线、中粗线和细线三种。粗线的宽度 b 应按图的大小和复杂程度在0.5mm～2mm之间选择，粗、中、细线的宽度比率约为1∶0.5∶0.25。

1.1.4.2 图线的尺寸

所有线型的图线宽度（b）应按图样的类型和尺寸大小在下列推荐系列中选择（系数公比为 $1:\sqrt{2}$，约为0.7，单位为mm）：2.0、1.4、1.0、0.7、0.5、0.35。

1.1.4.3 应注意的问题

（1）为了保证图样清晰、易读和便于缩微复制，应尽量避免在图样中出现宽度小于0.18mm的图线。

（2）在同一图样中，同类图线的宽度应基本一致。虚线、点画线及双点画线的线段长度和间隔应大致相同。点画线和双点画线中的"点"应画成长约1mm的短画，点画线（双点画线）相交时，应是长画相交即短画不能与短画或长画相交。点画线和双点画线的首尾两端应是线段而不是短画。

（3）绘制圆的对称中心线时，圆心应是线段的交点。

（4）绘制轴线、对称中心线、双折线和作为中断线的双点画线时，宜超过轮廓线2mm～5mm。

（5）在较小的图形上绘制点画线有困难时，可用细实线代替。

（6）当虚线是粗实线的延长线时，粗实线应画到分界点，虚线应留有空隙。当虚线与粗实线或虚线相交时，不应留有空隙。当虚线圆弧和虚线直线相切时，虚线圆弧的线段应画至切点，虚线直线则留有空隙。

表1-5　工程建设常用图线

名称		线型	线宽	用途
实线	粗		b	1. 一般作主要可见轮廓线 2. 平、剖面图中主要构配件断面的轮廓线 3. 建筑立面图中外轮廓线 4. 详图中主要部分的断面轮廓线和外轮廓线 5. 总平面图中新建建筑物的可见轮廓线
	中粗		$0.75b$	给排水工程图中的给水管道
	中		$0.5b$	1. 建筑平、立、剖面图中一般构配件的轮廓线 2. 平、剖面图中没有剖切到，但可看到部分的轮廓线 3. 总平面图中新建道路、桥涵、围墙等及其他设施的可见轮廓线和区域分界线 4. 尺寸起止符号
	细		$0.25b$	1. 总平面图中新建人行道、排水沟、草地、花坛等可见轮廓线，原有建筑物、铁路、道路、桥涵、围墙的可见轮廓线 2. 图例线、索引符号、尺寸线、尺寸界线、引出线、标高符号、较小图形的中心线
虚线	粗		b	1. 新建建筑物的不可见轮廓线 2. 结构图中的不可见钢筋线
	中粗		$0.75b$	给排水工程图中的排水管道
	中	$\approx 1 \quad 3\sim6$	$0.5b$	1. 一般作不可见轮廓线 2. 建筑构造及建筑构件不可见轮廓线 3. 总平面图计划扩建的建筑物、铁路、道路、桥涵、围墙及其他设施的轮廓线 4. 平面图中吊车的轮廓线
	细		$0.25b$	1. 总平面图中原有建筑物和道路、桥涵、围墙等设施的不可见轮廓线 2. 构件详图中不可见钢筋混凝土构件轮廓线 3. 图例线
单点长画线	粗		b	1. 吊车轨道线 2. 结构图中的支撑线
	中	$3\sim5 \quad 10\sim30$	$0.5b$	土方填挖区的零点线
	细		$0.25b$	中心线、对称线、定位轴线等
双点长画线	粗		b	预应力钢筋线
	细	$\approx5 \quad 10\sim30$	$0.25b$	假想轮廓线、成型前原始轮廓线
折断线			$0.25b$	断开界线
波浪线			$0.25b$	断开界线

（7）粗实线与虚线或点画线重叠，应画粗实线。虚线与点画线重叠，应画虚线。

1.1.4.4 图线的画法举例

图线的画法如图 1-9 所示。

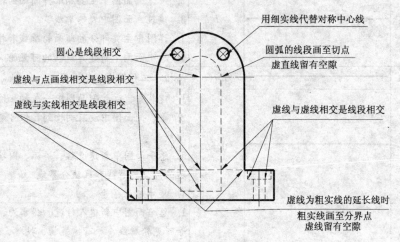

图 1-9　图线的画法示例

1.1.5　尺寸标注的基本规则

工程图样中除了按比例画出建筑物或构筑物的形状外，还必须标注出完整的实际尺寸，作为施工的依据。

尺寸标注的基本要求是：正确、合理，完整、统一，清晰、整齐。

1.1.5.1 尺寸的组成

一个完整的尺寸应包括尺寸界线、尺寸线、尺寸的起止符号和尺寸数字，如图 1-10a 所示。

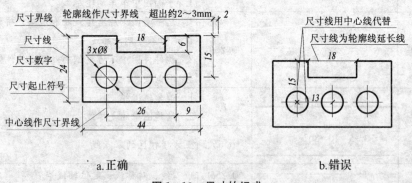

a.正确　　　　　　　　　　b.错误

图 1-10　尺寸的组成

（1）尺寸界线：表示尺寸的范围。如图 1-10a 所示。

尺寸界线用细实线绘制，并应由图形的轮廓线、轴线或对称中心线处引出，轮廓线、轴线或对称中心线也可作为尺寸界线。在建筑图中，尺寸界线与轮廓线之间一般需要留有≥2mm 的间隙。

（2）尺寸线：表示尺寸的度量方向。如图 1—10a 所示。

尺寸线应用细实线绘制，并与被标注的线段平行。在一般情况下，尺寸线应与尺寸界线相垂直，尺寸界线宜超出尺寸线 2mm～3mm。图样中的轮廓线、轴线、中心线及其延长线均不能作为尺寸线，如图 1—10b 就是错误的。尺寸线应接近被注线段，且尽可能画在轮廓线外边。尺寸线两端应指到且不超出尺寸界线，如图 1—11a 所示。

（3）尺寸起止符号：是尺寸起讫处所画的符号，可以用箭头或斜线来表示。

直线尺寸的起止符号用与尺寸界线顺时针方向成 45°的中实线短画绘制，短画应通过尺寸线与尺寸界线的交点，长 2mm～3mm。水平方向和垂直方向尺寸短画的方向如图 1—11a 所示。直径、半径、角度的尺寸起止符号均采用箭头，如图 1—11a 所示，箭头的画法如图 1—11b 所示。

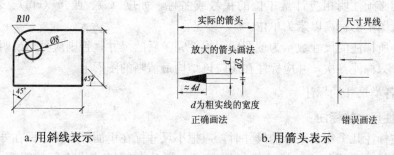

a. 用斜线表示　　　　　　　　　　　　　　b. 用箭头表示

图 1—11　尺寸的起止符号

（4）尺寸数字：表示尺寸的真实大小。图上的尺寸数字是构件的实际尺寸数字，与图样所采用的比例和作图的准确性无关。尺寸数字应按标准字体书写，且在同一图样内采用同一高度的数字。

尺寸数字一般标注在尺寸线上方的中部，任何图线都不得穿过或分隔尺寸数字，不可避免时，必须将图线断开，如图 1—12 所示。

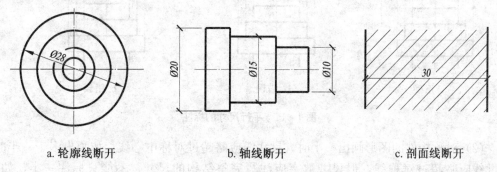

a. 轮廓线断开　　　　　　　　b. 轴线断开　　　　　　　　c. 剖面线断开

图 1—12　尺寸数字不能被任何图线穿过

当尺寸线为水平位置时，尺寸数字在尺寸线上方，字头朝上；垂直位置时，尺寸数字在尺寸线左边，字头朝左；倾斜位置时，要使字头有朝上的趋势，如图 1—13a 所示。应尽量避免在该图中 30°影线范围内标注尺寸，无法避免时，可按图 1—13b 所示方法标注。

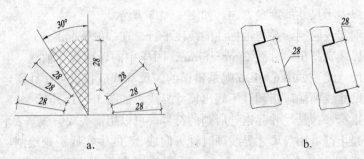

图 1-13　尺寸数字的方向

图样中的尺寸以毫米（mm）为单位时，不需标注计量单位的代号或名称。如采用其他单位，则必须注明相应计量单位的代号或名称，如度（°）、厘米（cm）、米（m）等。通常，建筑图中的标高以米为单位。

图样中所标注的尺寸数字为该图所示构件完工后的尺寸，否则应另加说明。构件的每一尺寸一般只标注一次，并应标注在反映该结构最清晰的图形上。

1.1.5.2　各类尺寸的标注

1）线性尺寸的标注

（1）在标注几个相互平行的尺寸时，应把小尺寸标在里面，大尺寸标在外面，尽量避免尺寸线与尺寸界线相交。尺寸线与轮廓线之间及平行尺寸线之间的距离宜为 7mm～10mm，如图 1-14 所示。

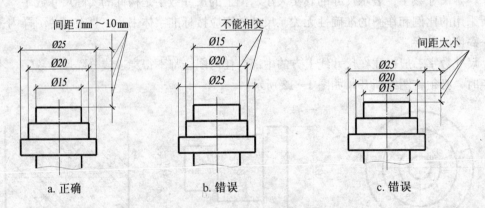

图 1-14　平行尺寸的标注

（2）对称构件的图形画出一半时，尺寸线应略超过对称中心线；如画出多于一半时，尺寸线应略超过对称线，但尺寸数字应注写完整结构的尺寸，不能只标注一半，如图 1-15 右图中的"Ø12"不能标注为"Ø6"。以上两种情况都只在尺寸线的一端画出起止符号，如图 1-15 所示。

（3）若尺寸界线距离较小，以致注写尺寸的空隙不够时，最外边的尺寸数字可标注在尺寸界线外侧，但不能把尺寸线超出最外边的尺寸界限，相邻的中间小尺寸可错开，或用引出线标注，如图 1-16 所示。

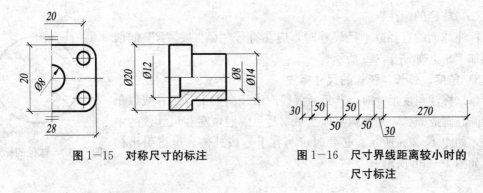

图 1—15 对称尺寸的标注

图 1—16 尺寸界线距离较小时的
尺寸标注

2) 直径、半径及球径的尺寸标注

(1) 直径的标注。

标注圆或大于180°圆弧的直径时，尺寸数字前加注直径符号"Ø"，标注直径的尺寸线要通过圆心。若为大直径，则过圆心的尺寸线两端的箭头应从圆内指向圆周，如图1—17a所示；若直径较小，绘制点画线有困难时，则可以按图1—17b所示方法标注，其中心线可用细实线代替点画线。

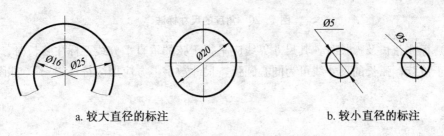

a. 较大直径的标注   b. 较小直径的标注

图 1—17 直径的标注

(2) 半径的标注。

标注小于或等于180°圆弧的半径时，尺寸线自圆心引向圆弧，只画一个箭头，尺寸数字前加注半径符号"R"，如图1—18a所示。半径很小的圆弧的尺寸线可将箭头从圆外指向圆弧，但尺寸线的延长线要经过圆心，如图1—18b所示。当圆弧的半径过大或在图纸范围内无法标出圆心位置时，尺寸线可采用折线形式，如图1—18c所示。若不需要标出其圆心位置时，可按图1—18d所示的形式标注。

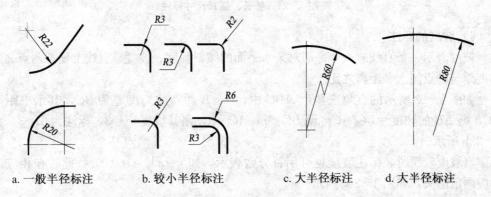

a. 一般半径标注   b. 较小半径标注   c. 大半径标注   d. 大半径标注

图 1—18 半径的标注

（3）球径的标注。

标注球面的直径或半径尺寸时，应在符号"∅"或"R"的前面再加"S"，如图1—19所示。

图1—19　球径的标注

3）角度、弧长、弦长的尺寸标注

（1）标注角度尺寸时，其尺寸界线应沿径向引出，尺寸线以角顶为圆心画成圆弧，角度数字应水平书写，一般填写在尺寸线的中断处，如图1—20a所示。必要时可写在上方或外侧，也可引出标注，如图1—20b所示。

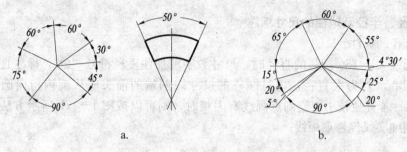

a. b.

图1—20　角度的尺寸标注

（2）标注弦长及弧长时，其尺寸界线应平行于弦的垂直平分线。标注弦长时，尺寸线应平行于该弦，弧长的尺寸线可为同心圆弧，尺寸数字上方应加注符号"⌒"，如图1—21所示。

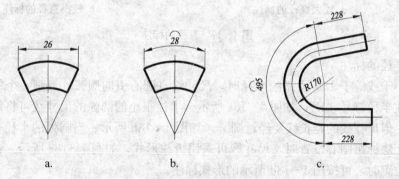

a. b. c.

图1—21　弦长、弧长尺寸标注

4）坡度的标注

坡度表示一条直线或一个平面对某水平面的倾斜程度。坡度是直线上任意两点之间的高度差与两点间水平距离之比。

如图1—22所示的直角三角形 ABC 中，A、B 两点的高度差为 BC，其水平距离为 AC，则 AB 的坡度 $=BC/AC$。设 $BC=1$，$AC=3$，则其坡度 $=1/3$，标注为 $1:3$，如图1—22b所示。

当坡度较缓时，标注坡度也可用百分数表示，如 $i=n\%$（$n/100$），此时在相应的图中应画出箭头，如图1—22c所示。

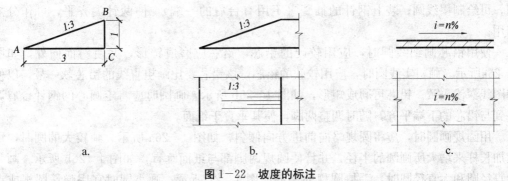

图 1-22　坡度的标注

1.2　绘图工具、仪器及其使用方法

常用的绘图工具和仪器有铅笔、图板、丁字尺、三角板、比例尺、圆规、分规、曲线板、直线笔、绘图墨水笔等。正确使用绘图工具和仪器，既能提高绘图的准确度，保证绘图质量，又能加快绘图速度。下面介绍几种常用的绘图工具。

1.2.1　图板、丁字尺和三角板

图板是铺放图纸的垫板，它的工作表面必须平坦、光洁。图板左边用作导边，必须平直。

丁字尺主要用来画水平线。画图时，使尺头的内侧紧靠图板左侧的导边。画水平线必须自左向右画。

三角板除了可直接用来画直线外，它和丁字尺配合可以画铅垂线和与水平线成 30°、45°、60° 的倾斜线，并且用两块三角板结合丁字尺可以画出与水平线成 15°、75° 的倾斜线。

图板、丁字尺、三角板的使用方法如图 1-23 所示。

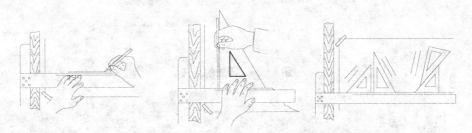

图 1-23　图板、丁字尺、三角板的使用方法

1.2.2　圆规和分规

（1）圆规。

圆规主要用来画圆和圆弧。常见的圆规是三用圆规，定圆心的一条腿是钢针，钢针的一端是圆锥形的，另一端是有台肩的，如图 1-24b 所示。画圆时应将有台肩的一端放在圆心上。另一条腿的端部按照需要装上有铅芯的插腿，可绘制铅笔圆；装上墨线头的插

腿，可绘制墨线圆；装上钢针的插腿（不用有台肩的一端），使两针尖齐平，可作分规使用。

使用铅芯画细线圆时，应用较硬的铅芯，铅芯应磨成铲形，并使斜面向外，如图1—25a所示。画粗实线圆时，应用较软的铅芯，该铅芯要比画粗直线的铅芯软一号，以便使图线深浅一致。铅芯可磨成矩形，如图1—25b所示。画圆时应将定圆心的钢针台肩调整到与铅芯的下端平齐，随时调整两脚，使其垂直于纸面。

用圆规画圆时，应将圆规略向前进方向倾斜，如图1—26a所示。画较大的圆时，可用加长杆来增大所画圆的半径，并且使圆规两脚都与纸面垂直，如图1—26b所示。画一般直径圆和大直径圆时，手持圆规的姿势如图1—27所示；画小圆时宜用弹簧圆规或点圆规。

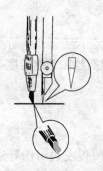 

a. 普通尖（画细线圆可用）　b. 台肩尖（描粗用）

图1—24　圆规针脚的形式

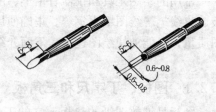

a. 铲形　　　　b. 矩形

图1—25　圆规铅芯的形式

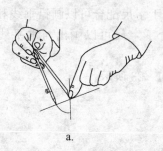 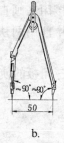

a.　　　　　　　　　　b.

图1—26　圆规的用法

 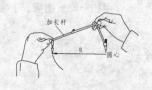

a. 画一般直径圆　　　　b. 画较大直径圆

图1—27　用圆规画圆的方法

（2）分规。

分规的主要用途是量取线段和等分线段（见图 1－28）。为了保证量取线段和等分线段的准确性，分规两个针尖并拢时必须对齐。

1.2.3　比例尺

比例尺是刻有不同比例的直尺，有三棱式和板式两种，如图 1－29a、b 所示。尺面上有各种不同比例的刻度，每一种刻度可用作几种不同的比例。比例尺只能用来量取尺寸，不可用来画线，如图 1－29d 所示。

如图 1－29c 所示是刻有 1：200 的比例尺，当它的每一小格（实长为 1mm）代表 2mm 时，比例是 1：2；当它的每一小格代表 20mm 时，比例是 1：20；当它的每一小格代表 0.2mm 时，比例则是 5：1。

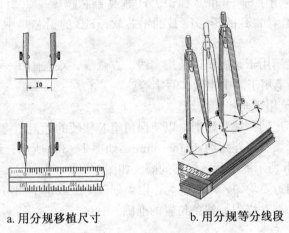

a. 用分规移植尺寸　　　　　　　　b. 用分规等分线段

图 1－28　分规的使用

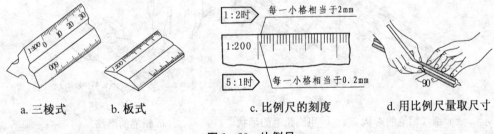

a. 三棱式　　　b. 板式　　　　　c. 比例尺的刻度　　　　d. 用比例尺量取尺寸

图 1－29　比例尺

1.2.4　曲线板

曲线板（见图 1－30）用来绘制非圆曲线。使用时，首先徒手用细线将曲线上各点轻轻地连成曲线；接着从某一端开始，找出与曲线板吻合且包含四个连续点的一段曲线（见图 1－31），沿曲线板画 1～3 点之间的曲线；再由 3 点开始找出 3～6 四个点，用同样的方法逐段画出曲线，直到最后的一段。点越密，曲线准确度越高。必须注意，前后绘制的两段曲线应有一小段（如图中的 3、4 点段）是重合的，这样画出的曲线才显得光滑。

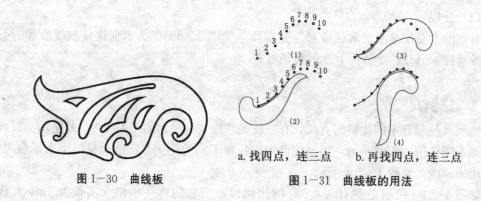

图1-30 曲线板

图1-31 曲线板的用法

a.找四点，连三点　　b.再找四点，连三点

1.2.5 铅笔

铅笔笔芯的硬度用字母 H 和 B 标识。H 越高铅芯越硬，如 2H 的铅芯比 H 的铅芯硬；B 越高铅芯越软，如 2B 的铅芯比 B 的铅芯软；HB 的铅芯是中等硬度。通常，铅笔的选用原则如下：

(1) H 或 2H 铅笔用于画底稿以及细实线、点画线、双点画线、虚线等。

(2) HB 或 B 铅笔用于画中粗线、写字等。

(3) B 或 2B 铅笔用于画粗实线。

铅笔要从没有标记的一端开始削，以便保留笔芯软硬的标记。将画底稿或写字用铅笔的木质部分削成锥形，铅芯外露约 6mm~8mm，如图 1-32a 所示；用于加深图线的铅笔芯可以磨成图 1-32b 所示的形状。铅芯的磨法如图 1-32c 所示。

铅笔绘图时，用力要均匀，不宜过大，以免划破图纸或留下凹痕。铅笔尖与尺边的距离要适中（见图 1-33），以保持线条位置的准确。

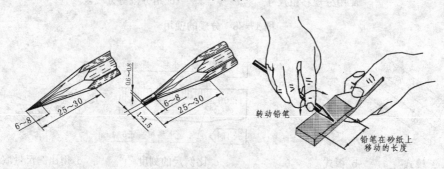

a.细线铅笔的形状　　b.粗线铅笔的形状　　c.铅笔的磨法

图1-32 铅笔的形状和磨法

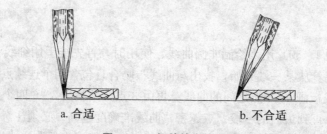

a.合适　　　　　　　　b.不合适

图1-33 铅笔笔尖的位置

1.2.6　直线笔和针管绘图笔

直线笔又称鸭嘴笔，是描图时用来描绘直线的工具。加墨水时，可用墨水瓶盖上的吸管或蘸水钢笔把墨水加到两叶片之间，笔内所含墨水高度一般为 5mm～6mm，若墨水太少画墨线时会中断，太多则容易跑墨。如果直线笔叶片的外表面沾有墨水，必须及时用软布拭净，以免描线时沾污图纸。

如图 1—34 所示，描直线时，直线笔必须位于铅垂面内，将两叶片同时接触纸面，并使直线笔向前进方向稍微倾斜。当直线笔向铅垂面内倾时，将造成墨线不光洁；而外倾时容易跑墨，导致笔内墨水沾在尺边或渗入尺底而弄脏图纸。

直线笔在使用完毕后，应及时将笔内墨水用软布拭净，并放松螺母。

目前已广泛地用针管绘图笔（见图 1—35）代替直线笔，它主要用来上墨描线，其笔端是不同粗细的针管，常用的规格有：0.2、0.3、0.4、0.5、0.6、0.7、0.8、1、1.2（单位为 mm）等，可按所需线型宽度选用，针管与笔杆内储存碳素墨水的笔胆相连。针管绘图笔不需要调节螺母来控制图线的宽度，也不需经常加墨水，因此可以提高绘图速度，并且还可用它描绘非圆曲线。

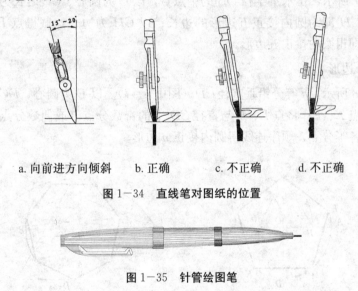

a. 向前进方向倾斜　　b. 正确　　c. 不正确　　d. 不正确

图 1—34　直线笔对图纸的位置

图 1—35　针管绘图笔

1.3　几何作图

技术图样中的图形多种多样，但它们几乎都是由直线段、圆弧和其他一些曲线所组成，因而在绘制图样时，常常要作一些基本的几何图形，下面就此进行简单介绍。

1.3.1　内接正多边形

画正多边形时，通常先作出其外接圆，然后等分圆周，最后依次连接各等分点。

1.3.1.1　正六边形

方法一：如图 1—36a 所示，以正六边形对角线 AB 的长度为直径作出外接圆，根据正六边形边长与外接圆半径相等的特性，用外接圆的半径等分圆周得六个等分点，连接各等分点即得正六边形。

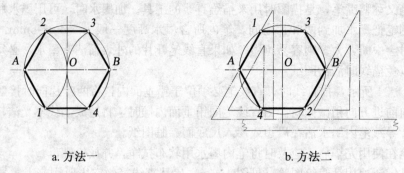

a. 方法一　　　　　　　　　　　　　　　b. 方法二

图 1-36　正六边形的画法

方法二：如图 1-36b 所示，作出外接圆后，利用 60°三角板与丁字尺配合画出。

1.3.1.2　正五边形

如图 1-37 所示，作水平半径 OB 的中点 G，以 G 为圆心、GC 之长为半径作圆弧交 OA 于 H 点，CH 即为圆内接正五边形的边长；以 CH 为边长，截得点 E、F、M、N，连接各等分点即得圆内接正五边形。

1.3.1.3　正 n 边形

如图 1-38 所示，n 等分铅垂直径 CD（图中 $n=7$）。以 D 为圆心、DC 为半径画弧交水平中垂线于点 E、F；将点 E、F 与直径 CD 上的奇数分点（或偶数分点）连线并延长与圆周相交得各等分点，顺序连线得圆内接正 n 边形。

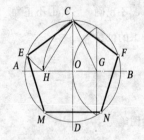

图 1-37　正五边形的画法

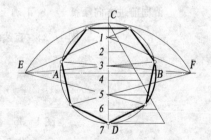

图 1-38　正 n 边形的画法

1.3.2　椭圆的画法

已知椭圆的长、短轴或共轭直径均可以画出椭圆，下面分别介绍。

1.3.2.1　已知长、短轴画椭圆

1）用同心圆法画椭圆

（1）如图 1-39a 所示，画出长、短轴 AB、CD，以 O 为圆心，分别以 AB、CD 为直径画两个同心圆。

（2）如图 1-39b 所示，等分大、小两圆周为 12 等分（也可以是其他若干等分）。由

大圆各等分点（如 E、F 等点）作竖直线与由小圆各对应等分点（如 E_1、F_1 等点）所作的水平线相交，得椭圆上各点（如 E_0、F_0、G_0 等点）。

（3）用曲线板依次光滑地连接 A、E_0、F_0 等各点，即得所求的椭圆，如图 $1-39c$ 所示。

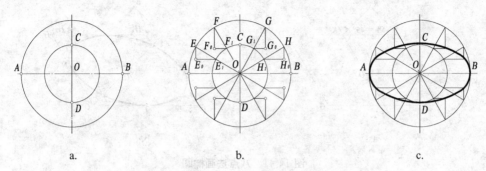

图 $1-39$　同心圆法画椭圆

2）用四心圆法画椭圆（椭圆的近似画法）

（1）如图 $1-40a$ 所示，画出长、短轴 AB、CD，以 O 为圆心、OA 为半径画弧交短轴的延长线于点 K，连 AC；再以 C 为圆心、CK 为半径画弧交 AC 于点 P。

（2）作 AP 的中垂线交长、短轴于点 O_3、O_1，如图 $1-40b$ 所示。

（3）取 $OO_2 = OO_1$，$OO_4 = OO_3$，得 O_2、O_4 点，如图 $1-40c$ 所示。

（4）连 O_1O_4、O_2O_3、O_2O_4，如图 $1-40d$ 所示。

（5）分别以 O_1 和 O_2 为圆心、O_1C 为半径画弧与 O_1O_3、O_1O_4 和 O_2O_3、O_2O_4 的延长线交于 E、G 和 F、H 点，如图 $1-40e$ 所示。

（6）再以 O_3 和 O_4 为圆心、O_3A 为半径画弧 $\overparen{EF}$、$\overparen{GH}$，即得近似椭圆，如图 $1-40f$ 所示。

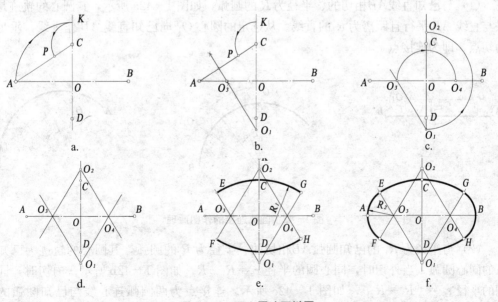

图 $1-40$　四心圆法画椭圆

1.3.2.2 已知共轭直径 MN、KL 画椭圆（八点法）

（1）如图 1-41a 所示，过共轭直径的端点 M、N、K、L 作平行于共轭直径的两对平行线而得平行四边形 EFGH，过 E、K 两点分别作与直线 EK 成 45°的斜线交于 R。

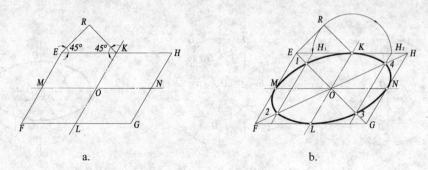

图 1-41　八点法画椭圆

（2）如图 1-41b 所示，以 K 为圆心，KR 为半径作圆弧，交直线 EH 于 H_1 及 H_2，分别通过 H_1 及 H_2 作直线平行于 KL，并分别与平行四边形的两条对角线交于 1、2、3、4 四点，利用曲线板将 K、1、M、2、L、3、N、4 依次光滑地连成椭圆。

1.3.3　圆弧连接

用已知半径的圆弧将两已知线段（直线或圆弧）光滑地连接起来，这一作图过程称为圆弧连接，即圆弧与圆弧或圆弧与直线在连接处是相切的，其切点称为连接点，起连接作用的圆弧称为连接弧。画图时，为保证光滑地连接，必须准确地求出连接弧的圆心和连接点的位置。

1.3.3.1　圆弧连接的作图原理

（1）与已知直线 AB 相切的、半径为 R 的圆弧，如图 1-42a 所示，其圆心的轨迹是一条与直线 AB 平行且距离为 R 的直线。从选定的圆心 O_1 向已知直线 AB 作垂线，垂足 T 为切点，即为连接点。

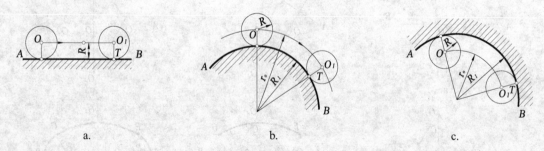

图 1-42　圆弧连接的作图原理

（2）与半径为 R_1 的已知圆弧 $\overparen{AB}$ 相切的、半径为 R 的圆弧，其圆心的轨迹为已知圆弧的同心圆弧。当外切时，同心圆的半径 $r_0 = R_1 + R$，如图 1-42b 所示；内切时，同心圆的半径 $r_0 = |R_1 - R|$，如图 1-42c 所示。连接点为两圆弧连心线与已知圆弧的交点 T。

1.3.3.2　圆弧连接形式

圆弧连接的形式有三种：用圆弧连接两已知直线；用圆弧连接两已知圆弧；用圆弧连接已知直线和圆弧。现分别介绍如下。

1）用圆弧连接两已知直线

用半径为 R 的圆弧连接两直线 AB、BC，如图 1－43 所示，其作图步骤如下：

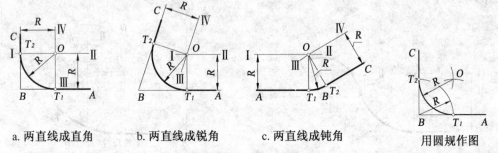

a. 两直线成直角　　b. 两直线成锐角　　c. 两直线成钝角　　　用圆规作图

图 1－43　圆弧连接两直线　　　　　　　图 1－44　两直线成直角

（1）求连接弧圆心 O：在与 AB、BC 距离为 R 处，分别作它们的平行线 Ⅰ Ⅱ、Ⅲ Ⅳ，其交点 O 即为连接弧圆心。

（2）求连接点（切点）T_1、T_2：过圆心 O 分别作 AB、BC 的垂线，其垂足 T_1、T_2 即为连接点。

（3）画连接弧 $\overparen{T_1 T_2}$：以 O 为圆心、R 为半径画连接弧 $\overparen{T_1 T_2}$。

当相交两直线成直角时，也可用圆规直接求出连接点 T_1、T_2 和连接弧圆心 O，如图 1－44 所示。

2）用圆弧连接两已知圆弧

用半径为 R 的圆弧连接半径为 R_1、R_2 的两已知圆弧，如图 1－45 所示，其作图步骤如下。

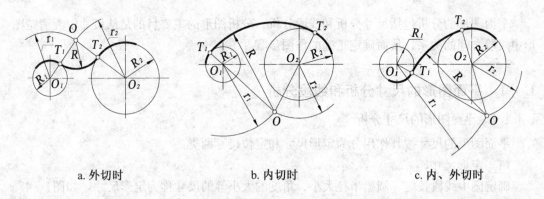

a. 外切时　　　　　　b. 内切时　　　　　　c. 内、外切时

图 1－45　圆弧连接二圆弧

（1）求连接弧圆心 O：分别以 O_1 和 O_2 为圆心、r_1 和 r_2 为半径画圆弧，其交点 O 即为连接弧圆心。不同情况的连接，其 r_1 和 r_2 不同。外切时，$r_1 = R_1 + R$，$r_2 = R_2 + R$，如图 1－45a 所示；内切时，$r_1 = |R - R_1|$，$r_2 = |R - R_2|$，如图 1－45b 所示；内、外

切时，$r_1 = R_1 + R$，$r_2 = |R - R_2|$，如图 1-45c 所示。

（2）求连接点 T_1、T_2：连接 OO_1、OO_2 与已知圆弧的交点 T_1、T_2 即为连接点。

（3）画连接弧 $\overset{\frown}{T_1T_2}$：以 O 为圆心、R 为半径画连接弧 $\overset{\frown}{T_1T_2}$。

3）用圆弧连接一直线与一圆弧

用半径为 R 的圆弧连接一已知直线 AB 与半径为 R_1 的已知圆弧，如图 1-46 所示，其作图步骤如下。

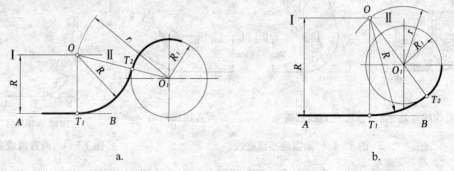

图 1-46　圆弧连接直线和圆弧

（1）求连接弧圆心 O。距离 AB 为 R 处作 AB 的平行线 Ⅰ Ⅱ；再以 O_1 为圆心、r 为半径画圆弧，与直线 Ⅰ Ⅱ 的交点 O 即为连接弧圆心，外切时，$r = R_1 + R$，见图 1-46a；内切时，$r = |R - R_1|$，如图 1-46b 所示。

（2）求连接点 T_1、T_2。过点 O 作 AB 的垂线得垂足 T_1，连 OO_1，与已知圆弧交于点 T_2，T_1、T_2 即为连接点。

（3）画连接弧 $\overset{\frown}{T_1T_2}$。以 O 为圆心、R 为半径画连接弧 $\overset{\frown}{T_1T_2}$。

1.4　平面图形的分析与作图步骤

平面图形的分析包括尺寸分析和线段分析。分析图形的主要目的是从尺寸中弄清楚图形中线段之间的关系，从而确定正确的作图步骤。

1.4.1　平面图形的尺寸分析和线段分析

1.4.1.1　平面图形的尺寸分析

平面图形的尺寸按其作用分为定形尺寸和定位尺寸两类。

（1）定形尺寸。

确定图中线段长短、圆弧半径大小、角度的大小等的尺寸称为定形尺寸，如图1-47a 中的 R78、图形底部的 R13 是确定圆弧大小的尺寸，60 和 64 是确定扶手上下方向和左右方向的大小尺寸，这些尺寸都属于定形尺寸。

（2）定位尺寸。

确定图中各部分（线段或图形）之间相互位置的尺寸称为定位尺寸。平面图形的定位尺寸有左右和上下两个方向的尺寸。每一个方向的尺寸都需要有一个标注尺寸的起点。标注定位尺寸的起点称为尺寸基准。在平面图形中，通常以图形的主轴线、对称线、中心线及较长的直轮廓边线作为定位尺寸的基准。图 1－47a 中是把对称线作为左右方向的尺寸基准，扶手的底边作为上下方向的尺寸基准。有时同一方向的基准不止一个，还可能同一尺寸既是定形尺寸，又是定位尺寸，如图 1－47a 中的尺寸 80 是扶手的定形尺寸，又是左右侧两外凸圆弧的定位尺寸。

1.4.1.2 平面图形的线段分析

按图上所给尺寸齐全与否，图中线段可分为已知线段、中间线段和连接线段三类。

（1）已知线段。

具备齐全的定形尺寸和定位尺寸，不需依靠其他线段而能直接画出的线段称为已知线段。对圆弧而言就是它既有定形尺寸（半径或直径），又有圆心的两个定位尺寸，如图 1－47a 所示扶手的大圆弧 $R78$ 和扶手下端的左右两圆弧 $R13$ 的半径均为已知，同时它们的圆心位置又能被确定，所以，该两圆弧都是已知线段。对直线而言，就是要知道直线的两个端点，如图 1－47a 图形的底边（尺寸 64，5）都是已知线段。

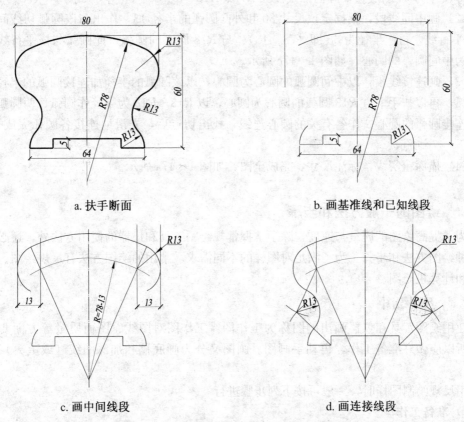

a. 扶手断面　　　　　　　　　　　　b. 画基准线和已知线段

c. 画中间线段　　　　　　　　　　　d. 画连接线段

图 1－47　平面图形的线段分析及连接作图

（2）中间线段。

定形尺寸已确定，而圆心的两个定位尺寸中缺少一个，需要依靠与其一端相切的已知线段才能确定它的圆心位置的线段称为中间线段。如图 1－47a 所示的半径为 13 的左右外凸的圆弧，具有定形尺寸 $R13$，但 $R13$ 的圆心只知道左右方向的一个定位尺寸 80（因 80

两端的尺寸界线与 $R13$ 的圆弧相切,所以由 $80/2-13$ 后作出与 $R13$ 圆弧的切线平行的直线后就等于知道了圆心左右方向的一个尺寸)。要确定圆心的位置还要依靠与 $R13$ 圆弧相切的已知线段($R78$),所以该 $R13$ 的圆弧是中间线段。

(3)连接线段。

定形尺寸已定,而圆心的两个定位尺寸都没有确定,需要依靠与其两端相切或一端相切另一端相接(如习题集第 7 页扶手断面 $R12$ 上端与 $R18$ 相切,下端与 a 点相接)的线段才能确定圆心位置的线段称为连接线段,如图 $1-47a$ 所示的与上下两个 $R13$ 相切的 $R13$ 的圆弧。

1.4.1.3 作图步骤

画圆弧连接的图形时,必须先分析出其已知线段、中间线段和连接线段,然后依次作出这些线段,顺次连接起来。如图 $1-47a$ 所示,扶手断面图已经做过图形的线段分析,以下为其作图步骤:

(1)画基准线和已知线段:作左右方向的基准,即图形的对称线,作上下方向的基准,即尺寸为 64 的底边,画已知线段如 $R78$、$R13$、5、60、80 等,如图 $1-47b$。

(2)画中间线段:根据定位尺寸 80 和外凸圆弧的半径 13,作出与该圆弧切线间距为 13 的平行线,再作半径为 65 即($78-13$)、与 $R78$ 同心的圆弧,此圆弧与该平行线的交点即为中间圆弧的圆心,如图 $1-47c$ 所示。

(3)画连接线段:以中间圆弧的圆心为圆心,以该圆弧的半径加连接圆弧的半径为半径作弧,再以扶手下方 $R13$ 圆弧的圆心为圆心,以 $R13+R13$ 为半径作圆弧,两圆弧的交点即连接圆弧的圆心。作各有关的圆心连线,找出切点后,光滑地连接各圆弧完成全图,如图 $1-47d$ 所示。

(4)描深粗实线,标注尺寸,完成全图,如图 $1-47a$ 所示。

1.4.2 绘图的一般方法和步骤

为了提高绘图的质量与速度,除了掌握常规绘图工具和仪器的使用方法外,还必须掌握各种绘图方法和步骤。为了满足对图样的不同需求,常用的绘图方法有尺规绘图、徒手绘图和计算机绘图。

1.4.2.1 尺规绘图

使用绘图工具和仪器画出的图称为工作图。工作图对图线、图面质量等方面要求较高,所以应做好准备工作,再动手画图。画图又分为画底稿和加深图线(或上墨)两个步骤。

用尺规绘制图样时,一般可按下列步骤进行。

1)准备工作

(1)准备绘图工具和仪器。

将铅笔和圆规的铅芯按照绘制不同线型的要求削、磨好;调整好圆规两脚的长短;图板、丁字尺和三角板等用干净的布或软纸擦拭干净;工作地点选择在光线从图板的左前方射入的地方,并且将需要的工具放在方便之处,以便顺利地进行制图工作。

(2)选择图纸幅面。

根据所绘图形的大小、比例及所确定图形的多少、分布情况选取合适的图纸幅面。注意，选取时必须遵守表 1-1 和图 1-1 的规定。

（3）固定图纸。

丁字尺尺头紧靠图板左边，图纸按尺身摆正后用胶纸条固定在图板上。注意使图纸下边与图板下边之间保留 1～2 个丁字尺尺身宽度的距离，以便放置丁字尺和绘制图框与标题栏。绘制较小幅面图样时，图纸尽量靠左固定，以充分利用丁字尺根部，保证作图的准确度较高。

2）**画底稿**

画底稿时，所有图线均应使用细线，即用较硬的 H 或 2H 铅笔轻轻地画出。画线要尽量细和轻淡，以便于擦除和修改，但要清晰。对于需上墨的底稿，在线条的交接处可画出头，以便辨别上墨的起止位置。

（1）画图框及标题框。

按表 1-1 及图 1-2 的要求用细线画出图框及标题栏，可暂不将粗实线描黑，留待与图形中的粗实线同时描黑。

（2）布图。

根据图形的大小和标注尺寸的位置等因素进行布图。图形在图纸上分布要均匀，不可偏向一边，相互之间既不可紧靠，也不能相距太远。总之，布置图形应力求匀称、美观。

确定位置后，按所设想好的布图方案先画出各图形的基准线，如中心线、对称线等。

（3）画图形。

先画物体主要平面（如形体底面、基面）的线，再画各图形的主要轮廓线，然后绘制细节，如小孔、槽和圆角等，最后画其他符号、尺寸线、尺寸界线、尺寸数字横线和仿宋字的格子等。

绘制底稿时应按图形尺寸准确绘制，要尽量利用投影关系，将几个有关图形同时绘制，以提高绘图速度。

3）**加深**

用铅笔加深图线时，用力要均匀，使图线均匀地分布在底稿线的两侧。用铅笔加深图形的一般顺序为：先粗后细；先圆后直；先左后右；先上后下。

4）**完成其余内容**

画符号和箭头，标注尺寸，写注解，描深图框及填写标题栏等。

5）**检查**

全面检查，如有错误，立即更正，并作必要的修饰。

6）**上墨**

上墨的图样一般用描图纸，其步骤与用铅笔加深的步骤相同，但上墨时应注意如下几点：

（1）墨线笔内的墨水干结时，应将墨污擦净后再用。如用绘图墨水笔上墨，只要按线宽选用不同粗细笔头的笔，在笔胆内注入墨水，即可画线。

（2）相同宽度的图线应一次画完。若用绘图墨水笔上墨，可避免经常换笔，提高制图效率。

（3）修改上墨图或去掉墨污时，待图中墨水干涸后，在图纸下垫一光洁硬物（如三角板），用薄型刀片轻轻修刮，同时用橡皮擦拭干净，即可继续上墨。

1.4.2.2 徒手绘图

徒手绘图是指不用绘图工具而按目测比例徒手画出的图样，也称草图。工程技术人员设计建筑物时，常用草图来表达设计意图，以便进一步研究和修改；参观现场时，也常用草图记录现场的情况。所以，对于每个工程技术人员，具有熟练的徒手绘制草图的能力尤为重要。

对徒手绘图的要求是：投影正确，线型分明，字体工整，图面整洁，图形及尺寸标注无误。要画好徒手图，必须掌握徒手画各种图形的手法。

(1) 直线的画法。

画直线时，手腕不宜紧贴纸面，沿着画线方向移动，眼睛看着终点，将图线画直。为了控制图形的大小比例，可利用方格纸画草图。

画水平线时，图纸倾斜放置，从左至右画出，如图1-48a所示。画垂直线时，应由上而下画出，如图1-48b所示。画倾斜线时，应从左下角至右上角画出，或从左上角至右下角画出，如图1-48c所示。

画30°、45°、60°的倾斜线时，可利用直角三角形直角边的比例关系近似确定两端点，然后连接而成，如图1-49所示。

(2) 圆和椭圆的画法。

画直径较小的圆时，先画中心线定圆心，并在两条中心线上按半径大小取四点，然后过四点画圆，如图1-50a所示。

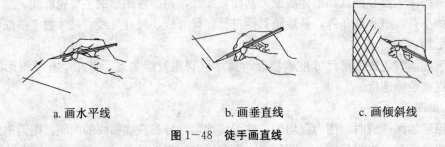

| a.画水平线 | b.画垂直线 | c.画倾斜线 |

图1-48 徒手画直线

画较大的圆时，先画圆的中心线及外切正方形，连对角线，按圆的半径在对角线上截取四点，然后过这些点画圆，如图1-50b所示。

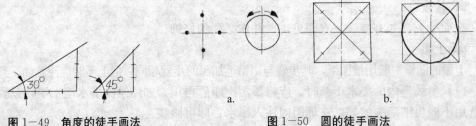

图1-49 角度的徒手画法   图1-50 圆的徒手画法

当圆的直径很大时，可用如图1-51a所示的方法，取一纸片标出半径长度，利用它从圆心出发定出许多圆周上的点，然后通过这些点画圆。或者如图1-51b所示，用手作圆规，以小手指的指尖或关节作圆心，使铅笔与它的距离等于所需的半径，用另一只手小心地慢慢转动图纸，即可得到所需的圆。

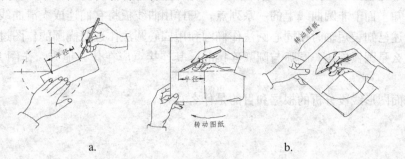

a.　　　　　　　　　　　　　　　b.

图 1-51　画大圆的方法

画椭圆时，可利用长、短轴作椭圆，先在互相垂直的中心线上定出长、短轴的端点，过各端点作一矩形，并画出其对角线。按目测把对角线分为六等分，如图 1-52a 所示。以光滑曲线连接长、短轴的各端点和对角线上接近四个角顶的等分点（稍外一点），如图 1-52b 所示。

由共轭直径作椭圆的方法如图 1-53a 所示，*AB*、*CD* 为共轭直径，过共轭直径的端点作平行四边形并作出其对角线，按目测把对角线分为六等分，用光滑曲线连接共轭直径的端点 *A*、*B*、*C*、*D* 和对角线上接近四个角顶的等分点（稍外一点），如图 1-53b 所示。

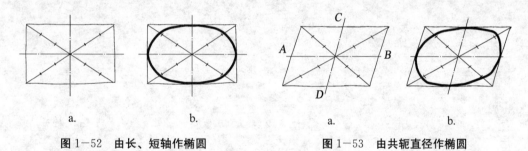

a.　　　　　　　　　　b.　　　　　　　　　　　　a.　　　　　　　　　　b.

图 1-52　由长、短轴作椭圆　　　　　　　**图 1-53　由共轭直径作椭圆**

1.4.2.3　计算机绘图

随着计算机技术的迅猛发展，计算机绘图技术也在各行各业中得到日益广泛的应用，它具有作图精度高、出图速度快等特点，可绘制建筑、机械、水工、电子等许多行业的二维图样，还可以进行三维建模，预见设计效果。计算机绘图中使用二、三维交互绘图软件主要解决基本图样及建筑平、立、剖面图等的绘制问题，具有很强的交互作图功能。

【复习思考题】

1. 图纸幅面的代号有哪几种？对其尺寸分别有什么规定？不同幅面代号的图纸之间有什么关系？

2. 什么是比例？图样上标注的尺寸与画图比例有无关系？

3. 工程图样对字体有哪些要求？长仿宋体的特点是什么？字体的号数说明什么？

4. 建筑图样中图线的宽度分几种？粗实线、中虚线、点画线和细实线的线宽是多少？其主要用途是什么？

5. 一个完整的尺寸由哪些要素组成？各有哪些基本规定？

6. 已知平面上非圆曲线上的一系列点，怎样用曲线板将它们连成光滑曲线？

7. 叙述已知长短轴时用同心圆法作椭圆和用四心圆法作近似椭圆的作图过程。

8. 什么是圆弧连接？圆弧与圆弧连接时，其连接点应在什么地方？作图方法有哪些规律？

9. 平面图形线段分析的根据和目的是什么？

第 2 章　投影法的基本知识

2.1　投影法概述

2.1.1　投影的概念及投影法的分类

2.1.1.1　投影的概念

在日常生活中，常看到物体呈现影子的现象。例如，在夜晚，将一个四棱台放在灯和地面之间，这个四棱台便在地面上投下影子，如图 2-1a 所示。但是影子只反映了四棱台底面的外形轮廓，至于四棱台顶面和四个侧棱面的轮廓均未显示出来。如果要把它们都表示清楚，就需要对这种自然射影现象进行科学的改造，即按投影的方法进行投影。光源发出的光线只将形体上各顶点和棱线的影子投射到平面 P 上，这样所得到的图形便称为投影，如图 2-1b 所示。

投影的方法是：假定空间点 S 为光源，点 S 称为投影中心，影子所投落的平面称为投影面，经过四棱台的点（A、B…）的光线称为投影线（如 SA、SB…），投影线与投影面的交点（如 a、b…）称为点在该投影面上的投影。把相应各顶点的投影连接起来，即得四棱台的投影。投影线、被投影的物体和投影面就是进行投影必须具备的三个条件。

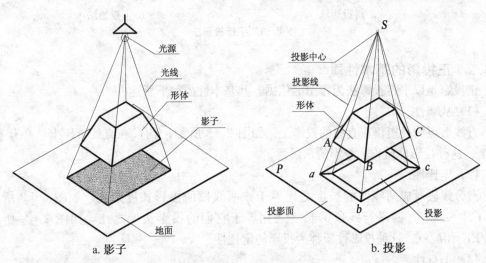

a. 影子　　　　　　　　b. 投影

图 2-1　中心投影法

2.1.1.2　投影法的分类

投影法可分为中心投影法和平行投影法两类。

1）**中心投影法**

当投影中心距投影面为有限远时，所有的投影线都会交于一投影中心点，这种投影法称为中心投影法（见图 2-1b）。用这种方法所得的投影称为中心投影。

2）**平行投影法**

当投影中心距投影面为无限远时，所有的投影线到达被投影物体时均视为互相平行，这种投影法称为平行投影法，如图 2-2 所示。用这些互相平行的投射线作出的形体的投影称为平行投影。

根据投影线与投影面的倾角不同，平行投影法又可分为斜投影法和正投影法两种。

（1）斜投影法。

当投影线倾斜于投影面时，称为斜投影法，所得到的平行投影称为斜投影，如图 2-2a所示。

（2）正投影法。

当投影线垂直于投影面时，称为正投影法，所得到的平行投影称为正投影，如图 2-2b所示。

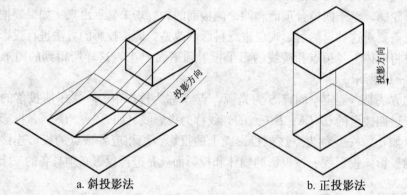

a.斜投影法 b.正投影法

图 2-2　平行投影法

2.1.2　正投影的基本性质

正投影是以平行投影法为作图的依据，其基本性质如下所述。

（1）从属性。

直线上点的投影仍在直线的投影上。如图 2-3 所示，点 C 在直线 AB 上，必有 c 在 ab 上。这种投影性质称为投影的从属性。

（2）定比性。

点分线段所成两线段的长度之比等于该两线段的投影长度之比，如图 2-3 所示，$AC/CB=ac/cb$；两平行线段的长度之比等于它们的投影长度之比，如图 2-3 所示，$AB/EF=ab/ef$。这种投影性质称为投影的定比性。

（3）平行性。

两平行直线的投影仍互相平行。如图 2-3 所示，若已知 $AB/\!/EF$，必有 $ab/\!/ef$。这种投影性质称为投影的平行性。

（4）实形性。

若线段或平面图形平行于投影面，则其投影反映实长或实形。如图 2-4 所示，已知

$DE /\!/ P$ 面，必有 $DE=de$；已知△$ABC /\!/ P$ 面，必有△$ABC \cong$△abc。这种投影性质称为投影的实形性。

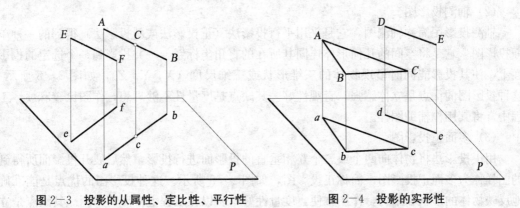

图 2-3　投影的从属性、定比性、平行性　　图 2-4　投影的实形性

（5）积聚性。

若线段或平面图形垂直于投影面，其投影积聚为一点或一直线段。如图 2-5 所示，$DE \perp P$ 面，则点 d 与 e 重合；△$ABC \perp P$ 面，则积聚成直线段 abc。这种投影性质称为投影的积聚性。

（6）类似性。

在图 2-6 中，空间平面图形对投影面来说，既不平行也不垂直，而是倾斜的，这时，它在 P 投影面上的投影既不反映实形也无积聚性，而是比原形小、与原形类似的图形。这种投影性质称为投影的类似性。

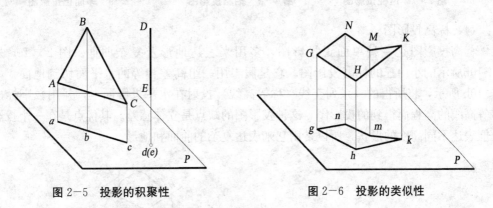

图 2-5　投影的积聚性　　　　　　图 2-6　投影的类似性

2.2　工程上常用的四种投影图

图样是用来表示物体形状的，工程上对图样的基本要求是：①度量性好，能准确、清晰地反映物体的形状和大小；②直观性强，富于立体感，使人们易于了解空间物体的形状；③作图简便。

工程上常用的投影图有透视投影图、轴测投影图、多面正投影图及标高投影图。

（1）透视投影图。

透视投影图简称透视图，它是按中心投影法绘制的单面投影图，如图 2-7 所示。这种投影图的优点是形象逼真，与肉眼看到的情况很相似，特别适用于绘制大型建筑物的直观图。其缺点是度量性差，作图复杂。

（2）轴测投影图。

轴测投影图简称轴测图，它是采用平行投影法（正投影法或斜投影法）得到的一种单面投影图。它是将空间的几何形体连同其所在的直角坐标系，一并投影到一个选定的投影面上，使其投影能同时呈现物体的三维形状或三维尺度（X，Y，Z），如图 2−8 所示。这种投影图的优点是立体感强，直观性好。其缺点是度量性不够理想，作图比较麻烦。工程中常将其用作辅助图样。

（3）多面正投影图。

用正投影法将物体向两个或三个互相垂直的投影面进行投影，然后展开投影面所得到的图样称为多面正投影图，简称正投影图，如图 2−9 所示。这种投影图的优点是能准确地反映物体的形状和结构，作图方便，度量性好，所以在工程上被广泛采用。其缺点是立体感差，需要掌握一定的投影知识才能看懂。

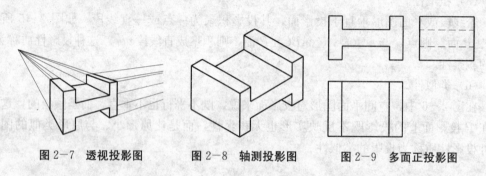

图 2−7　透视投影图　　　　图 2−8　轴测投影图　　　　图 2−9　多面正投影图

（4）标高投影图。

标高投影图是一种单面正投影图，多用来表达地形及复杂曲面。图 2−10a 是图 2−10b 所示的小山丘的标高投影图。它是假想用一组高差相等的水平面切割地面，如图 2−10b 所示，将所得的一系列交线（称等高线）投射在水平投影面上，并用数字标出这些等高线的高程而得到的投影图。这种投影图的缺点是立体感差。其优点是在一个投影面上能表达不同高度的形状，所以常用它来表达复杂的曲面和地形。

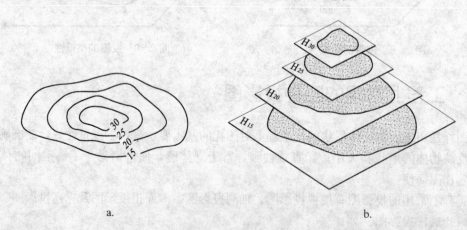

a.　　　　　　　　　　　　　　　　　b.

图 2−10　标高投影图

2.3　物体的三面正投影图

2.3.1　三面投影图的形成

如图 2−11 所示，三个不同形状的物体，它们在水平面 H 上的投影分别相同，所以，在一般情况下，只凭物体的一个投影不能确定该物体的形状和大小。

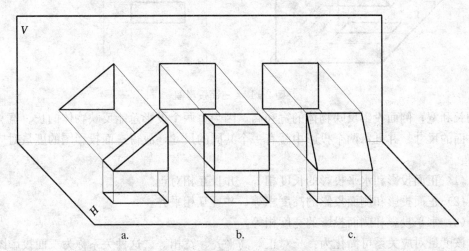

图 2−11　物体在投影面上的投影

一般说来，两面投影可以确定物体的形状。但如图 2−11b、c 所示的两个不同形状的物体，它们在 V、H 面上的投影分别相同，因此，根据它们在 V、H 面上的投影还不能确定它们的空间形状。如果增加投影，这个问题就可以得到解决。增加第三个投影面 W，使其同时与 V、H 面垂面，这样就形成了一个三投影面体系，简称为三面体系，如图 2−12a 所示。

在该三面体系中将正立投影面 V 称为正面，水平投影面 H 称为水平面，侧立投影面 W 称为侧面。物体在这三个投影面上的投影分别称为正面投影、水平投影、侧面投影。为了使物体表面的投影反映实形，作投影图时，尽可能使物体的表面平行于投影面，然后把物体分别向各投影面进行投影。在图 2−12a 中，使三角块的前表面平行于 V 面，底面平行于 H 面，右侧面平行于 W 面，则三角块的正面投影反映它前表面的实形，水平投影反映它底面的实形，侧面投影反映它右侧面的实形。如果拿开物体，根据这三个投影就能确定物体的形状。但是，三个投影是分别在三个不同的投影面上的，而实际作图只能在平面图纸上，所以必须把它展开成一个平面。为此，固定 V 面，让 H 面和 W 面分别绕它们与 V 面的交线旋转到与 V 面重合的位置。在实际作图时，只需画出物体的三个投影面而不需画投影面的边框，如图 2−12b 所示。

2.3.2　三面投影图的对应关系

2.3.2.1　度量对应关系

根据图 2−12 所示的三面投影图可知：正面投影反映物体的长和高；水平投影反映物

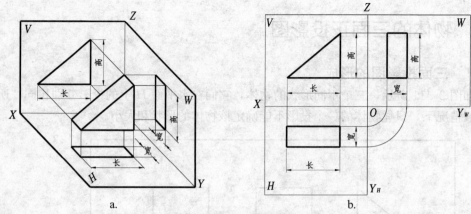

图 2-12 三面投影图

体的长和宽；侧面投影反映物体的宽和高。因为每两个投影总能反映物体的长、宽、高三个方面的尺寸，并且每两个投影中就有一个共同的尺寸，故得三面投影图的度量对应关系如下：

（1）正面投影和水平投影的长度相等，并且互相对正。

（2）正面投影和侧面投影的高度相等，并且互相平齐。

（3）水平投影和侧面投影的宽度相等。

该度量对应关系可简化为：长对正、高平齐、宽相等。这种关系称为三面投影图的投影规律，简称三等规律。

2.3.2.2 位置对应关系

三面投影图的位置对应关系是：水平投影在正面投影之下，侧面投影在正面投影之右（见图 2-13）。

物体的三面投影图与物体之间的位置对应关系为：

（1）正面投影反映了物体的上、下、左、右的位置。

（2）水平投影反映了物体的前、后、左、右的位置。

（3）侧面投影反映了物体的上、下、前、后的位置。

应当注意，水平投影和侧面投影中远离正面投影的一边都是物体的前面。

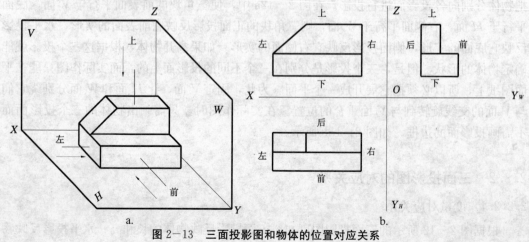

图 2-13 三面投影图和物体的位置对应关系

【复习思考题】

1. 什么是中心投影？什么是平行投影？什么是正投影？
2. 试述正投影的几何性质。
3. 试述三面正投影的形成过程。

第3章 点、直线、平面的投影

点、线、面是构成空间形体最基本的几何元素，要解决形体的投影问题，首先要研究点、线、面的投影。

3.1 点的投影

3.1.1 点在两面投影体系中的投影

3.1.1.1 两面投影体系的建立

图 2-11 中所示物体说明，仅凭物体的一个投影不能确定该物体的空间形状。同样，仅凭点的一个投影不能确定该点的空间位置。如图 3-1a 所示，若投影方向确定，A 点在 H 面内就有唯一确定的投影 a；但如图 3-1b 所示，仅凭 B 点的水平投影 b，并不能确定 B 点的空间位置。因此，需要研究点的多面投影问题，这里首先讨论两面投影体系。

两面投影体系是由垂直相交的两个投影面组成的。如图 3-2 所示，假定空间有两个互相垂直的投影面，其中，竖直放置的投影面称为正面，记作 V；水平放置的投影面称为水平面，记作 H；两投影面的交线称为投影轴，记作 OX。V 面、H 面和 OX 轴构成了一个两面投影体系（简称两面体系）。在该两面体系中，OX 轴把 V 面分为上下两个部分，把 H 面分为前后两个部分，它包含了确定空间点所必需的前后、左右、上下三个方向上的尺寸。

两面体系的整个空间被相互垂直的 V 面和 H 面分为四个部分，每一部分称为一个分角，四个分角 Ⅰ、Ⅱ、Ⅲ、Ⅳ 的划分顺序如图 3-2 所示。

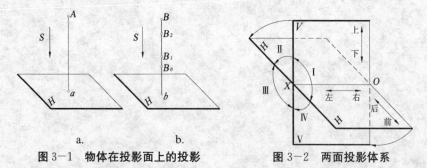

图 3-1 物体在投影面上的投影　　图 3-2 两面投影体系

3.1.1.2 点在两面体系中的投影

如图 3-3a 所示，第一分角内有一点 A，由 A 点向 V 面作垂线，其垂足称为 A 点的正面投影，用 a' 表示；由 A 点向 H 面作垂线，其垂足称为 A 点的水平投影，用 a 表示（空间点用大写字母 A、B、C…表示，正面投影用 a'、b'、c'…表示；水平投影用 a、b、

c⋯表示)。现在如果移去 A 点，并过正面投影 a' 作 V 面的垂线 $a'A$，过水平投影 a 作 H 面的垂线 aA，这两条垂线必交于 A 点。因此，根据空间一点的两个投影就可以唯一地确定空间点的位置。

如图 3−3a 所示，A 点的两个投影 a' 和 a 分别在两个不同的平面内。但画投影图时，要把这两个投影画在同一平面内，因此需把空间的两个投影面展开成同一个平面。其方法如图 3−3b 所示，V 面不动，H 面绕 OX 轴向下旋转 90°，使 H 面与 V 面重合。由此可得到 A 点的两面投影，如图 3−3c 所示。

由于投影面的范围大小与作图无关，画投影图时，一般不画投影面的边界，只画投影轴 OX，在投影图中也不标记 V、H，如图 3−3d 所示。

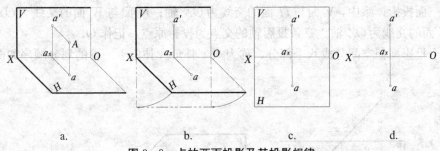

a.　　　　　　　b.　　　　　　　c.　　　　　　　d.

图 3−3　点的两面投影及其投影规律

3.1.1.3　点在两面体系中的投影规律

如图 3−3a 所示，由于投影线 Aa 和 Aa' 构成的平面 Aaa_xa' 垂直于 H 面和 V 面，所以该面必定垂直于 OX 轴，因而平面 Aaa_xa' 上过 a_x 的直线 aa_x 和 $a'a_x$ 均垂直于 OX 轴，即 $aa_x \perp OX$，$a'a_x \perp OX$。当 a 随 H 面绕 OX 轴旋转展开与 V 面重合后，a、a_x、a' 三点共线，且 $a'a \perp OX$ 轴，如图 3−3c、d 所示。

在图 3−3a 中，矩形平面 Aaa_xa' 的对边相等，$a'a_x = Aa$（即 A 到 H 面的距离）；$aa_x = Aa'$（即 A 到 V 面的距离）。

综上所述，点的两面投影规律可总结为：

(1) 点的正面投影与水平投影的连线垂直于 OX 轴。

(2) 点的正面投影到 OX 轴的距离等于该点到 H 面的距离，点的水平投影到 OX 轴的距离等于该点到 V 面的距离。

3.1.1.4　点在两面体系中各种位置的投影

点的两面投影规律不仅适用于两面体系中的第一分角，也适用于点在其他分角中的任何位置。如图 3−4a 所示，空间四点 A、B、C、D 分在 Ⅰ、Ⅱ、Ⅲ、Ⅳ 四个分角内，E 点在 H 面上，F 点在 OX 轴上，其相应的投影图如图 3−4b 所示。

3.1.2　点在三面体系中的投影

3.1.2.1　三面投影体系的建立

在两面投影体系的基础上增加一个与 V 面和 H 面都垂直且处于侧立位置的投影面，从而构成了三面投影体系，这个新添加的投影面称为侧立投影面，记作 W，如图 3−5a 所

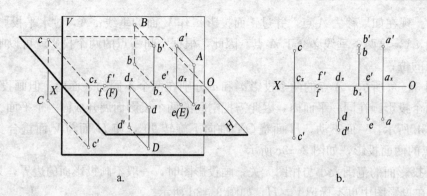

图 3-4　点在两面体系中不同分角的投影

示。在三面投影体系中，V 面与 H 面的交线为 OX 轴；H 面与 W 面的交线为 OY 轴；V 面与 W 面的交线为 OZ 轴。三条投影轴的交点为投影原点，记作 O。

三个投影面把空间分成八个部分，称为八个卦角。卦角 I～Ⅷ 的划分顺序如图 3-5a 所示。

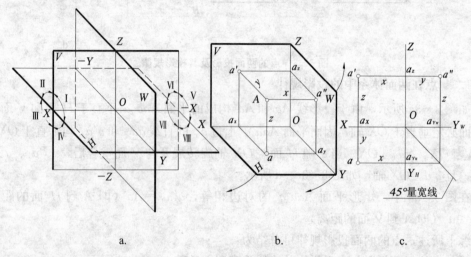

图 3-5　点的三面投影及其投影规律

3.1.2.2　点的三面投影

通过位于第一卦角内的 A 点分别向 V、H、W 面作垂线 Aa'、Aa、Aa''，其垂足 a'、a、a'' 为 A 点的三个投影，其中 A 点在 W 面上的投影 a'' 称为 A 点的侧面投影。侧面投影用 a''、b''、c''…表示，如图 3-5b 所示。

3.1.2.3　点的三面投影与直角坐标系的关系

投影面展开时，移去空间点 A，仍然规定 V 面不动，将 H 面绕 OX 轴向下旋转 $90°$ 到与 V 面重合的位置，W 面绕 OZ 轴向左旋转 $90°$ 到与 V 面重合的位置，如图 3-5b 所示，使 H 面、W 面与 V 面处于同一个平面。随 H 面向下旋转的 OY 轴用 Y_H 表示，随 W 面向右旋转的 OY 轴用 Y_W 表示，旋转后即得 A 点的三面投影图，如图 3-5c 所示。投影图中不必画出投影面的边界。

如图 3-5a 所示，将三面体系对应笛卡尔直角坐标系，则投影面 V、H、W 相当于坐标面，投影轴 OX、OY、OZ 相当于坐标轴 X、Y、Z，投影原点 O 相当于坐标原点 O。原点把每一轴分成两部分，并规定 OX 轴从 O 向左为正，向右为负；OY 轴向前为正，向后为负；OZ 轴向上为正，向下为负。因此，第 I 卦角内的点，其坐标值均为正。

分析图 3-5 可知，空间点的三面投影与该点的空间坐标有如下关系：

(1) 空间点的任一投影，均反映了该点的某两个坐标值，如：$a(x_A, y_A)$、$a'(x_A, z_A)$、$a''(y_A, z_A)$；

(2) 空间点的每一个坐标值，反映该空间点到某投影面的距离。如图 3-5b 所示：

$aa_y = a'a_z = x$，反映 A 点到 W 面的距离；

$aa_x = a''a_z = y$，反映 A 点到 V 面的距离；

$a'a_x = a''a_y = z$，反映 A 点到 H 面的距离。

由此可知，点的每一个投影由该点的两个坐标值确定，点的任两个投影都能反映该点的三个坐标值。如果已知点 A 的一组坐标值 $A(x_A, y_A, z_A)$，就能唯一地确定该点的三面投影 (a', a, a'')；反之亦然。

3.1.2.4 点的三面投影规律

空间点 A 的两面投影规律中有 $aa' \perp OX$，同理可得，点 A 的正面投影与侧面投影的连线垂直于 OZ 轴，即 $a'a'' \perp OZ$。空间点 A 的水平投影到 OX 轴的距离和侧面投影到 OZ 轴的距离均反映该点的 y 坐标，故 $aa_x = a''a_z = y_A$。

综上所述，点的三面投影规律为：

(1) 点的正面投影和水平投影的连线垂直于 OX 轴。

(2) 点的正面投影和侧面投影的连线垂直于 OZ 轴。

(3) 点的水平投影到 OX 轴的距离等于该点的侧面投影到 OZ 轴的距离。

【例 3-1-1】已知点 A 的坐标为 (13, 8, 15)，求作点 A 的三面投影。

作图：

(1) 如图 3-6a 所示，画出投影轴。由 O 沿 OX 取 $x = 13$，得 a_x 点；沿 OY_H 取 $y = 8$，得 a_{Y_H} 点；沿 OZ 取 $z = 15$，得 a_z 点。

(2) 如图 3-6b 所示，过 a_x 点作 OX 轴的垂线，它与过 a_{Y_H} 点而与 OX 平行的直线的交点，即为点 A 的水平投影 a；与过 a_z 点而与 OX 平行的直线的交点，即为点 A 的正面投影 a'。

(3) 由 $aa_x = a_{Y_H}O = a_{Y_W}O = a''a_z$，在 $a'a_z$ 延长线上即可得到点的侧面投影 a''。作图方法如图 3-6c 或 d 所示。

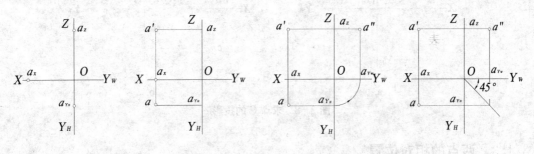

a.　　　　　　　　b.　　　　　　　　c.　　　　　　　　d.

图 3-6　求作点 A 的三面投影

【例3－1－2】如图3－7a，根据点的三面投影图，作该点的立体图。

作图：

（1）画出三面投影体系，如图3－7b所示。

（2）在 OX 轴、OY 轴、OZ 轴上分别作出 Oa_x、Oa_y、Oa_z，求出 a'、a、a''，如图3－7c所示。

（3）过 a'、a、a'' 分别作相应投影轴 OY、OZ、OX 的平行线，平行线的交点即为所求的空间点 A，如图3－7d所示。

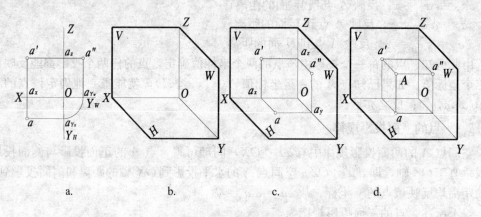

a.　　　　　　b.　　　　　　c.　　　　　　d.

图3－7　作点的立体图

【例3－1－3】如图3－8a所示，已知点 C 的二面投影 c'、c''，求作其第三投影 c。

作图：如图3－8b所示。

（1）过 c' 作 OX 轴的垂线。

（2）过 c'' 作 OY_W 的垂线交于 c_{Y_W} 点。

（3）以 O 为圆心，Oc_{Y_W} 为半径画弧即可求得 c_{Y_H} 点，再求出 c 点。

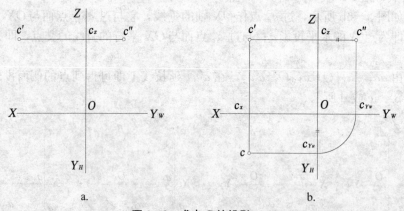

a.　　　　　　　　　　b.

图3－8　求点 C 的投影 c

3.1.3　两点的相对位置

两点的相对位置是指空间两点之间上下、左右、前后的相对位置的关系。

3.1.3.1　两点相对位置的判别和确定

空间两点的相对位置可根据两点同面投影（在同一投影面上的投影称为同面投影）的坐标关系来判别。如图 3−9a 所示，已知 a'、a、a'' 和 b'、b、b''。$x_A > x_B$ 表示 A 点在 B 点之左；$y_A > y_B$ 表示 A 点在 B 点之前；$z_A > z_B$ 表示 A 点在 B 点之上，即 A 点在 B 点的左、前、上方。若知其确切位置则可用两点的坐标差（即两点在三个方向上分别对各投影面的距离差）来确定。在图 3−9a 中，A 点在 B 点左方 $x_A - x_B$ 处；A 点在 B 点前方 $y_A - y_B$ 处；A 点在 B 点上方 $z_A - z_B$ 处。由于 A、B 两点的坐标差已确定，这两点的相对位置就完全确定了。如图 3−9b 所示为 A 点的立体图。

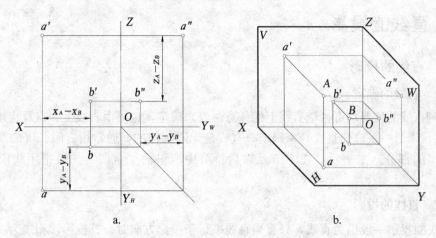

图 3−9　两点的相对位置

3.1.3.2　重影点及其可见性

位于某一投影面的同一条投影面垂直线（即投影线）上的两点，在该投影面上的投影重合为一点，这两点被称为对该投影面的重影点。在图 3−10 中，A、B 两点位于 H 面的同一条垂直线上，它们在 H 面的投影重合为一点 a（b），这时，则称 A、B 两点为对 H 面的重影点（其正面投影不重合）。同理，称 C、D 两点为对 V 面的重影点（其水平投影不重合）。这时称 A 点位于 B 点的正上方，C 点位于 D 点的正前方。

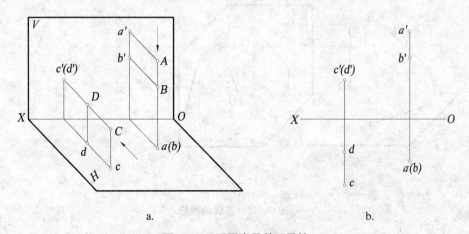

图 3−10　重影点及其可见性

当空间两点在某一投影面上的投影重合时，其中必定有一点遮住了另一点，这就存在着可见性问题。在图 3−10 中，A 点和 B 点在 H 面上的投影重合为 a（b）点，依箭头方向正对 H 面观察时，由于 A 点在 B 点的正上方，即 $z_A>z_B$，所以 A 点遮住了 B 点，因此 A 点的水平投影 a 是可见的，B 点的水平投影（b）是不可见的（点的某一投影不可见以加括号来表示）。当然，A、B 两点的正面投影 a'、b' 都是可见的。同理 $y_C>y_D$，c' 可见，（d'）不可见，其水平投影 c、d 均可见。显而易见，判别重影点的可见与不可见，是根据它们不重合的同面投影来判别的，坐标值大的可见，坐标值小的不可见，即上遮下、左遮右、前遮后。

3.2 直线的投影

3.2.1 直线的投影

3.2.1.1 直线的确定

任何直线的位置均可由该直线上的任意两点来确定，也可由直线上一点及直线的方向（例如平行于另一条已知直线）来确定。直线是无限延伸的，通常用有限长度的线段（两定点之间的部分）来表示，在本节及以后章节中所讲的"直线"一般指用线段表示的直线。

3.2.1.2 直线的投影

直线的投影一般仍为直线，只有当直线平行于投影方向时，其投影才积聚为一点，如图 3−11a 所示。

直线可视为点的集合，直线的投影就是直线上点的投影的集合。而确定一条直线只需要两个点，所以直线的投影可由直线上两点的同面投影来确定。若要作出如图 3−11b 所示直线 AB 的三面投影，只要分别作出 A、B 的同面投影 a、b，a'、b'，a''、b''，然后将同面投影相连即得直线 AB 的三面投影，如图 3−11c 所示。

直线的两个投影就能唯一确定该直线的空间位置。

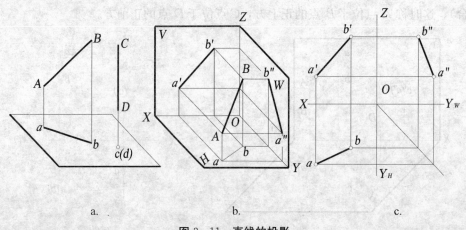

图 3−11 直线的投影

3.2.2　直线对投影面的相对位置

在三面投影体系中，根据直线与投影面所处的相对位置不同，可将直线分为投影面平行线、投影面垂直线和一般位置直线三种。前两种又称为特殊位置直线。直线对 H、V、W 三投影面的倾角，分别用 α、β、γ 来表示。

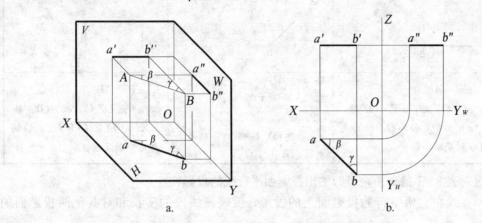

a.　　　　　　　　　　　　　　b.

图 3—12　水平线的三面投影图

3.2.2.1　投影面平行线的投影

只平行于一个投影面而与其他两个投影面倾斜的直线称为投影面平行线。只平行于 V 面的直线称为正平线；只平行于 H 面的直线称为水平线；只平行于 W 面的直线称为侧平线。

下面以水平线为例讨论投影面平行线的投影特点，如图 3—12 所示。

(1) 水平线 AB 的正面投影 $a'b'$ 平行于 OX 轴，侧面投影 $a''b''$ 平行于 OY_W 轴。

(2) 水平线 AB 的水平投影反映线段实长，即 $ab=AB$。

(3) 水平线 AB 的水平投影 ab 与 OX 轴的夹角，反映直线对 V 面的倾角 β；ab 与 OY_H 轴的夹角，反映直线对 W 面的倾角 γ。

投影面平行线的投影特点见表 3—1。

表 3—1　投影面平行线的投影特点

	正平线	水平线	侧平线
立体图			

续表

投影图		
1. $a'b'=AB$	1. $ab=AB$	1. $a''b''=AB$
2. ab//OX 轴；$a''b''$//OZ 轴	2. $a'b'$//OX 轴；$a''b''$//OY_W 轴	2. $a'b'$//OZ 轴；ab//OY_H 轴
3. $a'b'$与OX轴和OZ轴的夹角分别反映α和γ	3. ab与OX轴和OY_H轴的夹角分别反映β和γ	3. $a''b''$与OZ轴和OY_W轴的夹角分别反映β和α

通过对表 3-1 的分析，可归纳出投影面平行线的投影特性：

（1）直线在它所平行的投影面上的投影，反映该线段的实长和对其他两投影面的倾角。

（2）直线在其他两个投影面上的投影分别平行于相应的投影轴，且都小于该线段的实长。

3.2.2.2 投影面垂直线的投影

投影面垂直线是指垂直于一个投影面，同时平行于其余两个投影面的直线。与正面垂直的直线，称为正垂线；与水平面垂直的直线，称为铅垂线；与侧面垂直的直线，称为侧垂线。

下面以铅垂线为例讨论投影面垂直线的投影特点，如图 3-13 所示。

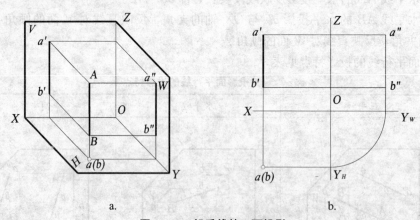

图 3-13　铅垂线的三面投影

（1）铅垂线 AB 的水平投影积聚为一点，即 a（b）。

（2）铅垂线 AB 的正面投影 $a'b'$ 垂直于 OX 轴，侧面投影 $a''b''$ 垂直于 OY_W 轴。

（3）铅垂线 AB 的正面投影和侧面投影均反映线段实长，即 $a'b'=AB$，$a''b''=AB$。

投影面垂直线的投影特点见表 3-2。

表 3-2 投影面垂直线的投影特点

	正垂线	铅垂线	侧垂线
立体图	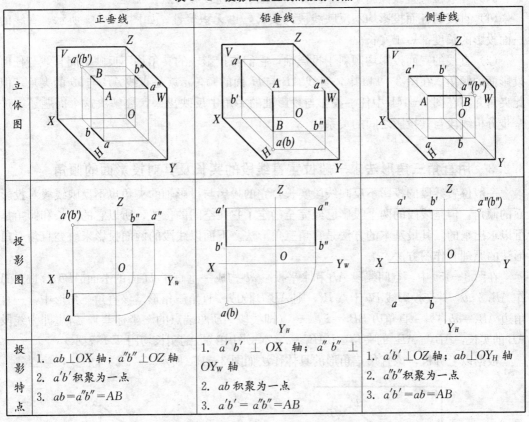		
投影图			
投影特点	1. $ab \perp OX$ 轴；$a''b'' \perp OZ$ 轴 2. $a'b'$ 积聚为一点 3. $ab = a''b'' = AB$	1. $a'b' \perp OX$ 轴；$a''b'' \perp OY_W$ 轴 2. ab 积聚为一点 3. $a'b' = a''b'' = AB$	1. $a'b' \perp OZ$ 轴；$ab \perp OY_H$ 轴 2. $a''b''$ 积聚为一点 3. $a'b' = ab = AB$

通过对表 3-2 的分析，可归纳出投影面垂直线的投影特性：

（1）直线在它所垂直的投影面上的投影积聚成一点。

（2）直线在其他两个投影面上的投影分别垂直于相应的投影轴，且反映该直线段的实长。

3.2.2.3 一般位置直线的投影

对三个投影面都处于倾斜位置的直线称为一般位置直线。如图 3-14a 所示，直线 AB 同时倾斜于 H、V、W 三个投影面，它与 H、V、W 的倾角分别为 α、β、γ。

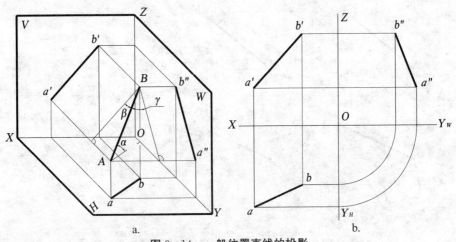

a.　　　　　　　　　　b.

图 3-14 一般位置直线的投影

因为一般位置直线倾斜于三个投影面，故有下述投影特点：

（1）直线的各面投影均不反映线段的实长，也无积聚性。如图 3－14a 所示，直线的三面投影的长度都短于实长。

（2）直线的三面投影均倾斜于投影轴，它们与投影轴的夹角均不反映空间直线与任何投影面的倾角。在图 3－14a 中，直线 AB 与 H 面的倾角 α 就是直线 AB 与 ab 的夹角，但此夹角并不在图 3－14b 中任一投影与投影轴的夹角中反映出来，要解决这个问题还需进一步分析线段与其投影之间的关系。

3.2.3 用直角三角形法求一般位置直线段的实长及其对投影面的倾角

一般位置线段的投影不反映线段实长，它的投影与投影轴的夹角也不反映线段对投影面的倾角。但是线段的两个投影已经完全确定了它在空间的位置，所以它的实长和倾角是可以求出来的，其最基本的方法是直角三角形法。下面以线段的两面投影来研究直角三角形法的原理和作图方法。

在图 3－15a 中，空间线段 AB 和水平投影 ab 构成一垂直于 H 面的平面 $ABba$。过点 A 作 $AB_0 // ab$，并交投影线 Bb 于点 B_0，则 AB_0B 构成一直角三角形。该直角三角形中，一直角边 $AB_0 = ab$，另一直角边 $BB_0 = z_B - z_A$（即线段 AB 两端点的 z 坐标差），斜边即为线段 AB 的实长，AB 与 AB_0 的夹角 $\angle BAB_0 = \alpha$（本书图中线段的实长均用 $T.L$ 表示）。

根据以上分析，该直角三角形的具体作法如图 3－15c 所示。

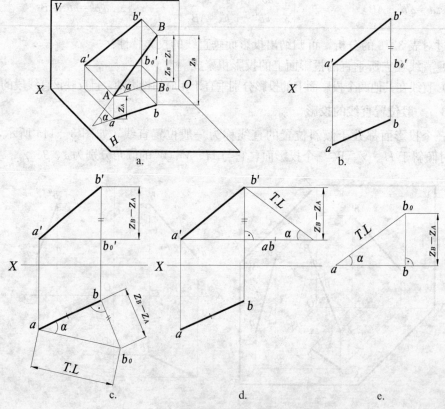

图 3－15 一般位置直线段的实长及倾角 α

（1）以 ab 为直角边，过 b 作 $bb_0 \perp ab$，取 $bb_0 = z_B - z_A$。

（2）连接 ab_0，则 ab_0 即为 AB 的实长，ab_0 与 ab 的夹角即为线段 AB 对 H 面的倾角 α。

此直角三角形也可用如图 3-15d、e 所示的方法作出。

同理，利用线段 AB 的正面投影长度 $a'b'$，以及该线段两端点的 Y 坐标差组成直角三角形，可求出线段的实长及其对 V 面的倾角 β，如图 3-16a、b、c 所示。

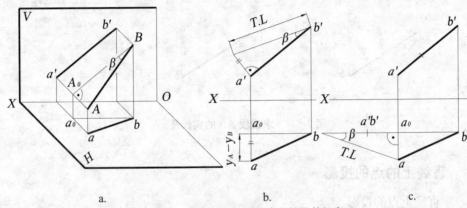

a.   b.   c.

图 3-16 一般位置直线段的实长及其倾角 β

由上可知，直角三角形法作图的一般规则如下：

以线段在某一投影面上的投影为一直角边，以线段两端点到该投影面的距离差（即坐标差）作为另一直角边，所构成的直角三角形的斜边就是线段的实长，而且此斜边与该投影的夹角，就等于该线段对投影面的倾角。由此可知，实长与水平投影的夹角是 α，而 α 的对边长一定是 z 坐标差；实长与正面投影的夹角是 β，β 的对边长一定是 y 坐标差；实长与侧面投影的夹角是 γ，γ 的对边长一定是 x 坐标差。

根据直角三角形的性质，在直角三角形的四要素（某投影长、坐标差、实长及倾角）中，只要知道其中任意两个，就可以作出该直角三角形，即可求出其他要素。这四个几何要素的配组关系是严格不变的，即：

（1）线段的实长、水平投影的长度、两端点的 z 坐标差、α 构成一组。

（2）线段的实长、正面投影的长度、两端点的 y 坐标差、β 构成一组。

（3）线段的实长、侧面投影的长度、两端点的 x 坐标差、γ 构成一组。

【例 3-2-1】如图 3-17a 所示，已知线段 AB 的水平投影 ab 和 A 点的正面投影 a'，AB 对 H 面的倾角 $\alpha = 30°$，试求 AB 的实长及在 V 面上的投影 $a'b'$。

分析：要求出 AB 的实长，只需作出由 ab 和 α 组成的直角三角形即可。根据已知条件，此直角三角形可作出。因 a' 已知，要作出 $a'b'$，只需求出 A、B 两点的 z 坐标之差（$z_A - z_B$）即可，而在前面所作出的直角三角形中，（$z_A - z_B$）已得出，故此题可求解。

作图：如图 3-17 所示。

（1）如图 3-17c 所示，以 ab 为一直角边，过 a 对 ab 作 $30°$ 斜线，此斜线与过 b 点的垂线交于 B_0 点，aB_0 即为 AB 实长，而 bB_0 则为 A、B 两点的 z 坐标之差。

（2）如图 3-17b 所示，利用 bB_0 即可确定 b'。

（3）连接 a'、b' 两点即为所求。

此题有两解，另一解由读者作出。

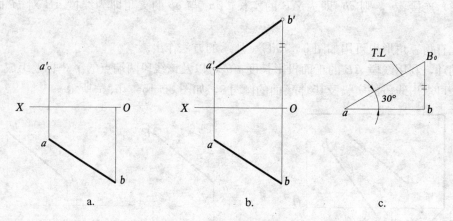

图 3-17　求线段 AB 的实长及 $a'b'$

3.2.4　直线上的点的投影

3.2.4.1　直线上点的投影

点在直线上，则该点的各个投影一定在直线的同面投影上，且符合点的投影规律。反之，点的各投影都在直线的同面投影上，且符合点的投影规律，则该点一定在该直线上。在图 3-18 中，点 C 在直线 AB 上，则其水平投影 c 一定在 ab 上，正面投影 c' 一定在 $a'b'$ 上，侧面投影 c'' 一定在 $a''b''$ 上。反之，在投影图中，点 C 的各个投影均在直线的同面投影上，且符合点的投影规律，则点 C 必定在此直线上。

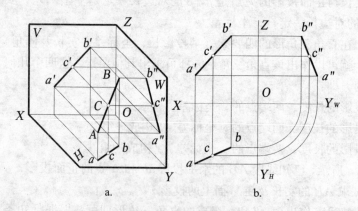

图 3-18　点 C 在直线上

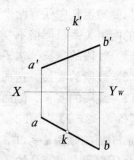

图 3-19　点 C 不在直线上

3.2.4.2　分割线段成定比

在直线段上的点将该直线段分割成定比，则该点的各个投影必定将该直线段的同面投影分割成相同比例的两段，这个关系称为定比关系。如图 3-18 所示，点 C 将线段 AB 分割为 AC、CB 两段，则 $AC : CB = ac : cb = a'c' : c'b' = a''c'' : c''b''$。

若点不在直线上，则点的投影不具备上述性质。如图 3-19 所示，虽然有点 k 在 ab 上，但 k' 不在 $a'b'$ 上，故点 K 不在直线 AB 上。

3.2.4.3 点与直线的从属关系的判断

（1）点是否在一般位置直线上的判断。

对于点是否在一般位置直线上，可由任意两面投影进行判断。如图 3－18b 中对点 C 是否在直线 AB 上的判断。

（2）点是否在侧平线上的判断。

对于点是否在投影面平行线上，一般可以用以下两种方法进行判断：① 由该直线所平行的投影面上的投影及另一投影进行判断。如图 3－20a 所示；② 利用点分直线段成定比的性质进行判断。如图 3－20b 所示，由于 $a'k' : k'b' \neq ak : kb$，故点 K 不在直线 AB 上。

【例 3－2－2】如图 3－21 所示，在直线 AB 上取点 C，使 $AC : CB = 2 : 3$，求点 C 的投影。

分析：利用直线上点的投影性质，利用定比关系即可求解。

作图：

（1）过 a 任作一辅助直线 ab_0。

（2）将 ab_0 分为五等分，取 c_0，使 $ac_0 : c_0b_0 = 2 : 3$。

（3）连 bb_0，过 c_0 作 $c_0c \ /\!/ b_0b$，得 c，即点 C 的水平投影。

（4）由 c 可求得 c'。

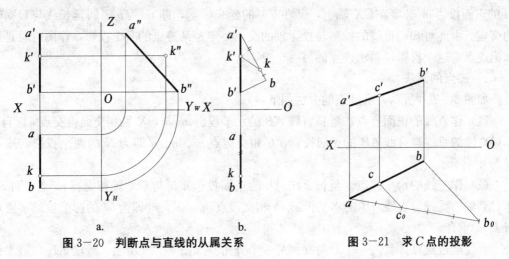

图 3－20 判断点与直线的从属关系   图 3－21 求 C 点的投影

3.2.5 直线的迹点

3.2.5.1 直线的迹点

直线与投影面的交点，称为直线的迹点。直线与正面的交点称为正面迹点，用 N 表示；与水平面的交点称为水平迹点，用 M 表示；与侧面的交点称为侧面迹点，用 S 表示。

3.2.5.2 迹点的特性和画法

1）迹点的特性

因为迹点是直线和投影面的共有点，所以它的投影有下列特性：

（1）作为投影面上的点，它在该投影面的投影必定与它本身重合，而另一投影必在投影轴上。

（2）作为直线上的点，它的各个投影必定在该直线的同面投影上。

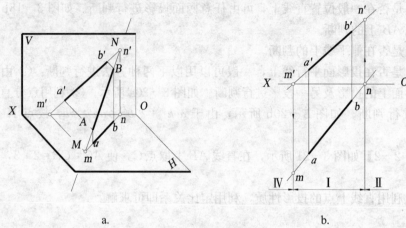

a.　　　　　　　　b.

图 3－22　直线的迹点

如图 3－22a 所示，正面迹点 N 的正面投影 n' 与其本身重合，而且在直线的正面投影 $a'b'$ 上。N 的水平投影 n 必定在 OX 轴上，又在 ab 的延长线上，即 n 为 ab 的延长线与 OX 轴的交点。同样，水平迹点 M 的水平投影 m 与其本身重合，而且在 ba 的延长线上；M 的正面投影 m' 必定在 OX 轴上，又在 $b'a'$ 的延长线上，即 m' 为 $b'a'$ 的延长线与 OX 轴的交点。由此可知，直线的投影与投影轴的交点一定是某迹点的一个投影，作图时总是先求出迹点的这个投影，再求迹点的另一个投影。

2）迹点的画法

如图 3－22b 所示，求迹点的方法如下：

（1）作直线的正面迹点。延长直线 AB 的水平投影 ab 与 OX 轴相交而得交点 n，自 n 作 OX 轴的垂线与直线 AB 的正面投影 $a'b'$ 相交得点 n'。n、n' 即为 N 的两个投影，迹点 N 与 n' 重合。

（2）作直线的水平迹点。延长直线 AB 的正面投影 $a'b'$ 与 OX 轴相交得 m' 点，自 m' 作 OX 轴的垂线与直线 AB 的水平投影 ab 相交得点 m。m'、m 即为 M 的两个投影，迹点 M 与 m 重合。

直线经过迹点，就由一个分角穿到另一个分角。如图 3－22 所示，线段 AB 在第Ⅰ分角内，在投影图中，$a'b'$ 在 OX 轴上方，ab 在 OX 轴下方。将 BA 向下延长经水平迹点 M 穿入第Ⅳ分角，以 M 点为分界，延长线的正面投影位于 OX 轴下方，如图 3－22b 所示。将 AB 向上延长经过正面迹点 N 穿入Ⅱ分角，以 N 点为分界，延长线的水平投影位于 OX 轴上方。这样直线 AB 通过了三个分角。可以看出，第Ⅳ分角内的线段的两投影均在 OX 轴下方；第Ⅱ分角内的线段的两投影均在 OX 轴的上方，这与判断点在哪一个分角内的方法相同。

3.2.6　两直线的相对位置

两直线在空间的相对位置有相交、平行和交叉三种情况。其中相交或平行的两直线属共面直线，交叉的两直线属异面直线。下面分别讨论它们的投影特性。

3.2.6.1　相交两直线

空间两直线如果相交，则两直线的各组同面投影一定相交，且交点的投影必定符合点的投影规律。反之，如果两直线的各组同面投影均相交，且各同面投影的交点符合点的投影规律，则两直线在空间也一定相交。

在图 3-23 中，直线 AB 与 CD 相交，其同面投影 $a'b'$ 与 $c'd'$、ab 与 cd、$a''b''$ 与 $c''d''$ 均相交，其交点 k'、k、k'' 即为 AB 与 CD 的交点 K 的三面投影。

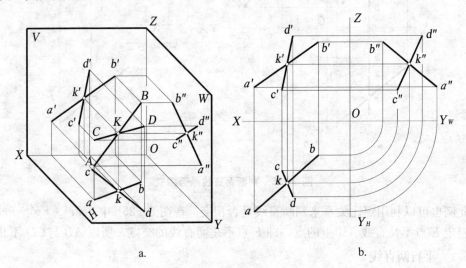

图 3-23　两直线相交（一）

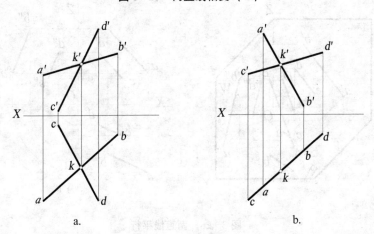

图 3-24　两直线相交（二）

在投影图上判断空间两直线是否相交的方法为：

（1）当两直线都处于一般位置时，则只需观察两组同面投影即可。如图 3-24a 所示，可判定 AB 和 CD 是相交两直线，交点为 K；如图 3-24b 所示，AB 和 CD 的水平投影积聚成一直线，这就表明这两条直线是在垂直于 H 面的同一平面内。

（2）当两直线中的一直线平行于某一投影面时，一般要看直线所平行的那个投影面上的投影才能确定它们是否相交。在图 3-25 中，两直线 AB 和 CD 的正面投影和水平投影均相交，由于 AB 是一侧平线，这时可以利用侧面投影检查其交点是否符合点的投影规律。从图中可以看出，正面投影的交点和侧面投影的交点连线不垂直于 OZ 轴，所以 AB 和 CD 不相交。

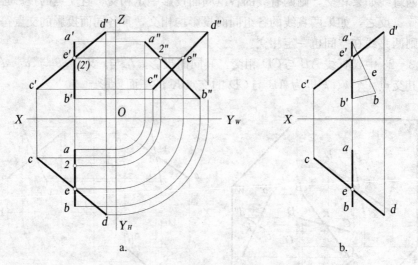

图 3-25　判断两直线是否相交

此例也可以利用定比关系来判断直线是否相交。在图 3-25b 中，$a'e' : e'b' \neq ae : eb$，可以判定 E 点不是直线 AB 上的点，即 E 点不是两直线的交点，所以 AB 与 CD 不相交。

3.2.6.2　平行两直线

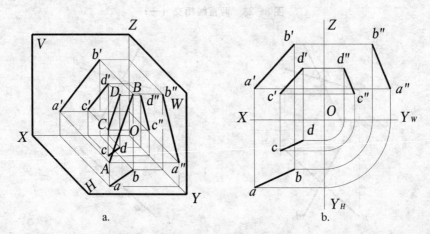

图 3-26　两直线平行

如果空间两直线互相平行，则两直线的各组同面投影必定相互平行。在图 3-26 中，$AB // CD$，则 $ab // cd$、$a'b' // c'd'$、$a''b'' // c''d''$。反之，如果两直线的各组同面投影互相平行，则此两直线在空间也一定互相平行。在投影图上判断空间两直线是否平行的方法为：

(1) 当两直线都处于一般位置时，如图 3-26b 所示，仅根据它们的水平投影和正面投影是否相互平行，就可判断两条直线在空间是否也相互平行。如图 3-26a 所示，各投影及其投影线所形成的平面 $ABba // CDdc$，$ABb'a' // CDd'c'$，所以两对平行平面的交线也必互相平行，即 $AB // CD$。

（2）当两直线同时平行于某一投影面时，如图 3－27a 所示，一般可以通过下面几种方法判断它们是否平行：

先检查 AB 和 CD 在向前或向后、向上或向下的指向是否一致，若不一致，则 AB 和 CD 交叉，如图 3－27a 所示。若一致，再用下面的方法进行判断。

若 AB 和 CD 向前或向后、向上或向下的指向一致，如图 3－27b 所示，可分别连接 A 和 D、B 和 C，检查 $a'd'$ 与 $b'c'$ 的交点 k' 和 ad 与 bc 的交点 k 是否在 OX 轴的同一条垂线上。若在同一条垂线上，则 AD 和 BC 相交，点 A、B、C、D 共面，AB 和 CD 平行。若不在同一条垂线上，则 AD 和 BC 交叉，点 A、B、C、D 不共面，AB 和 CD 也交叉。由作图结果可判断出图 3－27b 中 AB 和 CD 交叉。

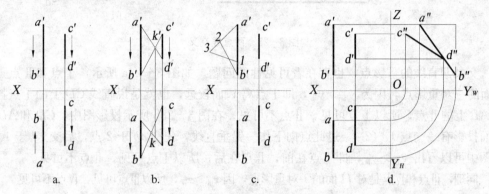

图 3－27　判断两直线是否平行

若 AB 和 CD 向前或向后、向上或向下的指向一致，可再通过检查 $a'b'$：ab 和 $c'd'$：cd 是否相等来判断。相等时 AB 和 CD 平行，不相等时 AB 和 CD 交叉。其作图过程如图 3－27c 所示，在 $a'b'$ 找出 1 点，使 $a'1=ab$，然后过 a' 任作一直线，在其上量出 $a'2=c'd'$、$a'3=cd$，连接 2 和 b'、3 和 1。由于 2b' 与 31 不平行，即 $a'b'$：ab 不等于 $c'd'$：cd，所以 AB 和 CD 交叉。

还可以通过检查两直线所平行的投影面上的投影是否平行来判断两直线是否平行。直线 AB、CD 都是侧平线，它们的正面投影和水平投影都是相互平行的，但它们的侧面投影 $a''b''$ 不平行于 $c''d''$，故 AB 与 CD 不平行，如图 3－27d 所示。

3.2.6.3　交叉两直线

在空间既不平行也不相交的两直线，称为交叉两直线。交叉两直线不具备平行两直线和相交两直线的投影特点。在投影图上，凡是不符合平行或相交条件的两直线都是交叉两直线。

交叉两直线的同面投影可能有两组都互相平行，但不可能三组同面投影都互相平行，如图 3－27 所示。交叉两直线的三组同面投影可能均相交，但其三个交点不符合同一点的投影规律。这种交点实际上是重影点的投影，即两直线上不同两点在某投影面上的重合投影。如图 3－28a 所示，直线 AB 和 CD 的水平投影 ab 和 cd 的交点 3（4），只是 AB 上的Ⅲ点和 CD 上的Ⅳ点在 H 面上的重合投影；$c'd'$ 和 $a'b'$ 的交点 1′（2′）也只是 CD 上的Ⅰ点和 AB 上的Ⅱ点在 V 面上的重合投影。在投影图上，如图 3－28b 所示，正面投影的交点 1′（2′）和水平投影的交点 3（4）的连线不垂直于 OX 轴，即不符合点的投影规律，这说明 AB 和 CD 是交叉两直线。

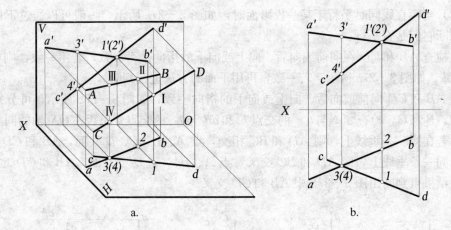

图 3-28　两直线交叉

交叉两直线的重影点，也存在着可见性的问题。如图 3-28a 所示，Ⅰ点和Ⅱ点是对 V 面的一对重影点，因为 $y_Ⅰ > y_Ⅱ$，即Ⅰ点离 V 面较远，也就是说直线 CD 上的Ⅰ点挡住了 AB 上的Ⅱ点，所以Ⅰ点可见，Ⅱ点不可见。在图 3-28b 所示投影图中，CD 和 AB 的正面投影有一交点 1'(2')，过此点向下作一铅垂直线，先交 ab 于 2 点，后交 cd 于 1 点，从图中可以看出 $y_Ⅰ > y_Ⅱ$，即Ⅰ点在前，Ⅱ点在后，所以Ⅰ点可见，Ⅱ点不可见。

同理，Ⅲ点和Ⅳ点是对 H 面的一对重影点，因 $z_Ⅲ > z_Ⅳ$，所以Ⅲ点可见，Ⅳ点不可见。

【例 3-2-3】判断图 3-29 中两直线的相对位置。

分析：根据两直线平行、相交、交叉的投影特点进行判断。

判断：在图 3-29a 中，直线 AB、CD 为一般位置直线，正面投影 a'b'、c'd' 相交于 k'，水平投影 ab、cd 相交于 k。k'、k 是点 K 的二面投影，故 AB、CD 是相交两直线。

在图 3-29b 中，直线 AB、CD 是正平线，且正面投影 a'b' ∥ c'd'，水平投影 ab ∥ cd，故 AB、CD 是平行两直线。

在图 3-29c 中，直线 AB 为一般位置直线，CD 为侧平线，它们的正面投影和水平投影分别相交。但由于 c'k'∶k'd' ≠ ck∶kd，点 K 不属于直线 CD，故直线 AB、CD 没有共有点，为交叉两直线。

此题亦可由两直线的侧面投影进行判断。

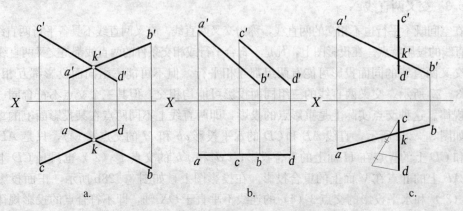

图 3-29　判断两直线的相对位置

【例 3-2-4】 如图 3-30a 所示，已知两直线 AB、CD 及点 M 的正面投影 m'，试过点 M 作直线 $MN /\!/ CD$ 并与直线 AB 相交。

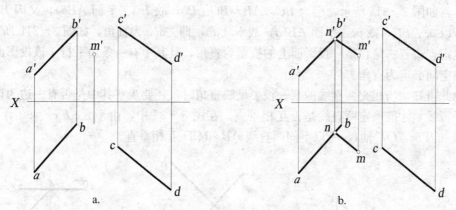

图 3-30　过 M 点作直线与 AB 相交且平行于 CD

分析：直线 AB、CD 均为一般位置直线，若 $MN /\!/ CD$，则 MN 与 CD 的各面投影均平行；若直线 MN 与 AB 相交，则 MN 与 AB 的各面投影均相交，且两直线具有共有点。

作图：如图 3-30b 所示。

(1) 过 m' 作 $m'n' /\!/ c'd'$ 且与 $a'b'$ 相交于 n'，n' 即为直线 AB、MN 的共有点 N 的正面投影。

(2) 由 n' 求出 n。

(3) 过 n 作 $mn /\!/ cd$，由 m' 求出 m。$m'n'$、mn 即为所求。

3.2.7　一边平行于投影面的直角的投影

空间相交或交叉成直角的两条直线的投影可能是直角或不是直角。当直角的两边同时平行于一投影面时，它在该投影面上的投影仍为直角；当直角的两边都不平行于投影面时，其投影肯定不是直角。除这两种情况以外，还有另外一种情况，就是常用的一边平行于投影面的直角的投影定理（简称直角投影定理）。

直角投影定理：若构成直角的两边中有一边平行于某一投影面，则该直角在该投影面上的投影仍为直角。

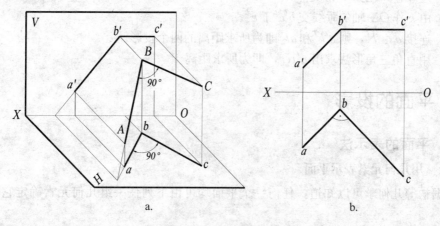

图 3-31　直角的投影

如图 3-31a 所示，已知 $BC \perp AB$，且 $BC /\!/ H$ 面，但 AB 不平行于 H 面，也不垂直于 H 面，求证 $cb \perp ab$。

证：如图 3-31a 所示，因为 $BC \perp AB$，$BC \perp Bb$，故 $BC \perp$ 平面 $ABba$，又因 $BC /\!/ H$ 面，所以 $bc /\!/ BC$，则 $bc \perp$ 平面 $ABba$，故 $bc \perp ab$，即 $\angle abc$ 为直角，如图 3-31b 所示。

逆定理：若一角在某一投影面上的投影为直角，且其中有一条边平行于该投影面，则该角在空间必定为直角。

由此可知，当相交两直线的某一投影反映直角时，还要观察其中是否有一边为该投影面的平行线，才能确定两直线是否互相垂直。在图 3-32 中，由于 $\angle a'b'c' = 90°$，BC 为正平线（因 $bc /\!/ OX$ 轴），所以空间两直线 AB 和 CD 互相垂直。

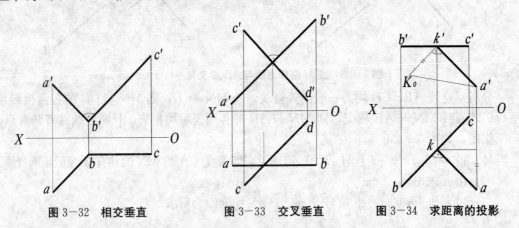

图 3-32　相交垂直　　　图 3-33　交叉垂直　　　图 3-34　求距离的投影

直角投影定理既适用于相互垂直的相交两直线，也适用于交叉垂直的两直线。如图 3-33 所示，AB、CD 是垂直交叉两直线，因为 $ab /\!/ OX$ 轴，AB 是正平线，$a'b' \perp c'd'$，所以 AB 和 CD 是互相垂直的，称为交叉垂直。

【例 3-2-5】如图 3-34 所示，求 A 点到水平线 BC 的距离。

分析：直线 BC 是水平线，过 A 点向 BC 所作的垂线 AK 是一般位置线，根据直角投影定理可知：要使 $AK \perp BC$，则要求 $ak \perp bc$。

作图：

（1）过 a 作 $ak \perp bc$，得交点 k。

（2）由 k 作 OX 轴的垂线交 $b'c'$ 于 k'。

（3）连接 a'、k'，则 $a'k'$ 和 ak 即为所求距离的两个投影。

（4）用直角三角形法求出 $a'K_0$，即为所求距离。

3.3　平面的投影

3.3.1　平面的表示法

3.3.1.1　用几何元素表示平面

根据初等几何学可以知道，任何一个平面均可由下列任一组几何元素确定它的空间位置：

（1）不在同一条直线上的三个点，如图 3-35a 所示。

（2）一直线和该直线外一点，如图 3-35b 所示。

（3）平行两直线，如图 3-35c 所示。

（4）相交两直线，如图 3-35d 所示。

（5）平面图形，如图 3-35e 所示。

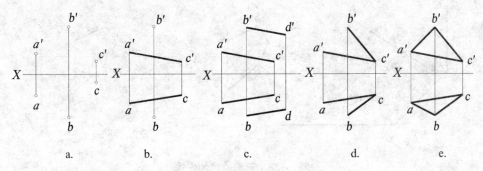

图 3-35　几何元素表示平面

因此在投影图中可以用上述任一组几何元素的两面投影来表示平面。上述各种形式之一可以互相转换，但当不在同一直线上的三点给定以后，则无论转换成何种形式，平面在空间的位置也始终不变。

3.3.1.2　用迹线表示平面

1）迹线

平面与投影面的交线称为平面的迹线。如图 3-36a 所示，平面 P 与 H 面的交线，称为水平迹线，用 P_H 表示；平面 P 与投影面 V 的交线称为正面迹线，用 P_V 表示；平面 P 与 W 面的交线，称为侧面迹线，用 P_W 表示。

如图 3-36 所示的平面 P，实质上就是用相交两直线 P_H 与 P_V 表示的一般位置平面；如图 3-37 所示的平面 Q，实质上也就是用平行两直线 Q_H 和 Q_V 表示的侧垂面。

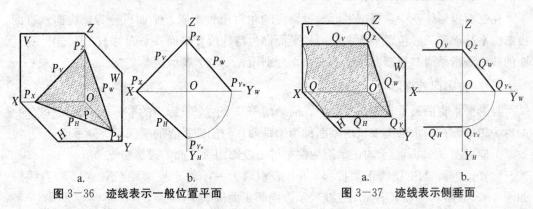

图 3-36　迹线表示一般位置平面　　　　图 3-37　迹线表示侧垂面

2）迹线的性质

（1）根据三面共点原理，迹线如果相交，其交点必定在投影轴上，如图 3-36a 所示，P、V、H 三面共点于 P_X；P、H、W 三面共点于 P_Y；P、V、W 三面共点于 P_Z。P_X、P_Y、P_Z 称为迹线的集合点。

（2）由于迹线是平面与投影面的交线，所以它具有投影面内直线的投影特点，即它的一个投影是它本身，其余投影在投影轴上。

（3）迹线也是平面内所有直线的同面迹点的集合。在图 3−38a 中，直线 *AB*、*BC* 的正面迹点 N_1、N_2 集合于 P_V，水平迹点 M_1、M_2 集合于 P_H。

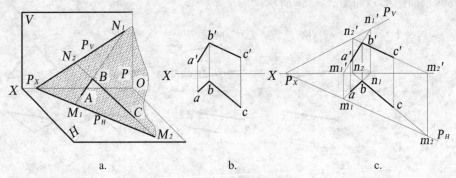

图 3−38 平面迹线的作法

3）迹线的作图

在图 3−38a 中，平面由相交两直线 *AB*、*BC* 表示，其两面投影如图 3−38b 所示，该平面迹线的作图过程如图 3−38c 所示。

（1）求直线 *AB* 的正面迹点 N_1（$n_1{}'$，n_1）和水平迹点 M_1（$m_1{}'$，m_1）。

（2）求直线 *BC* 的正面迹点 N_2（$n_2{}'$，n_2）和水平迹点 M_2（$m_2{}'$，m_2）。

（3）连接 $n_1{}'$、$n_2{}'$ 得平面的正面迹线 P_V，连接 m_1、m_2 得平面的水平迹线 P_H。

规定：在投影图中，只需将与迹线本身重合的投影画出并标记符号（如 P_V、P_H 等）即可，迹线与投影轴重合的投影均不画，如 P_V 的水平投影和 P_H 的正面投影在 X 轴上，投影图中不予画出。

3.3.2 各种位置平面的投影

在三面投影体系中，根据平面与投影面的相对位置不同，平面可分为投影面垂直面、投影面平行面和一般位置平面。前两种平面称为特殊位置平面。平面对 *H*、*V*、*W* 三投影面的倾角是指平面与投影面之间的夹角，分别用 α、β、γ 表示。

3.3.2.1 投影面垂直面

投影面垂直面是垂直于某投影面，而倾斜于其余两个投影面的平面。与正面垂直的平面称为正垂面；与水平面垂直的平面称为铅垂面；与侧面垂直的平面称为侧垂面。

下面以图 3−39a 所示的正垂面为例来讨论投影面垂直面的投影特点。

（1）正垂面 *ABCD* 的正面投影 $a'b'c'd'$ 积聚为一倾斜于投影轴 *OX*、*OZ* 的直线段，如图 3−39b 所示。若该平面用迹线表示，则其正面迹线 P_V 与 $a'b'c'd'$ 重合，如图 3−39c 所示。

（2）正垂面的水平投影和侧面投影是与平面 *ABCD* 呈类似形，如图 3−39b 所示。若平面用迹线表示，则其水平迹线 $P_H \perp OX$ 轴，侧面迹线 $P_W \perp OZ$ 轴，如图 3−39c 所示。

（3）正垂面的正面投影 $a'b'c'd'$ 或正面迹线 P_V，与 *OX* 轴的夹角反映了该平面对 *H* 面的倾角 α，与 *OZ* 轴的夹角反映了该平面对 *W* 面的倾角 γ，如图 3−39b、c 所示。

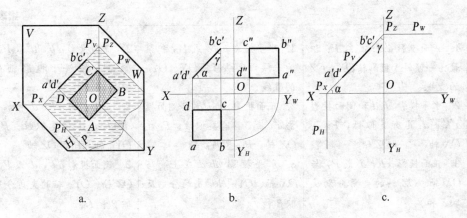

图 3-39 正垂面的三面投影图

正垂面、铅垂面和侧垂面的投影特点见表 3-3。

表 3-3 投影面垂直面

	正垂面	铅垂面	侧垂面
立体图			
投影图			
用迹线表示			

投影特点	1. 正面投影 $a'b'c'd'$ 或 P_V 积聚为一倾斜于投影轴 OX、OZ 的直线 2. 水平投影 $abcd$ 和侧面投影 $a''b''c''d''$ 具有类似性；$P_H \perp OX$ 轴，$P_W \perp OZ$ 轴 3. 正面投影 $a'b'c'd'$ 或 P_V 与 OX 轴、OZ 轴的夹角分别反映 α 和 γ	1. 水平投影 $abcd$ 或 P_H 积聚为一倾斜于投影轴 OX、OY_H 的直线 2. 正面投影 $a'b'c'd'$ 和侧面投影 $a''b''c''d''$ 具有类似性；$P_V \perp OX$ 轴，$P_W \perp OY_W$ 轴 3. 水平投影 $abcd$ 或 P_H 与 OX 轴、OY_H 轴的夹角分别反映 β 和 γ	1. 侧面投影 $a''b''c''d''$ 或 P_W 积聚为一倾斜于投影轴 OZ、OY_W 的直线 2. 正面投影 $a'b'c'd'$ 和水平投影 $abcd$ 具有类似性；$P_H \perp OY_H$ 轴，$P_V \perp OZ$ 轴 3. 侧面投影 $a''b''c''d''$ 或 P_W 与 OZ 轴、OY_W 轴的夹角分别反映 β 和 α

通过对表 3－3 的分析，总结出投影面垂直面的投影特性如下：

（1）平面在其所垂直的投影面上的投影积聚成一倾斜直线，此直线与投影轴所成夹角即为平面对相应投影面的倾角。

（2）平面的其他两面投影均为类似形。

3.3.2.2 投影面平行面

投影面平行面是平行于某投影面，垂直于其余两个投影面的平面。平行于正面的平面称为正平面；平行于水平面的平面称为水平面；平行于侧面的平面称为侧平面。

现以图 3－40 所示的水平面为例，讨论投影面平行面的投影特点。

（1）水平面 $ABCD$ 的水平投影 $abcd$ 反映该平面图形的实形 $ABCD$，如图 3－40b 所示。若平面用迹线表示，则该平面没有水平迹线，如图 3－40c 所示。

（2）水平面的正面投影 $a'b'c'd'$ 和侧面投影 $a''b''c''d''$ 均积聚为直线段，且 $a'b'c'd' \parallel OX$ 轴，$a''b''c''d'' \parallel OY_W$ 轴，如图 3－40b 所示。若平面用迹线表示，则该平面的正面迹线 P_V 和侧面迹线 P_W 分别与 $a'b'c'd'$ 和 $a''b''c''d''$ 重合，如图 3－40c 所示。

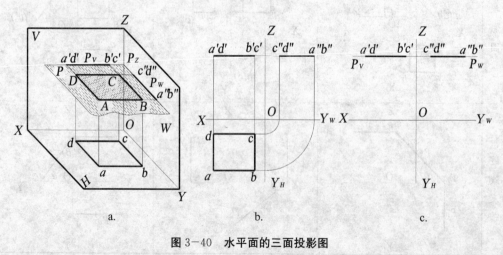

图 3－40　水平面的三面投影图

正平面、水平面和侧平面的投影特点见表 3－4。

表 3-4　投影面平行面

	正平面	水平面	侧平面
立体图	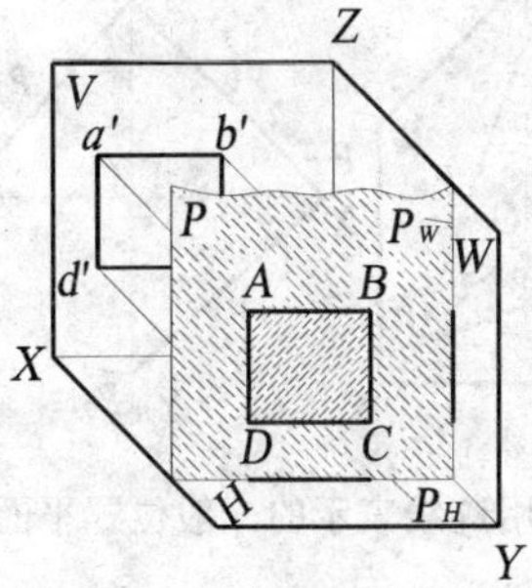	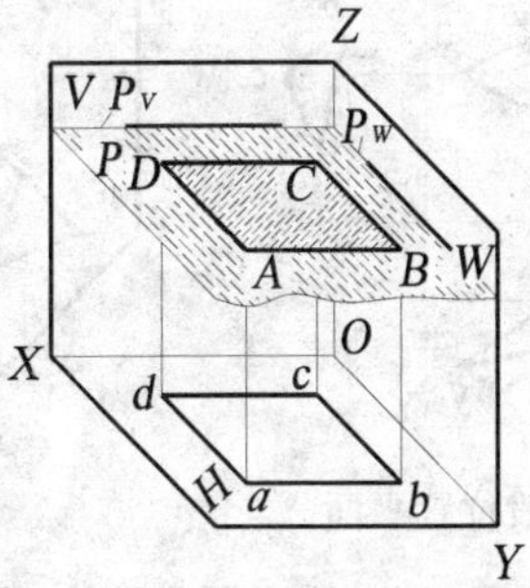	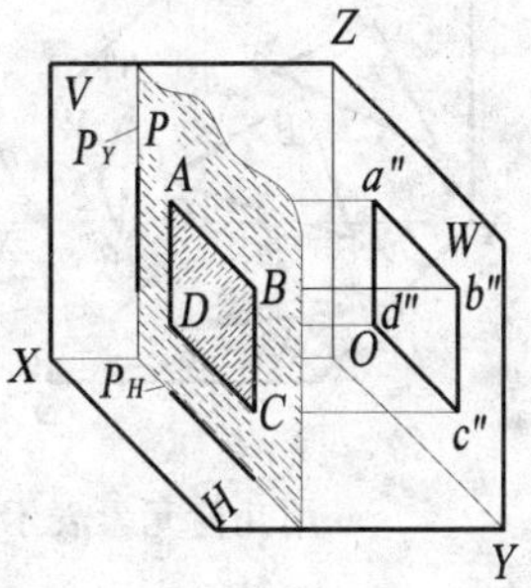
投影图	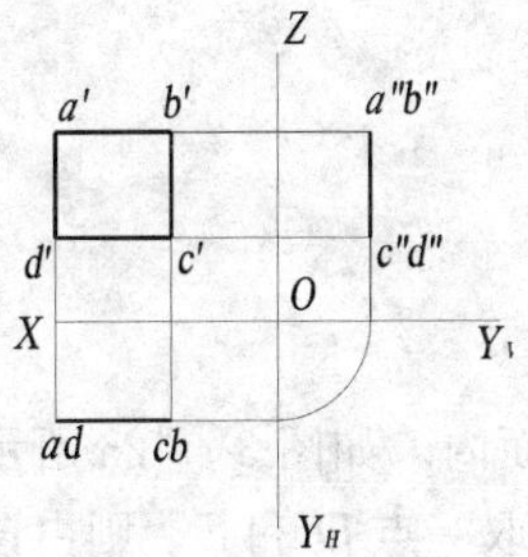	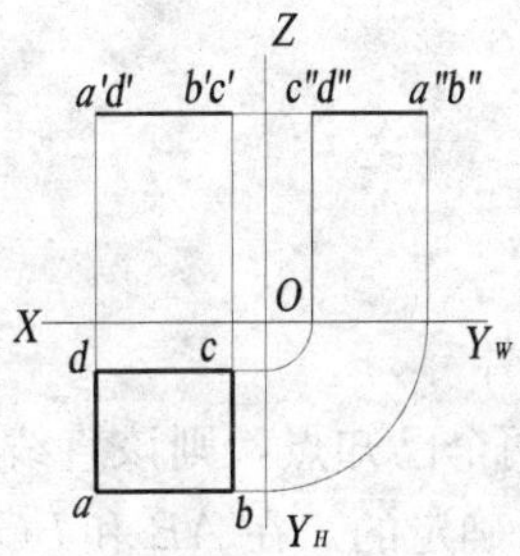	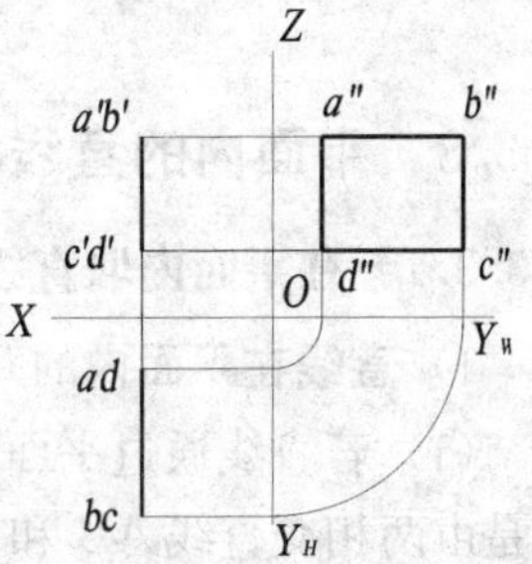
用迹线表示	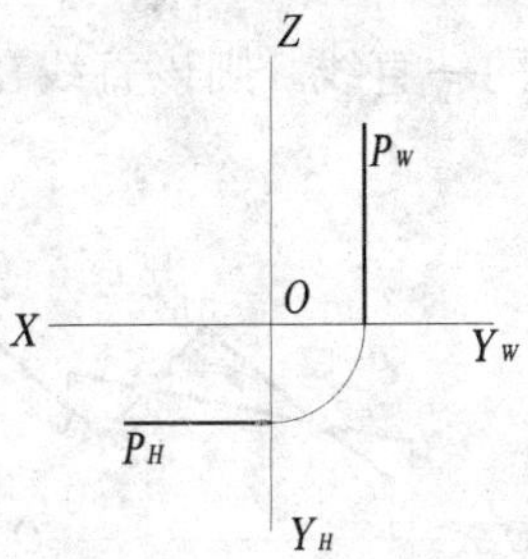	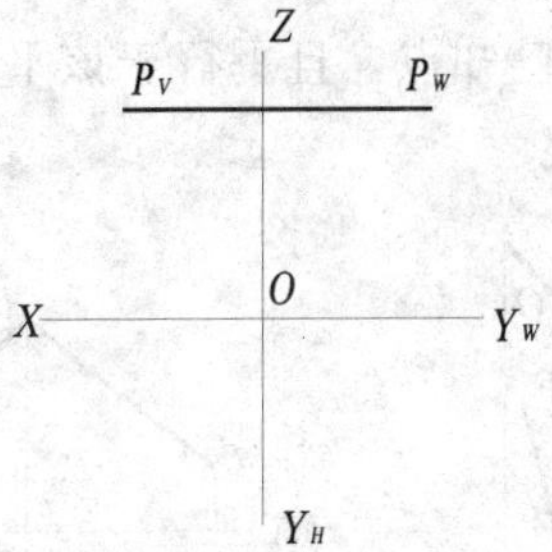	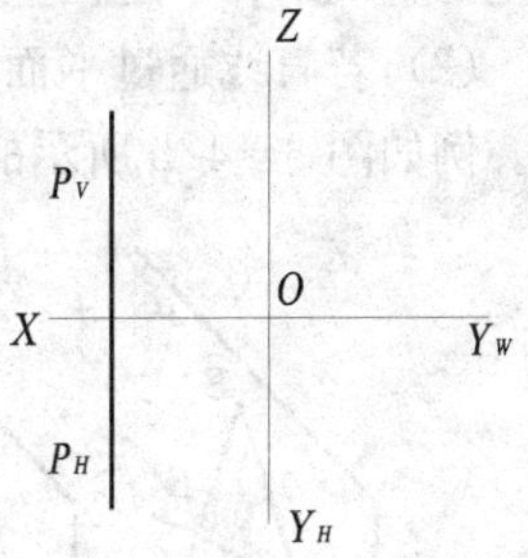
投影特点	1. 水平投影 $abcd$ 或 P_H 有积聚性，且平行于 OX 轴 2. 侧面投影 $a''b''c''d''$ 或 P_W 有积聚性，且平行于 OZ 轴 3. 正面投影 $a'b'c'd'$ 反映实形，无正面迹线	1. 正面投影 $a'b'c'd'$ 或 P_V 有积聚性，且平行于 OX 轴 2. 侧面投影 $a''b''c''d''$ 或 P_W 有积聚性，且平行于 OY_W 轴 3. 水平投影 $abcd$ 反映实形，无水平迹线	1. 正面投影 $a'b'c'd'$ 或 P_V 有积聚性，且平行于 OZ 轴 2. 水平投影 $abcd$ 或 P_H 有积聚性，且平行于 OY_H 轴 3. 侧面投影 $a''b''c''d''$ 反映实形，无侧面迹线

通过对表 3-4 的分析，总结出投影面平行面的投影特性如下：

（1）平面在其所平行的投影面上的投影反映实形。

（2）平面的其他两面投影积聚成水平直线或铅垂直线，即平行于相应的投影轴。

3.3.2.3　一般位置平面

用平面图形表示的一般位置平面的各个投影既没有积聚性，也不反映实形，但各个投影均为类似形，如图 3-41a 所示。一般位置平面的各迹线均倾斜于投影轴，且与各投影轴的夹角都不反映平面对投影面的倾角，如图 3－41b 所示。

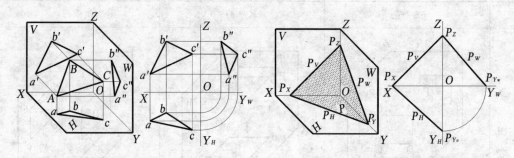

a.用几何元素表示的一般位置平面   b.用迹线表示的一般位置平面

图 3－41　一般位置平面的三面投影图

3.3.3　平面内的直线和点

3.3.3.1　在平面内取直线和点

1）直线在平面内的几何条件

（1）若直线通过平面内的两个已知点，则该直线在平面内。如图 3－42a 所示，平面 P 是由两相交直线 AB 和 BC 所确定的。在 AB 和 BC 上各取一点 D 和 E，则由该两点所决定的直线 DE 一定在平面 P 内。

（2）若直线通过平面内一已知点，且平行于该平面内的一直线，则该直线在此平面内。例如图 3－42b 所示的 CF。

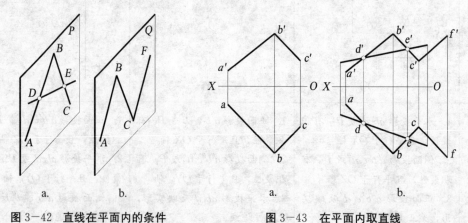

图 3－42　直线在平面内的条件   图 3－43　在平面内取直线

2）在平面内取直线的方法

（1）在平面内取两个已知点并连成直线。

（2）在平面内过一已知点作一直线，使所作的直线与该平面内某一已知直线平行。

【例 3－3－1】如图 3－43a 所示，平面由相交二直线 AB、BC 所确定，试在该平面内任作一直线。

作图：如图 3－43b 所示，在直线 AB 上任取一点 D（d'，d），又在直线 BC 上任取一点 E（e'，e），则直线 DE（$d'e'$，de）就一定在已知平面内；通过平面内一已知点 C

（c'，c），作直线 CF（$c'f'$，cf）$//AB$，则 CF 也必在已知平面内。

3）点在平面内的几何条件

若点在平面内的任一直线上，则此点必在此平面内。

4）在平面内取点的方法

（1）直接在平面内的已知直线上取点。

（2）先在平面内取直线（该直线要满足直线在平面内的几何条件），然后在该直线上取符合要求的点。

【例 3－3－2】如图 3－44a 所示，平面由平行两直线 AB、CD 所确定，已知 K 点在此平面内，并知 K 的水平投影 k，求 k'。

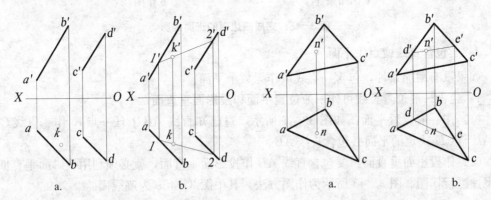

图 3－44　求平面内 K 点的正面投影　　　图 3－45　判别点是否在平面内

作图：如图 3－44b 所示，过 K 作一直线，使之与 AB、CD 交于Ⅰ、Ⅱ点，即过 k 任作一直线交 ab 于 1 点，交 cd 于 2 点，然后求 $1'$、$2'$，连接 $1'$、$2'$，再在 $1'2'$ 上求 k'。

【例 3－3－3】试检查图 3－45a 中的点 N（n'，n）是否在平面 ABC 内。

作图：如图 3－45b 所示，在平面 ABC 内任作一条辅助直线 DE（$d'e'$，de），使 $d'e'$ 过 n'（或使 de 过 n），再作 de（$d'e'$）。若 de 也通过 n（或 $d'e'$ 过 n'），则 N 点一定在 $\triangle ABC$ 内。由图 3－45b 可知，N 点不在 $\triangle ABC$ 内。如 N 点在 $\triangle ABC$ 外，检查的方法也是一样，因为 $\triangle ABC$ 只代表平面的空间位置，并不是平面的大小。

讨论：如果要在图 3－45 所示的 $\triangle ABC$ 中求作一点 K，使 K 距 H 面为 10mm，距 V 面为 15mm，其作图方法是：在 $\triangle ABC$ 内取一距 H 面为 10mm 的水平线，再在 $\triangle ABC$ 内取一与 V 面距离为 15mm 的正平线，这两条在 $\triangle ABC$ 内的直线的交点 K 即为所求。

【例 3－3－4】如图 3－46a 所示，已知四边形 $ABCD$ 的水平投影 $abcd$ 和两邻边 AB、BC 的正面投影 $a'b'$、$b'c'$，试完成四边形的正面投影。

分析：点 D 是四边形平面的一个顶点，对角线 AC、BD 是相交二直线，用对角线作为辅助线可以找到点 D，然后连接 AD 和 CD 即可完成作图。

作图：如图 3－46b 所示。

（1）连接对角线 ac 和 $a'c'$。

（2）连接对角线 bd，并与 ac 相交于 e。

（3）自 e 点向上作联系线，在 $a'c'$ 上找到 e'，连接 $b'e'$ 并延长。

（4）自 d 点向上作联系线，在 $b'e'$ 的延长线上找到 d'，连接 $a'd'$ 和 $c'd'$，完成作图。

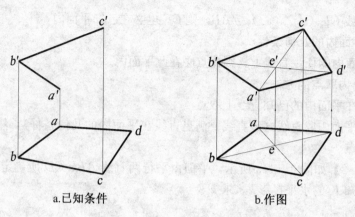

a.已知条件　　　　　　　　　　b.作图

图3-46　完成四边形的正面投影

3.3.3.2　包含直线或点作平面

如果没有附加条件，包含一直线可作无数个平面。

1) 包含一般位置直线可作一般位置平面和投影面垂直面

(1) 作一般位置平面：如图3-47所示，过已知直线 AB 上任一点 K 作一直线 CD，则 AB 与 CD 决定的平面必包含直线 AB。

(2) 作投影面垂直面：要包含直线 AB 作投影面垂直面，就必须利用投影面垂直面的积聚性进行作图。图3-48所示为作图方法，其中图3-48b为迹线面。

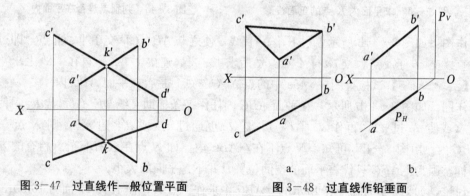

图3-47　过直线作一般位置平面　　　　a.　　　　b.

图3-48　过直线作铅垂面

2) 包含投影面垂直线作平面

如图3-49所示，包含投影面垂直线不能作一般位置平面，只能作投影面垂直面（见图3-49a）和投影面平行面（见图3-49b）。请读者自己分析这两种平面各能作多少个。

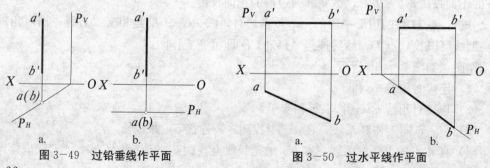

a.　　　　　　b.　　　　　　　　　a.　　　　　　b.

图3-49　过铅垂线作平面　　　　图3-50　过水平线作平面

3）**包含投影面平行线作平面**

包含投影面平行线可以作投影面平行面（见图 3-50a），也可作投影面垂直面（见图 3-50b）。作上述两种平面时有什么条件限制？请读者自行分析。

4）**包含空间一点作平面**

包含空间一点作平面时，如果没有附加条件，可以作无数个平面。作图时一般先过已知点作直线，再利用上述方法包含直线作平面。

3.3.3.3　平面内的特殊位置直线

平面内的投影面平行线和最大斜度线，都是平面内的特殊位置直线。这些特殊位置直线在工程中应用很广泛。

1）**平面内的投影面平行线**

由于平面内的投影面平行线可分别平行于 H、V、W 面，所以有平面内的水平线、正平线和侧平线三种。平面内的投影面平行线，既是平面内的直线，又是投影面平行线，它除具有一般投影面平行线的投影特性外，还具有直线在平面内的几何条件，若为迹线面，还平行于它所在面的相应迹线。如图 3-51 所示，直线 AB 是平面 P 内的水平线，它的投影除了具有水平线的投影特点，即 AB 的正面投影 $a'b'$ 平行于 OX 轴外，它的水平投影 ab 也平行于水平迹线 P_H。由此，就可以在投影图中作出平面内的投影面平行线。

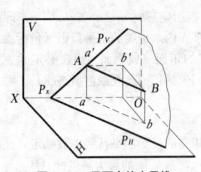

图 3-51　平面内的水平线

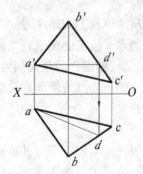

图 3-52　作水平线

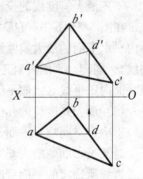

图 3-53　作正平线

【例 3-3-5】如图 3-52 所示，△ABC 是一平面，试在此平面内作水平线。

作图：过△ABC 内一已知点 A（a'，a），作水平线 AD。因为水平线的正面投影平行于 OX 轴，所以过 a' 作 $a'd'$ ∥OX 轴而与 $b'c'$ 交于 d'，由 d' 作出 d，连接 a、d 即得 AD 的水平投影 ad。

【例 3-3-6】如图 3-53 所示，△ABC 是一平面，试在此平面内作正平线。

作图：在△ABC 内作正平线 AD，根据正平线的投影性质过 a 作 ad ∥OX 轴，再由 ad 作出 $a'd'$，即为所求。

2）**平面内的最大斜度线**

（1）平面内的最大斜度线的含义。

平面内对投影面成最大倾角的直线，称为平面内对该投影面的最大斜度线。在图 3-54a 中，设平面 P 内的直线 AK 垂直于该平面内的水平线 BC 或 P 面的水平迹线 P_H，则 AK 就是 P 面内对水平面的最大斜度线。

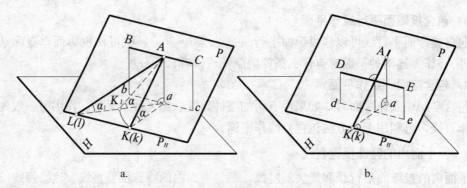

图 3-54　平面内的最大斜度线

（2）最大斜度线对投影面的倾角最大。

作 AK 的水平投影 ak，AK 与 ak 的夹角 α 就是直线 AK 对 H 面的倾角。在 P 面内过 A 点任作另一条直线 AL，它与 H 面的倾角为 α_1。由于 $AK \perp P_H$，则在直角三角形 AKL 中 $AL > AK$。观察两直角三角形 ALa 和 AKa，它们有相等的直角边 Aa，因 $AL > AK$，$al > ak$，故把 K 转到 K_1 的位置后，α 是 $\triangle ALK_1$ 的外角，所以有 $\alpha > \alpha_1$，即 α 是直线 AK 对 H 面的最大倾角。而 AK 是平面 P 内对 H 面的最大斜度线，由此可得：最大斜度线对投影面的倾角最大。

（3）最大斜度线的投影特性。

在图 3-54b 中，$DE /\!/ P_H$，$AK \perp DE$，根据直角投影定理，$ak \perp de$，$ak \perp P_H$，即平面内对水平面的最大斜度线的水平投影必定垂直于该平面内水平线的水平投影（包括水平迹线）。同理，平面内对正面（或侧面）的最大斜度线的正面（或侧面）投影必定垂直于该平面内正平线（或侧平线）的正面（或侧面）投影（包括正面迹线或侧面迹线）。

（4）最大斜度线的几何意义。

①确定空间唯一平面。

对某投影面的最大斜度线一经给定，则与其垂直相交的投影面平行线即被确定，此相交二直线所确定的平面就唯一确定了。如图 3-55 所示，对 V 面的最大斜度线 AB，与正平线 CD 决定了唯一的平面 Q。

②确定平面对投影面的倾角。

如图 3-54 所示，因 $AK \perp P_H$，$ak \perp P_H$，故 AK 与 ak 的夹角为 P 面与 H 面的二面角，它代表 P 面与 H 面的倾角。也就是说，平面内对水平面的最大斜度线与水平面的倾角就代表该平面与水平面的倾角。在工程上，称平面内对水平面的最大斜度线为坡度线，常用坡度线来解决平面对水平面的倾角问题。

【例 3-3-7】如图 3-56a 所示，已知 AB 为平面对 V 面的最大斜度线，试作出该平面的投影图。

分析：过 AB 上任一点（如点 B），作正平线 CD 垂直于 AB，即可得所求平面。

作图：如图 3-56b 所示。

（1）过 b' 作 $c'd' \perp a'b'$。

（2）过 b 作 $cd /\!/ X$ 轴。相交两直线 AB、CD 所确定的平面即为所求。

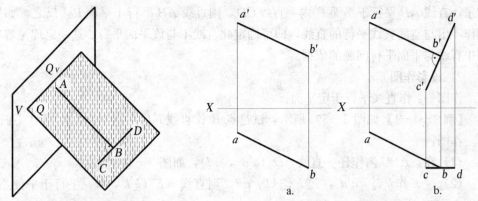

图 3—55　由最大斜度线确定平面（一）　　　　图 3—56　由最大斜度线确定平面（二）

【例 3—3—8】试求如图 3—57 所示平面 ABC 对 H 面的倾角 α。

作图：$\triangle ABC$ 所在平面对 H 面的倾角就是该平面内对 H 面的最大斜度线与 H 面的倾角。因为平面内对 H 面的最大斜度线应垂直于平面内的水平线，所以解题的关键是：必须首先在此平面内任作出一条水平线。为此，先过 a' 作 $a'd'$ //OX 轴，找出相应的 ad，再作 $bk \perp ad$，bk 即为最大斜度线的水平投影。如图 3—57b 所示，根据 bk 作出 $b'k'$。最后用直角三角形法在图 3—57c 所示的水平投影中作出 BK 的实长 kB_0，kB_0 与 kb 之间的夹角即为所求的 α 角。

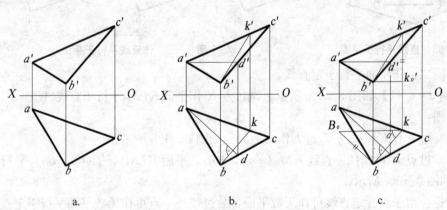

图 3—57　求平面对水平面的倾角 α

3.4　直线与平面、平面与平面的相对位置

直线与平面、平面与平面的相对位置是指空间一直线与一平面之间或空间两平面之间的平行、相交和垂直三种情况。

3.4.1　平行

3.4.1.1　直线与平面平行

1）直线与平面平行的几何条件

如果平面外一直线与平面内的任何一直线平行，则此直线与该平面平行。如图 3—58

所示，直线 AB 平行于平面 P 内一直线 CD，则直线 AB 平行于平面 P。反之，如果平面内作不出与空间直线平行的直线，即可确定此直线不与该平面平行。这一定理是解决投影图中直线与平面平行问题的依据。

2）**投影作图**

作图一：作直线平行于定平面。

【例 3-4-1】如图 3-59a 所示，试过点 K 作直线 KL 平行于 $\triangle ABC$ 所在平面。

作图：

（1）在 $\triangle ABC$ 内作任一直线 AD（$a'd'$，ad），如图 3-59b 所示。

（2）过 k' 作 $k'l'\parallel a'd'$，过 k 作 $kl\parallel ad$，则直线 KL（$k'l'$，kl）平行于平面 $\triangle ABC$，如图 3-59c 所示。

讨论：过平面外一定点，可作无数条直线与已知平面平行，其轨迹是过定点与已知平面平行的平面。

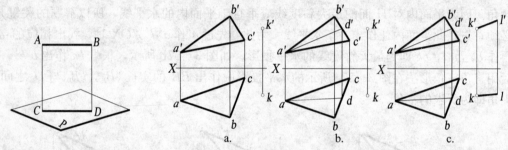

图 3-58　直线平行于平面　　　　图 3-59　作直线平行于平面

作图二：作平面平行于定直线。

【例 3-4-2】如图 3-60a 所示，试过点 K 作平面 KLM 平行于直线 AB。

作图：

（1）过 k' 作 $k'l'\parallel a'b'$，过 k 作 $kl\parallel ab$，如图 3-60b 所示。

（2）过点 K 再作任一直线 KM（$k'm'$，km），平面 KLM（$k'l'm'$，klm）平行于直线 AB，如图 3-60c 所示。

讨论：由于包含定直线可作无数平面，故过线外一点可作无数平面平行于定直线。

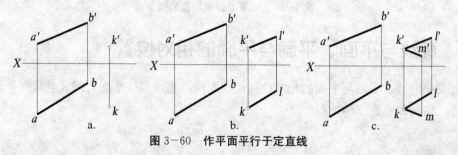

图 3-60　作平面平行于定直线

3）**直线与平面平行的判别**

判别直线与平面或平面与直线是否平行，是看在投影图中能否找到直线与平面相互平行的几何条件，若能找出，则二者平行，否则不平行。

在图 3-61 中，虽然 $a'c'\parallel d'e'$，$ab\parallel de$，但是不具备 $AC\parallel DE$（$a'c'\parallel d'e'$，$ac\parallel$

de)，或 $AB /\!/ DE$ （$a'b' /\!/ d'e'$，$ab /\!/ de$）的几何条件，故直线 DE 与平面 $\triangle ABC$ 不平行。

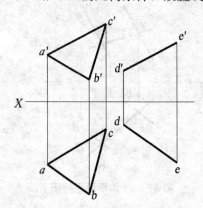

图 3-61　直线与平面平行的判别

3.4.1.2　平面与平面平行

1）两平面平行的几何条件

如果一平面内的相交两直线对应地平行于另一平面内的相交两直线，则这两个平面互相平行。如图 3-62 所示，由于平面 P 内的相交二直线 AB、AC 对应平行于平面 Q 内的相交二直线 DE、DF，则平面 $P /\!/ Q$。

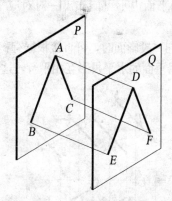

图 3-62　两平面平行的条件

2）投影作图

【例 3-4-3】如图 3-63a 所示，已知 $AB /\!/ CD$，过点 K（k'，k）作平面平行于直线 AB、CD 所组成的已知平面。

分析：过点 K 作相交二直线对应平行于已知平面的相交二直线，则此二平面平行。

作图：

(1) 作直线 MN（$m'n'$，mn）与 AB、CD 相交，如图 3-63b 所示。

(2) 过 k' 作 $e'f' /\!/ a'b'$、$g'h' /\!/ m'n'$，过 k 作 $ef /\!/ ab$、$gh /\!/ mn$，则由相交二直线 EF、GH 所确定的平面即为所求，如图 3-63c 所示。

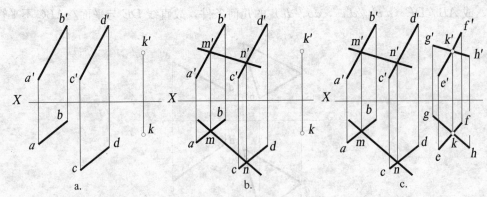

图 3-63　作平面平行于平面

3）两平面平行的判别

根据平面与平面平行的几何条件，即可判别两平面是否平行。凡在两平面内能作出一对对应平行的相交二直线，则此二平面平行，否则不平行。

如图 3-64a 所示，△ABC 面内相交的正平线和水平线对应平行于△DEF 面内相交的正平线和水平线，故△ABC∥△DEF。

如图 3-64b 所示，两平面都由平行二直线（AB∥CD、EF∥GH）所确定，且二面投影对应平行，但由于在此两平面内不可能作出一对对应平行的相交二直线，故此二平面不平行。

当给出的两平面都垂直于同一投影面时，可直接根据有积聚性的投影来判别两平面是否互相平行。如图 3-65 所示，两铅垂面的水平投影互相平行，这两个平面必然互相平行。

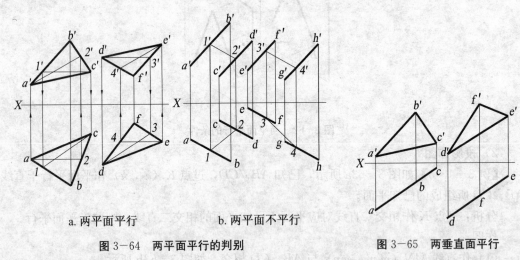

a. 两平面平行　　　　　　b. 两平面不平行

图 3-64　两平面平行的判别　　　　　图 3-65　两垂直面平行

3.4.2　相交

直线与平面如不平行，就一定相交，而且只有一个交点。直线与平面的交点既在直线上又在平面内，是直线与平面的共有点。求直线与平面的交点，实质上就是求直线与平面的共有点。

两平面若不平行，就一定相交。两平面的交线是一条直线，该直线为两平面所共有，是两平面的共有线。只要求出两平面的两个共有点（或一个共有点和交线的方向），即可确定两平面的交线。因此，求两平面交线的问题，实质上就是求两平面的两个共有点的问题。

解相交问题还必须对相交要素投影重叠区域进行可见性判别，交点是直线投影可见与不可见的分界点，交线是平面投影可见与不可见的分界线。

综上所述，求直线与平面的交点或平面与平面的交线，就是要解决以下两个问题：

（1）求出交点或交线。

（2）判别出相交要素投影重叠区域的可见性。

判别可见性的方法有两种：

（1）直接观察法：利用直线或平面具有积聚性的投影直接判别可见性，如图3-66所示。

（2）重影点判别法：利用直线与平面或平面与平面相交时在某投影面上的重影点来判别可见性，如图3-67所示。

3.4.2.1 直线与特殊位置平面相交

特殊位置平面至少有一个投影（或迹线）有积聚性，利用这个特性就可以从图上直接求出交点。

如图3-66a所示，直线 AB 和铅垂面 P 交于 M 点，因为 M 点是直线与平面的共有点，所以 M 点的各个投影一定在直线 AB 的同面投影上。又因 P 面具有积聚性，所以 M 点的水平投影一定积聚在直线 P_H 上。这样，M 点的水平投影 m 就是 ab 和 P_H 的交点。

因此，图3-66的作图步骤为：

（1）求交点。在如图3-66b所示的投影图中，可由 m 作出 m'，m' 和 m 即为所求交点的两个投影。

（2）可见性判别（本例采用直接观察法）。由于 P 面为铅垂面，水平投影不存在可见性问题，所以只对其正面投影进行可见性判别。如图3-66a所示，直线段 AB 在 M 点之前的部分 MB 可见，之后的部分 AM 被 P 面遮住而不可见。如图3-66b所示，由水平投影可观察出，点 b 在 P_H 之前，所以 B 点的正面投影 b' 可见，而交点 M 为可见与不可见的分界点，在正面投影上的 m' 亦为可见，直线段 MB 两端点的正面投影 m'、b' 可见，则直线 $m'b'$ 肯定可见。因此，必须在正投影面中将 $a'b'$ 被 P 面遮住的部分画成虚线。

本书规定，在投影图中，迹线平面不判别可见性。例如：将图3-66a中的 P 面用迹线平面表示，那么 AM 的正面投影 $a'm'$ 就不画成虚线，如图3-66c所示。

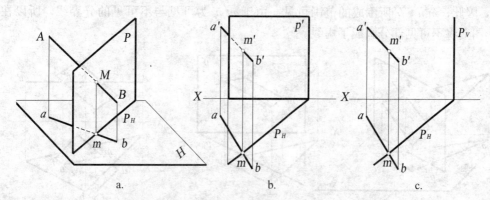

图3-66 直线与铅垂面 P 相交

如图 3-67a 所示，求直线 MN 和铅垂面 $\triangle ABC$ 相交的交点。

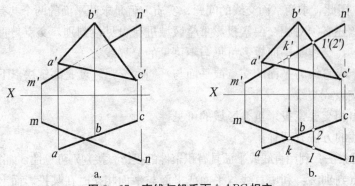

图 3-67　直线与铅垂面 $\triangle ABC$ 相交

（1）求交点。由于 $\triangle ABC$ 的水平投影积聚成一直线，因此 MN 的水平投影 mn 与 $\triangle ABC$ 的水平投影 abc 的交点 k，便是交点 K 的水平投影。由 k 求得 k'，k 和 k' 即为所求交点的两个投影。

（2）可见性判别（本例采用重影点判别法）。由于 $\triangle ABC$ 为铅垂面，所以水平投影不存在可见性判别问题，直线 MN 只有 $m'n'$ 与 $\triangle a'b'c'$ 相重叠的部分才存在可见性判别问题。因此，可以在 $m'n'$ 与 $\triangle a'b'c'$ 相重叠的部分的两端任找一个重影点，如图 3-67b 中的 $1'(2')$ 点。由水平投影可看出，Ⅰ、Ⅱ 两点分别是交叉两直线 MN 和 BC 上的点，$m'n'$ 与 $b'c'$ 的交点 $1'(2')$ 是交叉两直线对 V 面的重影点的重合投影。可以看出，位于 MN 上的 Ⅰ 点的 y 坐标比 BC 上的 Ⅱ 点的 y 坐标值大些，因此对 V 面来说 $n'k'$ 可见，而交点的正面投影 k' 是可见与不可见的分界点，所以 $k'm'$ 线段上被 $\triangle a'b'c'$ 遮挡部分为不可见，故画成虚线，如图 3-67b 所示。

本例亦可以采用直接观察法进行可见性判别，读者可自己分析比较。

3.4.2.2　一般位置平面与特殊位置平面相交

求两平面的交线问题，可看作是求两个平面的两个共有点的问题。在图 3-68a 中，一般位置平面 $\triangle ABC$ 与铅垂面 P 相交，$\triangle ABC$ 中的两边 AB 与 AC 与 P 面相交，其交点 M 和 N 可直接求出，则 M 和 N 就是两平面的两个共有点，连 MN 即得两平面的交线。图 3-68b 为其投影图。由于平面 P 为铅垂面，所以水平投影不存在可见性问题，不用判别可见性。由水平投影和正面投影可以直接观察出 $b'c'$ 可见，$m'n'$ 可见（交线都是可见的），因此，$m'n'c'b'$ 所围成的范围可见。由于 $m'n'$ 为可见与不可见的分界线，所以在正投影图上将不可见部分画成了虚线。

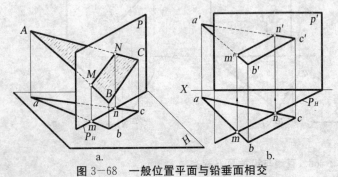

图 3-68　一般位置平面与铅垂面相交　　　图 3-69　一般位置平面与水平面相交

由上可知，求一般位置平面与特殊位置平面的交线问题，可归结为求一般位置平面内的两条直线与特殊位置平面的两个交点问题，而这个问题的解决方法就是前述的直线与特殊位置平面相交问题的应用。

在图 3-69 中，一般位置平面的平行四边形 $DEFG$ 与水平面△ABC 相交，求作它们的交线。因为△ABC 的正面投影具有积聚性，所以可直接求出平行四边形 $DEFG$ 内的两条直线 DG 和 EF 与△ABC 的两个交点 M 和 N，直线 MN（$m'n'$，mn）就是两平面的交线。在水平投影中产生了可见性问题，由于 d' 和 e' 均位于 $a'b'c'$ 的下方，所以 md、ne 在△abc 图形内的部分是不可见的，用虚线表示。必须注意，两平面的交线一定是可见的。

如图 3-70a 所示，一般位置平面△ABC 与铅垂面△DEF 相交，交线的水平投影积聚在 edf 上的 kl 一段，如图 3-70b 所示。求出 k'、l' 并连线，则 KL（$k'l'$，kl）为此两平面的交线。

由于两平面的正面投影有投影重叠部分，需进行可见性判别。如图 3-70c 所示，在正面投影中，任选两平面的两条交叉直线（如 AB、EF）的重影点在 V 面的投影，如 $1'$（$2'$），根据其水平投影可知 $y_{\mathrm{I}} > y_{\mathrm{II}}$，又因为交线是可见与不可见的分界线，故两平面的正面投影的可见性如图 3-70c 所示。当然，此例用直接观察法判别可见性更为方便，读者可自己分析。

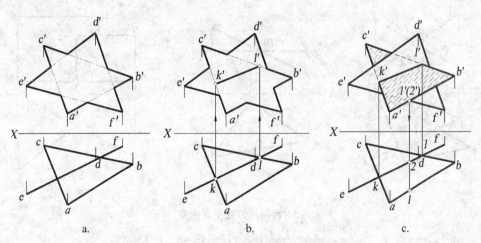

| a. | b. | c. |

图 3-70　一般位置平面与铅垂三角形平面相交

3.4.2.3　一般位置平面与特殊位置直线相交

特殊位置直线（投影面垂直线）的一个投影有积聚性，交点的投影也随之积聚。交点的其余投影可用在平面内取点的方法求取。

如图 3-71a 所示，铅垂线 EF 与一般位置平面△ABC 相交，铅垂线 EF 的水平投影具有积聚性，交点 K 的水平投影也随之积聚在 ef 上。如图 3-71b 所示，在水平投影中过 k 点在△abc 面内取辅助直线 ag，求 $a'g'$，$a'g'$ 与 $e'f'$ 的交点即为交点 K 的正面投影 k'。

此例可选用重影点法进行可见性判别。如图 3-71c 所示，在正面投影中任取一对重影点的投影，如 $1'$、$2'$，由水平投影可知 $y_{\mathrm{II}} > y_{\mathrm{I}}$，点Ⅱ的正面投影 $2'$ 可见；再根据交点是可见与不可见的分界点可知，$k'f'$ 可见，$k'e'$ 与 $a'b'c'$ 重叠部分不可见，故将 $k'e'$ 处于 $a'b'c'$ 范围内的一段画成虚线。

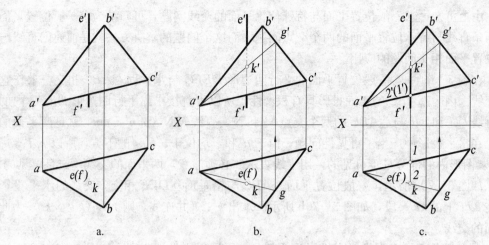

图 3-71　一般位置平面与特殊位置直线相交

3.4.2.4　两特殊位置平面相交

1）两平面同时垂直于某投影面

两平面同时垂直于某投影面时，交线为该投影面的垂直线。

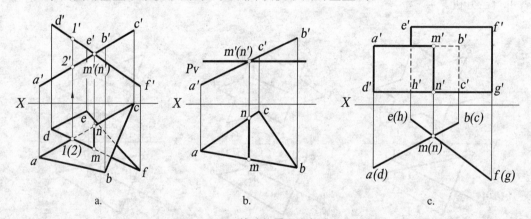

图 3-72　两特殊位置平面相交（一）

如图 3-72a 所示，两正垂面△ABC 与△DEF 相交，其交线 MN 为正垂线，$a'b'c'$ 与 $d'e'f'$ 的交点 m'（n'）即为交线的正面投影，由此在 ac 上求得 n，在 de 上求得 m，mn 为交线的水平投影。因为两平面的水平投影有重叠部分，故有遮挡与被遮挡的关系。两平面的水平投影的可见性可以利用重影点的可见性为依据进行判别。在水平投影中任选一对重影点的投影，如点 1、2，通过正面投影可知 $z_1 > z_2$，点 Ⅰ 的水平投影 1 可见；又因为交线是可见与不可见的分界线，故两平面的水平投影的可见性如图 3-72a 所示，其中不可见的部分用虚线表示。

如图 3-72b 所示，正垂面△ABC 与水平面 P（用迹线 P_V 表示的平面）相交，交线为正垂线 MN（$m'n'$，mn）。由于平面 P 无边界，仅将交线画在△ABC 平面的界限内，且不进行可见性判别。

如图 3-72c 所示，两个铅垂面 ABCD 与 EFGH 相交，该两个相交平面的水平投影积聚成两相交直线，其交点必为两平面交线（铅垂线）MN 的水平投影。交线 MN 的正面投影一定在两平面的正面投影的重叠范围内。显然，水平投影不产生可见性问题。从水平投影中可以判别正面投影的可见性，其可见性如图所示。

2）两平面分别垂直于不同的投影面

如图 3-73a 所示，正垂面△DEF 与铅垂面△ABC 相交，交线的两面投影分别重合在两平面有积聚性的投影上。如图 3-73b 所示，在正垂面△DEF 的正面投影上求出 I Ⅱ 的正面投影 1′2′，由此求得 12，两平面的交线必在 I Ⅱ 上；在铅垂面 ABC 的水平投影上，求出 Ⅲ Ⅳ 的水平投影 34，由此求得 3′4′，两平面的交线必在 Ⅲ Ⅳ 上；因为要求的交线要表示在两平面的共有范围内，故交线 Ⅱ Ⅳ（2′4′，24）即为所求。两平面的投影的可见性利用重影点进行判别，请读者自己完成，如图 3-73c 所示。

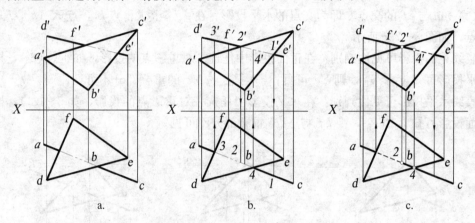

a. b. c.

图 3-73 两特殊位置平面相交（二）

3.4.2.5 一般位置直线与一般位置平面相交

因为一般位置直线和一般位置平面都没有积聚性，所以不能直接确定交点的投影，而需要通过作辅助平面来解决。

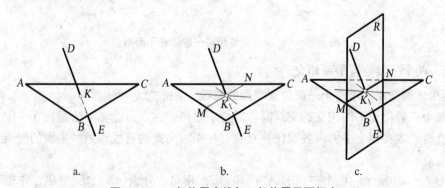

a. b. c.

图 3-74 一般位置直线与一般位置平面相交

如图 3-74a 所示，直线 DE 与△ABC 的交点 K 是△ABC 内的点，它一定在△ABC 内的一条直线上，例如在 MN 上，如图 3-74b 所示。这样，过交点 K 的直线 MN 就和已知直线 DE 构成一个辅助平面 R，如图 3-74c 所示。显然，直线 MN 就是已知平面△ABC 和辅助平面 R 的交线。交线 MN 与已知直线 DE 的交点 K，就是直线 DE 与平面△ABC 的交点。

根据上述分析，可得出求一般位置直线与一般位置平面相交的交点的作图步骤，具体如下：

(1) 包含已知直线作一辅助平面，一般取特殊位置平面（投影面的垂直平面或平行平面）。

(2) 求出辅助平面与已知平面的交线。

(3) 求出交线与已知直线的交点。

【例 3－4－4】如图 3－75a 所示，直线 EF 与平面 △ABC 相交，求其交点。

作图：

(1) 包含直线 EF 作正垂面 R，如图 3－75b 所示。

(2) 求 R 与 △ABC 的交线 MN（$m'n'$，mn）。

(3) mn 与 ef 的交点 k 即为交点的水平投影。在 $e'f'$ 上求得点 k'，点 K（k'，k）即为交点，如图 3－75c 所示。

直线正面投影可见性判别：在正面投影中任选一对重影点的投影，如 $1'$、$(2')$，根据其水平投影可知 $y_I > y_{II}$，则 $k'e'$ 可见；$k'f'$ 与 △$a'b'c'$ 的重叠部分不可见。

直线水平投影可见性判别：在水平投影中任选一对重影点的投影，如 3、(4)，根据其正面投影可知 $z_{III} > z_{IV}$，则 kf 与 △abc 重叠部分不可见。

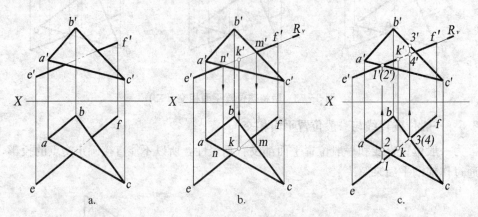

图 3－75　一般位置直线与一般位置平面相交

3.4.2.6 两个一般位置平面相交

1) 用线面交点法求两个一般位置平面的交线

求两个一般位置平面相交的交线同样需要求出两个共有点。其方法是：在一个平面内任取两直线，或在两个平面内各取任一直线，分别求出此两直线对另一平面的交点，即得两个共有点。

如图 3－76a 所示的两个三角形 ABC 和 DEF 相交。分别包含 DE、DF，作辅助正垂面 P 和 Q，用图 3－75 所示的方法分别求 DE、DF 与 △ABC 的两交点 M（m'，m）和 N（n'，n），MN（$m'n'$，mn）即为两个三角形的交线，如图 3－76b 所示。两个三角形 ABC 和 DEF 在投影图上的重叠部分产生可见性问题，其交线 MN 是可见与不可见的分界线，如图 3－76c 所示。判别可见性是利用判别交叉两直线重影点的可见性的方法：首先观察到正面投影 $d'e'$ 和 $b'c'$ 相交于 $1'$（$2'$）点，然后找出水平投影中相应的 1、2 两点，即可确定 $m'e'$ 可见，同法也可确定 $n'f'$ 可见，因此四边形 $e'm'n'f'$ 可见，而此三角形的另

一端 $d'm'n'$ 被△$a'b'c'$ 遮住的部分不可见，$b'c'$ 被△$d'e'f'$ 遮住的部分也不可见。同法，利用水平投影中 df 和 ac 的重影点的投影 3（4），可判别水平投影中两三角形的投影重叠部分的可见性。

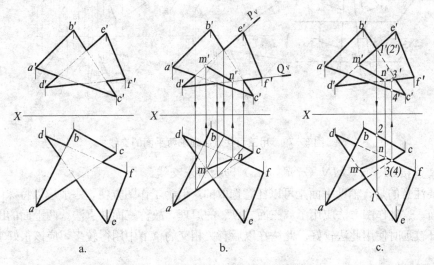

图 3-76　求两个一般位置平面的交线

两平面图形相交，可有两种情况。图 3-77 所示交线是由一个平面图形的两条边与另一平面图形的两个交点所决定的。这是一个平面图形穿过另一平面图形的情况，称为"全交"。图 3-78 表示两个平面图形各有一条边与另一平面相交，称为"互交"。

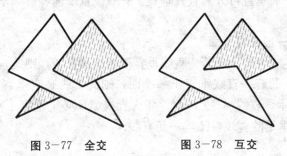

图 3-77　全交　　　　　　图 3-78　互交

2）用三面共点原理求两个一般位置平面的交线

如图 3-79a 所示，已知 P、Q 为相交两平面，作不与此二平面平行的辅助面 R，R 与平面 P 产生交线 MN，与平面 Q 产生交线 KL，MN 与 KL 的交点 A 即为 P、Q、R 三面所共有，也就是 P、Q 两平面交线上的点；同理，再以 S 为辅助面，又可求得另一个共有点 B，连接 A、B，AB 即为 P、Q 两平面的交线。

【例 3-4-5】已知条件如图 3-79b 所示，试用三面共点原理求两平面的交线。

作图：

（1）如图 3-79b 所示，相交两平面由△ABC 及平行二直线 DE、FG 确定，选择水平面为辅助面。

（2）如图 3-79c 所示，作水平面 R 为辅助面，求出 R 与△ABC 的交线 ⅠⅡ（$1'2'$，12）及 DE、FG 的交线 ⅢⅣ（$3'4'$，34），ⅠⅡ 与 ⅢⅣ 的交点 M（m'，m）即为一个共有

点；同理，以 S 为辅助面，又可求得另一个共有点 N (n'，n)。

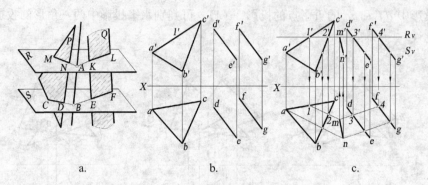

图 3-79 用三面共点原理求两平面的交线

（3）连接 M、N，MN ($m'n'$，mn) 即为所求交线。

需要注意的是，辅助平面是可以任意选取的，但为了作图方便，一般应以特殊位置平面为辅助面。这种作图方法应用了"三面共点"的原理，故称三面共点法。两平面的图形不重叠而离开较远时使用此法较好。此法在以后有关相交的章节中用得较多，应该很好掌握。

3.4.3 垂直

3.4.3.1 直线与平面垂直

直线与平面垂直是直线与平面相交的一种特殊情况。这里主要研究直线与平面垂直的投影特性。直线与平面垂直可分为直线垂直于一般位置平面和直线垂直于投影面垂直面两种情况。

1）直线垂直于一般位置平面

由初等几何学定理可知：①若一直线垂直于相交两直线，则此直线必定垂直于相交两直线所决定的平面；②若一直线垂直于一平面，则此直线必定垂直于该平面内的一切直线。如图 3-80a 所示，直线 $AB \perp P$ 面，那么直线 AB 必定垂直于平面 P 内过垂足的直线 EF、CD 和不过垂足的直线 GH 等一切直线。

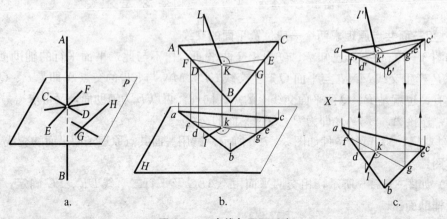

图 3-80 直线与平面垂直

如图 3－80b 所示，直线 LK 垂直于△ABC，它也必定垂直于过垂足 K 的水平线 FG 和正平线 DE。根据直角投影定理，可得出直线与一般位置平面相垂直的投影特点，具体如下：

（1）如果一直线垂直于一平面，则该直线的正面投影垂直于该平面内正平线的正面投影，该直线的水平投影垂直于该平面内水平线的水平投影。

（2）反过来说，如果一直线的正面投影垂直于平面内正平线的正面投影，该直线的水平投影垂直于平面内水平线的水平投影，则此直线必定垂直于该平面。

图 3－80c 所示是直线与一般位置平面垂直的投影图，由于 $LK\perp$△ABC，所以 $l'k'\perp d'e'$，$lk\perp fg$。

【例 3－4－6】已知条件如图 3－81a 所示，求 D 点到△ABC 的距离。

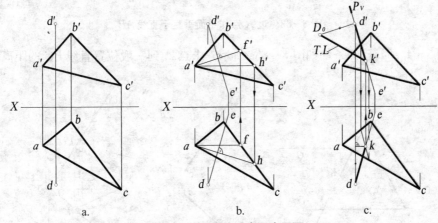

图 3－81　作直线垂直于定平面

分析：求点到平面的距离，除了自该点向平面作垂线外，还需求出垂线与平面的交点（垂足），最后求出该点到垂足的线段实长。

作图：先在△ABC 内作一正平线 AF（$a'f'$，af）和一水平线 AH（$a'h'$，ah）；再自 D 点作直线 $DE\perp$△ABC，即作 $d'e'\perp a'f'$，$de\perp ah$，如图 3－81b 所示；然后包含直线 DE 作辅助正垂面 P，即包含 $d'e'$ 作 P_V，求出 DE 与△ABC 的交点 K（k'，k）（见图 3－81c）。最后用直角三角形法求出线段 DK（$d'k'$，dk）的实长 D_0K'，即为所求。

【例 3－4－7】已知条件如图 3－82a 所示，试过直线 AB 上一点 K 作平面垂直于直线 AB。

分析：过直线 AB 上的一点 K，只能作一平面垂直于该直线。根据直线垂直于平面的几何条件，所作的平面必须包含垂直于直线 AB 的相交两直线，同时此平面又必须通过 K 点。因此，可以利用直线垂直于一般位置平面的作图方法过点 K 作直线的垂线。

作图：如图 3－82b 所示，过直线上的一点 K（k'，k）作正平线 KC（$k'c'$，kc），$k'c'\perp a'b'$；过 K 点作水平线 KD（$k'd'$，kd），$kd\perp ab$。相交两直线 KC 和 KD 所确定的平面即为所求。

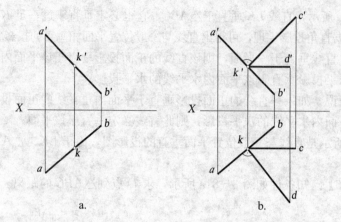

图 3-82　过 K 点作平面垂直于直线 AB

【例 3-4-8】已知条件如图 3-83a 所示，求点 A 到一般位置直线 BC 的距离。

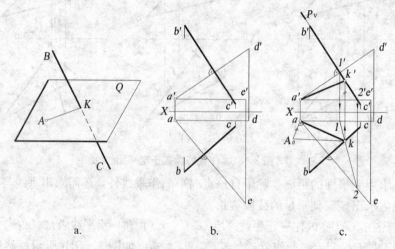

图 3-83　求 A 点到直线 BC 的距离

分析：求 A 点到直线 BC 的距离，就是过 A 点向 BC 作垂线，再求 A 点与垂足连线的实长。但 BC 是一般位置直线，过空间一点 A 向 BC 所作的垂线也是一般位置直线，此两条互相垂直的一般位置直线，其投影不反映直角关系，所以不能在投影图上直接作出。要解决这个问题，需要过点作垂直于直线的辅助平面。在图 3-83a 中，如果有一直线 AK 垂直于直线 BC，则 AK 必定在过 A 点而垂直于直线 BC 的平面 Q 内。因此，应先过已知点 A 作平面 Q 垂直于 BC，再求出 BC 与平面 Q 的交点 K，连直线 AK 即为所求。

作图：

（1）过 A 点作辅助平面 Q 垂直于 BC，Q 面由正平线 AD 和水平线 AE 所给定。图 3-83b 中，$a'd' \perp b'c'$，$ae \perp bc$。

（2）如图 3-83c 所示，求出直线 BC 与辅助平面 Q 的交点 K。为此，过 BC 作一辅助正垂面 P（图中以 P_v 表示），求出 P 面与 Q 面的交线 ⅠⅡ（$1'2'$，12），从而求出交点 K（k'、k）。

（3）连接 A、K，AK（$a'k'$，ak）即为所求垂线，如图 3-83c 所示。

（4）求出线段 AK（$a'k'$，ak）的实长 A_0K，即为 A 点到 BC 的距离，如图 3-83c 所示。

2）直线垂直于投影面垂直面

当直线垂直于某投影面垂直面时，此直线必定为该投影面的平行线。如图 3-84a 所示，当直线 DE 垂直于正垂面时，DE 必定为正平线，其垂足为 K 点。如图 3-84b 所示，当直线 DE 垂直于铅垂面时，则 DE 必定为水平线，其垂足为 K 点。

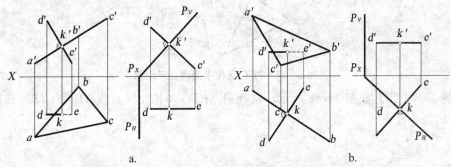

图 3-84　直线垂直于投影面垂直面

3.4.3.2　两平面互相垂直

由初等几何学定理可知：如果一直线垂直于一平面，则包含此直线的一切平面都垂直于该平面。在图 3-85a 中，因为 $AB \perp R$ 面，所以包含直线 AB 的 P 和 Q 等平面均垂直于平面 R。反之，如果两平面互相垂直，则由第一平面内任一点向第二平面所作的垂线，一定在第一平面内。在图 3-85b 中，A 点是平面 I 内的任一点，直线 AB 垂直于平面 II，因直线 AB 在第一平面内，所以两平面互相垂直。在图 3-86 中，直线 AB 也垂直于平面 II，但直线不在平面 I 内，所以两平面不垂直。

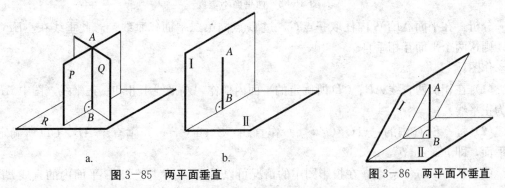

图 3-85　两平面垂直　　　　　　　**图 3-86　两平面不垂直**

【例 3-4-9】如图 3-87 所示，过 D 点作平面垂直于由 $\triangle ABC$ 所给定的平面。

分析：过 D 点作一直线 DE 垂直于 $\triangle ABC$，则包含 DE 的一切平面都垂直于 $\triangle ABC$，故本题有无穷多解。任作一直线 DF（$d'f'$，df）与 DE 相交，则 DE 与 DF 所确定的平面便是其中一个解。

作图：先在 $\triangle ABC$ 内作正平线 A I（$a'1'$，$a1$）和水平线 A II（$a'2'$，$a2$）；然后过 D 点作 DE 垂直于 $\triangle ABC$，即 $d'e' \perp a'1'$，$de \perp a2$；再过 D 点作任一直线 DF，则 DE 和 DF 所确定的平面垂直于 $\triangle ABC$。

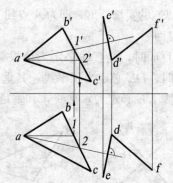

图 3-87 过 D 点作平面垂直于平面

【例 3-4-10】如图 3-88 所示，试判别△EFG 与相交两直线 AB 和 CD 所确定的平面是否相互垂直。

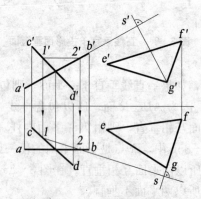

图 3-88 两平面不垂直

分析：在平面△EFG 内任取一点 G，过 G 点向第二平面作垂线。若此垂线在△EFG 内，则这两个平面互相垂直。

作图：

（1）在相交两直线 AB、CD 所确定的平面内任作一水平线 ⅠⅡ 和一正平线（图中 AB 已为正平线）。

（2）过△EFG 内的一点 G（g'，g）作直线 GS（$g's'$，gs）垂直于 AB、CD 所确定的平面，即 $g's'\perp a'b'$，$gs\perp 12$。

（3）从 GS（$g's'$，gs）在投影图中的情况可以看出，GS 与△EFG 平面内的直线 EF 既不相交也不平行，即 GS 不是平面内的直线，由此可知两平面不相互垂直。

【复习思考题】

1. 点的两面投影规律和三面投影规律各是什么？

2. 如何根据点的二投影求其第三投影？

3. 如何根据点的轴测图画出它的三面投影图？如何根据点的投影图画出它的轴测图？

4. 如何判别两点间的相对位置？

5. 什么叫重影点？如何判别重影点的可见性？

6. 试述投影面平行线和投影面垂直线的投影特性。

7. 直角三角形法求线段实长有哪几个要素？如何利用这些要素确定直角三角形？只作一个直角三角形是否可以同时求出直线对两个投影面的倾角？

8. 如何在投影图上判断点是否在直线上？

9. 已知侧平线上一点的水平投影，不用侧面投影如何求该点的正面投影？

10. 在投影图上如何判别两直线是平行、相交还是交叉？

11. 在什么条件下，直角的投影仍为直角？

12. 在投影图中表示平面的方法有哪些？

13. 试述投影面垂直面和投影面平行面的投影特性。

14. 试述在平面内取点、取线的作图方法。

15. 已知平面内一点的投影，如何求出另一个投影？

16. 如何检查空间四点是否在同一平面内？

17. 怎样过一般位置直线作投影面垂直面？

18. 试述平面内正平线和水平线的投影特性，并说明其作图方法。

19. 平面内对投影面的最大斜度线的投影特性及其用途如何？如何作出一般位置平面与投影面的倾角？

20. 试述直线与平面平行、平面与平面平行的几何条件。

21. 作图说明如何过一点作一平面平行于已知平面。

22. 作图说明如何求两特殊位置平面的交线。

23. 作图说明如何求投影面垂直线与一般位置平面的交点，并判别可见性。

24. 试述求一般位置直线与一般位置平面交点的方法。

25. 两平面相交，求其交线的实质是什么？如何求两平面的交线？怎样判别图形的可见性？

26. 试述直线垂直于一般位置平面的投影特性。

27. 两平面互相垂直的几何条件是什么？如何判别两平面是否互相垂直？

第 4 章 　投影变换

4.1 　概述

一般几何问题大体上可分为定位问题和度量问题两类。定位问题是对有关几何形体在空间的相对位置而言的，如：求直线与平面的交点、两平面的交线等。度量问题则是指确定距离、角度、实长、实形等。当几何元素对投影面处于特殊位置（平行或垂直）时，某些度量或定位问题便易于解决了。

如图 4−1a 所示，正面投影 $a'b'$ 反映线段的实长；如图 4−1b 所示，水平投影 $\triangle abc$ 反映三角形的实形；如图 4−1c 所示，AB、CD 为两交叉直线，当直线 AB 垂直于水平面时，AB、CD 的公垂线成为水平线，其水平投影 m（n）反映两交叉直线的最短距离；如图 4−1d 所示，$\triangle ABC$ 为正垂面，a'（b'）c' 与 OX 轴的夹角反映该平面与水平面的倾角 α；如图 4−1e 所示，$\triangle ABC$ 垂直于 V 面，根据 3.4.2.1 直线与特殊位置平面相交所述内容，$\triangle ABC$ 与直线 EF 的交点 K 很容易确定。

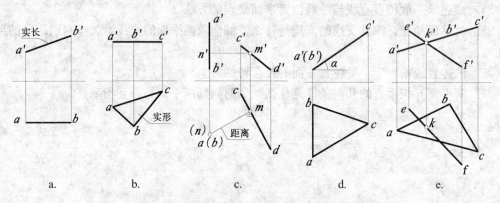

图 4−1 　几何元素处于特殊位置时的解题情况

但是，很多问题中的几何元素并不对投影面处于特殊位置，这时就需要采用一定的方法来改变空间形体对投影面的相对位置，以达到简化问题的目的。这种将空间形体对投影面的相对位置由原来的一般位置变为特殊位置，从而解决度量问题和定位问题的方法称为投影变换法。

常用的投影变换法有换面法和旋转法两种。

4.2　换面法

4.2.1　基本概念

　　换面法就是保持空间几何元素的位置不动，用新的投影面代替原来的投影面，使几何元素对新的投影面的相对位置处于有利于解题的位置的方法。如图 $4-2a$ 所示，铅垂面 $\triangle ABC$ 在 V 面和 H 面所组成的投影体系（以下简称 V/H 体系）中的两个投影都不反映实形。如果选取一个既平行于铅垂面 $\triangle ABC$ 又垂直于 H 面的 V_1 面来代替 V 面，则新的 V_1 面和不变的 H 面构成了一个新的两面体系 V_1/H，此时，$\triangle ABC$ 在 V_1/H 体系中的投影 $a_1'b_1'c_1'$ 就反映了 $\triangle ABC$ 的实形。再以 V_1 面和 H 面的交线 X_1 为轴，使 V_1 面旋转到和 H 面重合的位置，就得到 $\triangle ABC$ 在 V_1/H 体系中的投影图，如图 $4-2b$ 所示。这样的方法称为变换投影面法，简称换面法。

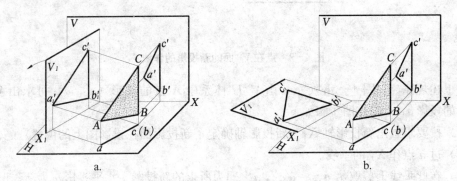

图 $4-2$　换面法

　　必须指出，新投影面 V_1 并不能任意选择，它必须符合以下两个条件：

　　(1) 新投影面必须垂直于一个不变投影面，以构成一个新的两面体系。

　　(2) 空间几何元素必须对新投影面处于特殊位置，以利于解题。

4.2.2　投影变换规律

　　由于点是最基本的几何元素，也是作图的基础，我们先研究点的投影变换。

4.2.2.1　点的一次变换

　　如图 $4-3a$ 所示，V/H 体系中有一点 A，其正面投影为 a'，水平投影为 a。为了改变 A 点的正面投影，用 V_1 面代替 V 面，并使 V_1 面垂直于 H 面，以便形成新的二面体系 V_1/H。这时 V 面称为旧投影面，H 面称为不变投影面，V_1 面称为新投影面，X 轴称为旧投影轴（简称旧轴），X_1 轴称为新投影轴（简称新轴）。应当指出，不管投影面如何变换，都是向新投影面作正投影的。

　　如图 $4-3$ 所示，由 A 点向 V_1 面作正投影 a_1'，这时，称 a' 为旧投影，称 a_1' 为新投影，它们之间存在下列关系：

　　(1) 由于这两个体系具有公共的水平面 H，所以 A 点到 H 面的距离（Z 坐标）在新、旧体系中都是相同的，即 $a_1'a_{x1} = Aa = a'a_x$。

（2）当 V_1 面绕 X_1 轴旋转重合到 H 面上时，根据点的投影变换规律可知 $a_1'a$ 必定垂直于 X_1 轴，这和 $a'a$ 垂直于 X 轴的性质是一样的。

根据以上分析，可得点的投影变换规律如下：

（1）点的新投影和不变投影的连线必定垂直于新轴。

（2）点的新投影到新轴的距离等于被替换的旧投影到旧轴的距离。

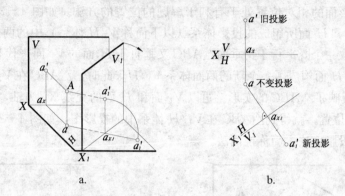

图 4-3　点在 V_1 面的新投影的作法

按上述规律，如图 4-3b 所示，由 V/H 体系中 A 点的投影（a'，a）可求出 V_1/H 体系中的投影 a_1'，其作图步骤如下：

（1）按要求画出新投影轴 X_1（新投影轴确定了新投影面在投影图上的位置）。

（2）过 a 点作 X_1 的垂线。

（3）在此垂线上截取 $a_1'a_{x1} = a'a_x$，a_1' 即为所求的新投影。水平投影 a 为新、旧投影所共有，故为不变投影。

如图 4-4a 所示，若要变换水平面，则可选择 H_1 面代替 H 面，且使 H_1 面垂直于 V 面，H_1 面和 V 面构成新投影体系 V/H_1。在 H_1 面内求出新投影 a_1。因新、旧两体系具有公共的 V 面，所以 $aa_x = Aa' = a_1a_{x1}$。

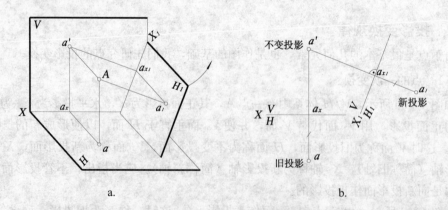

图 4-4　点在 H_1 面的新投影的作法

如图 4-4b 所示，在投影图上由 a'、a 求作 a_1 的步骤如下：

（1）作 X_1 轴。

（2）过 a' 作 $a'a_{x1} \perp X_1$。

（3）在垂直线上截取 $a_1a_{x1} = aa_x$，a_1 即为所求。

4.2.2.2　点的两次变换

运用换面法解决实际问题，有时需要变换两次或更多次投影面。如图 4-5 所示为变换两次投影面时求点的新投影的方法，其变换原理和作图方法与变换一次投影面相同。

应当注意：在变换投影面时，新投影面的选择必须符合前面所述的两个基本条件，而且不能一次同时变换两个投影面，必须一个变换完成以后再变换另一个，而且，在变换过程中，正面和水平面的变换必须交替地进行。如图 4-5 所示，先用 V_1 面代替 V 面，构成新体系 V_1/H，再以这个体系为基础，用 H_2 面代替 H 面，又构成新体系 V_1/H_2。

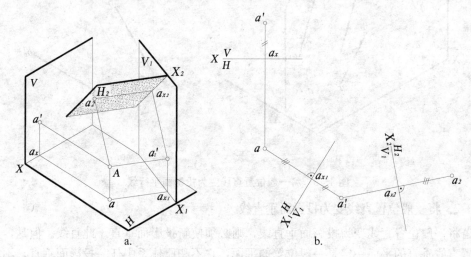

图 4-5　点的两次变换

4.2.3　基本作图问题

在利用换面法解决实际问题时，可归结为：将一般位置直线变为投影面平行线、将一般位置直线变为投影面垂直线、将一般位置平面变为投影面垂直面、将一般位置平面变为投影面平行面四个问题。

4.2.3.1　将一般位置直线变为投影面平行线

若将一般位置直线变为投影面平行线，则新投影面必定与此直线平行并与不变投影面垂直。根据投影面平行线的投影特性，新投影轴应平行于直线的不变投影。如图 4-6a 所示，新投影面 V_1 平行于一般位置直线 AB 且垂直于 H 面，这时，直线 AB 在 V_1/H 新体系中成为 V_1 面的平行线，新投影轴 X_1 平行于直线 AB 的不变投影 ab。

如图 4-6b 所示，若将一般位置直线 AB 变换为新体系中的 V_1 面平行线，则其投影图的作法为：

（1）作新轴 X_1，使 $X_1 /\!/ ab$，因新轴 X_1 与 ab 的距离长短不影响解题，故可在图中的适当位置定出 X_1 轴。

（2）分别求出线段 AB 两端点的新投影 a_1' 和 b_1'。

（3）连 $a_1'b_1'$ 即为直线 AB 的新投影。$a_1'b_1'$ 反映线段 AB 的实长，$a_1'b_1'$ 和 X_1 轴夹角

就是直线 AB 与 H 面的倾角 α。

若将直线 AB 变换为新体系中的 H_1 面平行线，则应将 H 面变为 H_1 面，这时就要作新轴 $X_1 // a'b'$，然后求出 a_1b_1，则 a_1b_1 反映线段的实长，a_1b_1 与 X_1 的夹角代表 AB 与 V 面的倾角 β。

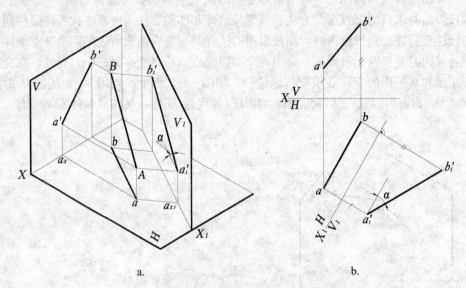

图 4-6　将一般位置直线变为投影面平行线

4.2.3.2　将一般位置直线变为投影面垂直线

若将一般位置直线变为投影面垂直线，则必须使新投影面垂直于此直线。但是，与一般位置直线垂直的平面一定是一般位置的平面，它不和原体系中任一投影面垂直，不能构成相互垂直的新二面体系，因此，要解决这个问题，一次变换不可能完成，必须变换两次投影面，即：首先使一般位置直线变为新投影面的平行线；再将投影面的平行线变为另一投影面的垂直线。

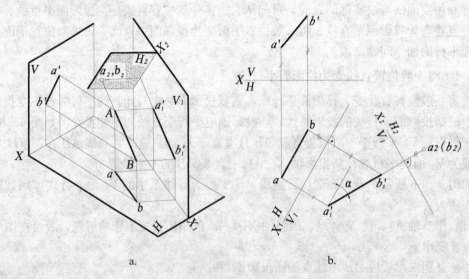

图 4-7　将一般位置直线变为投影面垂直线

如图 4-7a 所示，要将一般位置直线 AB 变为 H_2 面的垂直线，首先变换 V 面，用 V_1 代替 V 面，使直线 AB 在 V_1/H 体系中成为 V_1 面的平行线；然后变换 H 面，用 H_2 面代替 H 面，使直线 AB 在 V_1/H_2 体系中成为 H_2 面的垂直线。

根据投影面垂直线的投影特性，新投影轴应垂直于直线的不变投影。如图 4-7b 所示，先作 X_1 轴平行于 ab，求出 $a_1'b_1'$ 后作 X_2 轴垂直于 $a_1'b_1'$，在 V_1/H_2 体系中，直线 AB 的投影积聚成一点。

4.2.3.3　将一般位置平面变为投影面垂直面

根据平面与平面垂直的条件，欲将 $\triangle ABC$ 平面变为新体系中的投影面垂直面，只需将该平面内的任一直线变为新投影面的垂直线即可。但是要将平面内一般位置直线变为投影面垂直线，必须变换两次投影面，而将投影面平行线变为投影面垂直线则只需变换一次投影面。如图 4-8a 所示，若新投影面 V_1 垂直于 $\triangle ABC$ 平面内的水平线 CK，也必定垂直于 $\triangle ABC$，并能保证 V_1 面垂直于 H 面。为此，通常在平面内取一投影面平行线（如 CK）为辅助线，取与它垂直的平面 V_1 作为新投影面，则一般位置平面 $\triangle ABC$ 就成为新体系中的投影面垂直面了。

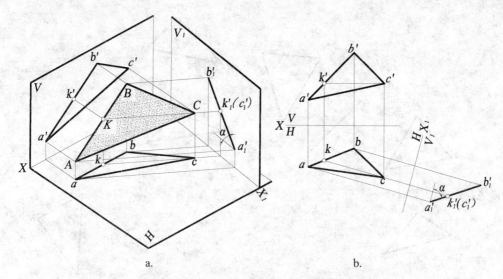

图 4-8　将一般位置平面变为投影面垂直面

如图 4-8b 所示，若将 $\triangle ABC$ 变为 V_1 面垂直面，其投影图的作法为：

（1）在 $\triangle ABC$ 内取一水平线 CK（$c'k'$，ck）。

（2）作 V_1 面代替 V 面，使新投影轴 $X_1 \perp ck$，这样，$\triangle ABC$ 在新体系中就成为投影面垂直面了。

（3）求出 $\triangle ABC$ 的三点 A、B、C 在 V_1 面上的投影 a_1'、b_1'、c_1'，则 $a_1'b_1'c_1'$ 积聚成一直线，$a_1'b_1'c_1'$ 与 X_1 轴的夹角 α 即为 $\triangle ABC$ 与 H 面的倾角。

如果要将 $\triangle ABC$ 变为 H_1 面的垂直面，则要在 $\triangle ABC$ 内作一条正平线，使新轴 X_1 垂直于该正平线的正面投影，然后求 $\triangle ABC$ 在 H_1 面上的投影。

4.2.3.4　将一般位置平面变为投影面平行面

欲将一般位置平面变为投影面平行面，必须使新投影面平行于此平面。若直接作一个新投影面平行于一般位置的平面，则此新投影面也一定是一般位置平面，它不与原体系中任一投影面垂直，不能构成互相垂直的二面体系。所以要解决这个问题必须变换两次投影面，即：

（1）首先使一般位置平面变为新投影面垂直面，如图 4-8 所示。

（2）再将投影面垂直面变为另一新投影面平行面（新投影面的选取情况与图 4-2 类似）。

如图 4-9a 所示，若要将△ABC 变为 V 面平行面，其投影图作法为：

（1）将△ABC 变换为新投影面 H_1 的垂直面。先在△ABC 内作正平线 AK，取新投影面 $H_1 \perp AK$（在投影图中就是作 $X_1 \perp a'k'$），然后求出△ABC 在 H_1 面上积聚成一直线的投影 $b_1a_1c_1$。

（2）将△ABC 再变换成另一新投影面 V_2 的平行面。作 V_2 面 // △ABC（在投影图中就是作 X_2 // $b_1a_1c_1$），然后作出 a_2'、b_2'、c_2'。这样，△ABC 在 V_2/H_1 体系中便成为投影面平行面，△$a_2'b_2'c_2'$ 反映了△ABC 的实形。

若要将△ABC 变为 H 面平行面，其投影图作法如图 4-9b 所示。

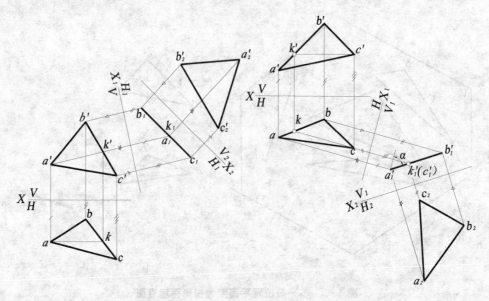

a.将△ABC变为V面平行面　　　　b.将△ABC变为H面平行面

图 4-9　将△ABC 变为投影面平行面

4.2.4　换面法应用举例

【例 4-2-1】如图 4-10 所示，求点 D 到△ABC 的距离及其投影。

分析：如图 4-10a 所示，若 D 点到△ABC 的距离 DK 是投影面 H 的平行线，则 DK 在 H 面上的投影 dk 就反映距离 DK 的实长。当 DK 是 H 面的平行线时，由于 $DK \perp$ △ABC，则必有△$ABC \perp H$ 面。因此，为了在投影图中直接得到所求的距离，就要将平面△ABC 变换为新体系中的投影面垂直面。由于△ABC 已变为投影面垂直面，所以，垂足 K 可以利用△ABC 投影的积聚性直接求得。

作图：如图 4−10b 所示。

(1) 将△ABC 变为新体系的 H_1 面的垂直面。在△ABC 内作一正平线 BE，作 $H_1 \perp$ BE，即 $X_1 \perp b'e'$，然后求出△ABC 和 D 点在 H_1 面的投影 $a_1b_1c_1$ 和 d_1。

(2) 求出距离 DK。过 d_1 作 $d_1 k_1 \perp a_1 b_1 c_1$，得垂足 k_1，$d_1 k_1$ 即为 DK 的实长。

(3) 求 DK 在原体系中的两投影。因为 $d_1 k_1$ 反映 DK 的实长，所以 $DK \parallel H_1$ 面，则 $d'k' \parallel X_1$ 轴。过 k_1 作 X_1 轴的垂线与过 d' 作 X_1 轴的平行线相交于 k'，由 k' 可求出 k。

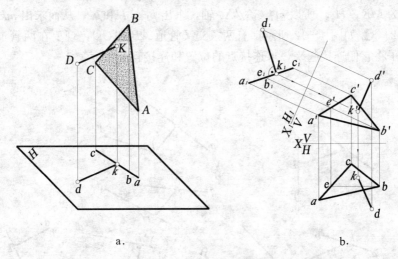

图 4−10 求点到平面的距离

【例 4−2−2】如图 4−11a 所示，求 M 点到直线 AB 的距离 MK 及其投影 $m'k'$ 和 mk。

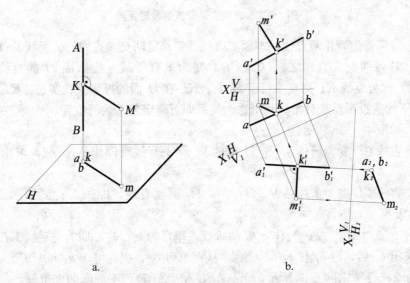

图 4−11 求点到直线的距离

分析：如图 4−11a 所示，因为 $MK \perp AB$，如将 AB 变为新投影面 H 的垂直线，则 $MK \parallel H$ 面，因此，只需将直线 AB 变为 H 面垂直线，即可求得 mk。但是直线 AB 是一般位置的直线，不能直接变换为投影面垂直线。为此，要先将直线 AB 变为 V_1 面的平行线，再变为 H_2 面的垂直线。

作图：如图 4－11b 所示。

（1）作新投影轴 $X_1//ab$，求出 V_1 面上的投影 $a_1'b_1'$ 和 m_1'。

（2）作另一投影轴 $X_2 \perp a_1'b_1'$，求出 H_2 面上的投影 a_2b_2 和 m_2。

（3）垂足 k 在 H_2 面的投影 k_2 和 a_2b_2 积聚成一点，连接 m_2、k_2，则 m_2k_2 为距离 MK 的实长。

（4）因为 $MK//H_2$，所以 $m_1'k_1'//X_2$ 轴，求出 k_1'、k 和 k'，从而求出 mk 和 $m'k'$。

【例 4－2－3】如图 4－12 所示，有两条交叉管道 AB 和 CD，现要在两管道之间用一根最短的管子将它们连接起来，求连接点的位置和连接管的长度。

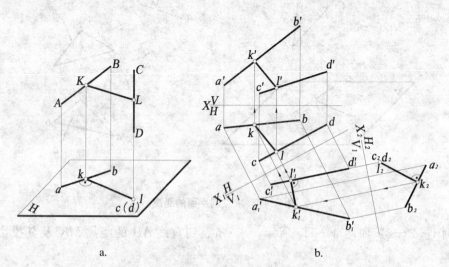

a.　　　　　　　　　　　　b.

图 4－12　求两交叉管道的最短距离

分析：将两管道看作两直线，本题实质就是要确定两交叉直线的公垂线的位置及该线段的实长。若将两交叉直线之一（如 CD）变为垂直于某一投影面 H 的直线，如图 4－12a 所示，则公垂线 KL 必定平行于 H 面。KL 在 H 面的投影反映实长。KL 与另一直线 AB 在 H 面的投影反映直角。利用这个关系即可确定公垂线的位置。

作图：如图 4－12b 所示。

（1）将直线 CD 变为新体系 V_1/H 中的 V_1 面平行线，即作 $X_1//cd$，求出 $c_1'd_1'$ 和 $a_1'b_1'$。

（2）将直线 CD 变为新体系 V_1/H_2 中的 H_2 面垂直线，即作 $X_2 \perp c_1'd_1'$，求出 c_2d_2 和 a_2b_2。

（3）过 l_2 点（即 c_2 或 d_2）作 a_2b_2 的垂线，垂足为 k_2。k_2l_2 即为公垂线 KL 的实长。

（4）求出 k_1' 后，过 k_1' 作 $k_1'l_1'//X_2$，从而求得 l_1'，据此可求 k、l 和 $k'l'$。

【例 4－2－4】如图 4－13 所示，求 △ABC 和 △ABD 两平面间的夹角。

分析：如图 4－13a 所示，如果两平面同时垂直于投影面 H，则两平面在该投影面上积聚的投影就反映出两平面间真实的夹角。要使两平面同时变为新投影面的垂直面，就必须将它们的交线变换为新投影面垂直线。由于本例的交线 AB 是一般位置直线，要经过两次交换才能将交线 AB 变为新投影面垂直线。

作图：如图 4-13b 所示。

（1）将交线 AB 变为 V_1 面平行线，即作 $X_1 \parallel ab$。

（2）将交线 AB 变为 H_2 面垂直线，即作 $X_2 \perp a_1'b_1'$。这时△ABC 和△ABD 都垂直于 H_2 面，由此求出的它们具有积聚性的投影 $a_2b_2c_2$ 和 $a_2b_2d_2$，这两条直线之间的夹角 θ，就是两平面之间的夹角。

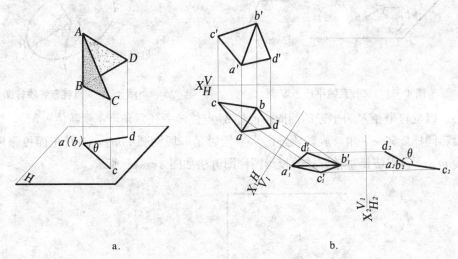

图 4-13 求两平面间的夹角

4.3 绕垂直轴旋转法

4.3.1 基本概念

旋转法就是保持投影面不动，使空间几何元素绕某一轴线旋转到对解题有利的位置的方法。如图 4-14a 所示，将一般位置的线段 AB 绕垂直于 H 面的轴 Oo 旋转，使其新位置 AB_1 平行于 V 面。此时，AB_1 的正面投影 $a_1'b_1'$ 便反映了线段 AB 的实长，如图 4-14b所示。

如图 4-15 所示，B 点绕直线 OO 旋转时，其运动轨迹为一圆周。圆所在的平面 S 与直线 OO 垂直，平面 S 称为旋转平面。旋转平面与旋转轴的交点 O_1 称为旋转中心。旋转中心到旋转点（例如 B 点）的距离 O_1B 称为旋转半径。点由一个位置 B 到另一个位置 B_1 时，旋转半径所转过的角 θ 称为旋转角。

根据旋转轴与投影面的相对位置不同，一般分为绕垂直于投影面的轴旋转和绕平行于投影面的轴旋转两种。本节只研究绕垂直于投影面的轴旋转。

4.3.2 点的旋转

4.3.2.1 点绕铅垂轴旋转的作图

如图 4-16a 所示，M 点绕垂直于 H 面的轴 OO 旋转时，它必在垂直于旋转轴（即平行于 H 面）的平面内作圆周运动。因此，点的旋转轨迹在 V 面上的投影是一条垂直于旋转轴正面投影 $o'o'$ 的直线，在 H 面上的投影，则反映圆的实形，即以旋转轴的水平投影 o

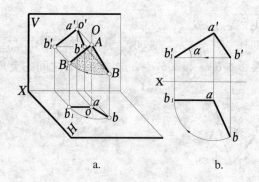

a.　　　　　　　　b.

图 4-14　旋转直线平行于 V 面

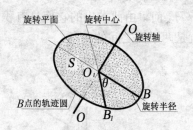

图 4-15　点绕直线旋转图

为圆心，以旋转半径 R 为半径的圆周。假如 M 点旋转一任意角度 α 到新位置 M_1，则它的水平投影同样旋转一 α 角，旋转轨迹的水平投影是一段圆弧 mm_1，而其正面投影则为一段直线 $m'm_1'$。点绕铅垂轴旋转的投影图作图方法如图 4-16b 所示。

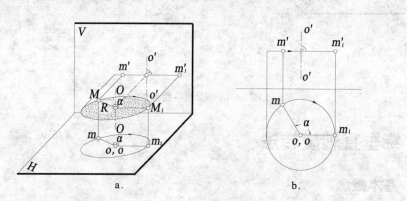

a.　　　　　　　　b.

图 4-16　点绕铅垂轴旋转

4.3.2.1　点绕正垂轴旋转的作图

如图 4-17a 所示，M 点绕垂直于 V 面的正垂轴 OO 旋转时，它必在平行于 V 面的平面内作圆周运动，故 M 点的运动轨迹在 V 面上的投影反映圆的实形，而在 H 面上的投影是一条垂直于旋转轴的水平投影 oo 的直线，其长度等于圆的直径，如图 4-17b 所示。

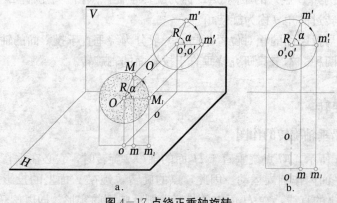

a.　　　　　　　　b.

图 4-17　点绕正垂轴旋转

　　综上所述，当点绕垂直于某一投影面的轴旋转时，点在该投影面上的投影作圆周运动，此圆周的圆心就是旋转轴在该投影面上的投影，其半径就是旋转半径；而点在另一投影面上的投影则作直线移动，此直线必定垂直于旋转轴在该投影面上的投影（即平行于 OX 轴）；旋转时点的两投影始终符合点的投影规律。

4.3.3　直线的旋转

　　直线可由两点所确定，因此要使直线绕一轴旋转某一角度时，只要在此直线上任取两点绕同轴、向同一方向旋转同一角度（简称旋转的三同原则），然后将旋转后的两点连接起来，即得该直线旋转后的位置。

　　图 4−18 所示为一般位置直线 AB 绕垂直于 V 面的轴 OO，按反时针方向旋转角度 θ 后的新投影图的作法。如图 4−18b 所示，由于点绕垂直于 V 面的轴旋转时，其轨迹的正面投影为圆弧，所以以 o' 为圆心，$o'a'$ 为半径，按反时针方向旋转一角度 θ，即得 A 点的新投影 a_1'。而点 A 的水平投影 a 在平行于 OX 轴的直线上移动，此直线与从 a_1' 向 OX 轴所作的垂线交于点 a_1，a_1 即为 A 点的新水平投影。用同样的方法，可作 B 点的新投影 b_1' 和 b_1。如图 4−18c 所示，连 $a_1' b_1'$ 和 $a_1 b_1$，即得所求线段 AB 的新投影。

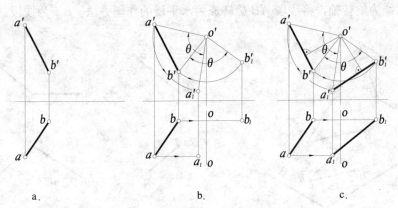

a.　　　　　　　　　　b.　　　　　　　　　　c.

图 4−18　线段的旋转

　　由图 4−18c 可知 $a'b' = a_1' b_1'$（两全等三角形的对应边），这是因为一线段绕正垂轴旋转时，它对 V 面的倾角不变。所以线段在 V 面的投影长度不变。要改变直线与某投影面的倾角，旋转轴必须垂直于另一投影面。下面讨论两个基本的作图问题。

4.3.3.1　将一般位置直线旋转为投影面平行线

　　将一般位置直线旋转为投影面平行线是求线段实长最常用的方法。

　　要使直线平行于某一个投影面，必先正确地选择旋转轴。如果所选取的轴垂直于 V 面，就不可能使直线旋转到平行于 V 面了，因为绕垂直于 V 面的轴旋转时，直线对 V 面的倾角 β 保持不变，因此必须选择垂直于 H 面的轴旋转，才能将直线旋转为正面平行线。

　　图 4−19a 所示为以铅垂线为旋转轴将直线 AB 旋转为正平线的作图方法。旋转轴的位置可以是任意的，但为了使作图简便，常使旋转轴通过直线 AB 的一个端点 A，这样，线段旋转时，A 点在原位转动，位置不变，只需转动一个 B 点即可。当直线 AB 成为正平线时，其水平投影应平行于 OX 轴。因此，如图 4−19b、c 所示，以点 a 为圆心，ab 为

半径作圆弧，使 ab 旋转到平行于 OX 轴的位置 ab_1，则 ab_1 就是直线 AB 旋转为正平线时的水平投影。再由 b' 作直线平行 OX 轴，求出新的正面投影 b_1'，则 $a'b_1'$ 即为直线 AB 旋转后的正面投影，它反映了线段 AB 的实长。

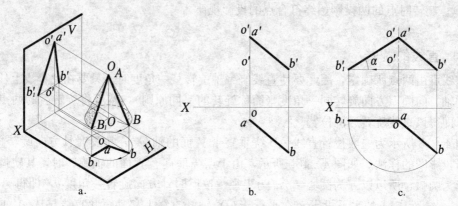

图 4-19 将 AB 旋转为正平线

如果要使直线旋转为水平线，则必须使直线绕垂直于 V 面的轴旋转。如图 4-20 所示为以正垂线为旋转轴，将线段 AB 旋转成为水平线的作图方法。a_1b 为线段 AB 的实长。

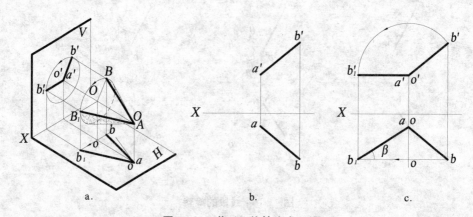

图 4-20 将 AB 旋转为水平线

4.3.3.2 将一般位置直线旋转为投影面垂直线

一般位置直线旋转一次不能成为投影面垂直线，因为一般位置直线对 V 面和 H 面都是倾斜的。当此直线绕铅垂轴旋转时，不能改变直线对 H 面的倾角，只能改变直线对 V 面的倾角；而当此直线再绕正垂轴旋转时，才能改变直线对 H 面的倾角。

因此，要将一般位置直线旋转为铅垂线，需要旋转两次，即先将此直线绕铅垂轴旋转为正平线，再绕正垂轴旋转为铅垂线，其作图方法如图 4-21 所示。首先，将直线 AB 绕过 B 点的铅垂轴旋转到平行于 V 面的位置 A_1B ($a_1'b'$，a_1b)，然后，再绕过 A_1 点的正垂轴将直线旋转到垂直于 H 面的位置 A_1B_2 ($a_1'b_2'$，a_1b_2)。直线 A_1B_2 的水平投影 a_1b_2 积聚为一点，正面投影 $a_1'b_2'$ 垂直于 OX 轴。

同理，如要将一般位置直线旋转为正垂线，须先绕正垂轴旋转为水平线，再绕铅垂轴旋转为正垂线，如图 4-22 所示。

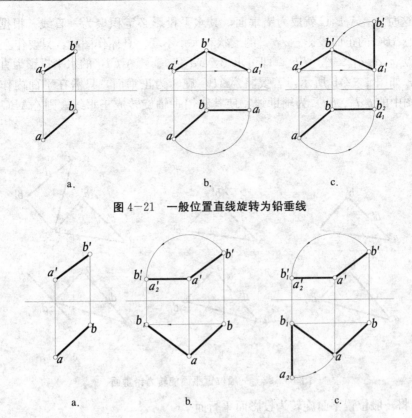

图 4-21　一般位置直线旋转为铅垂线

图 4-22　一般位置直线旋转为正垂线

4.3.4　平面的旋转

　　平面是由不在同一直线上的三点（或其他几何元素）确定的，因此，旋转平面时，只需将决定平面的三点加以旋转，求出旋转后的投影即可。

　　如果平面是△ABC，当它绕正垂轴旋转时，AB、BC、CA 三边对 V 面的倾角不变，则三边的正面投影长度不变，故△ABC 的正面投影的形状和大小也不变，即△$a'b'c'$ ≌ △$a_1'b_1'c_1'$，如图 4-23 所示。平面图形绕铅垂轴旋转时，其水平投影的形状和大小也不变。

　　综上所述，当平面图形绕垂直于某一投影面的轴旋转时，它对该投影面的倾角不变，它在该投影面上的投影的形状和大小也不变。

　　下面讨论两个基本作图问题。

4.3.4.1　将一般位置平面旋转为投影面垂直面

　　根据平面与平面相互垂直的条件，当平面内的一直线垂直于某一投影面，则此平面必定垂直于该投影面，因此，只要在平面内取一直线连同平面一起旋转，当把该直线变成投影面垂直线时，该平面就变成投影面垂直面了。由前面所述可知，将一般位置直线变为投影面垂直线必须旋转两次，而将投影面平行线变为投影面垂直线只需要旋转一次。

　　如图 4-23 所示，若要将△ABC 旋转为铅垂面，先在△ABC 内取一正平线 CD 作为辅助线，使其绕过点 C 的正垂轴旋转到垂直于 H 面的位置 CD_1（使 $c'd_1'$⊥OX 轴，d_1 与

c 重合），这时，$\triangle A_1B_1C$ 就成为铅垂面，其水平投影必定积聚为一直线。根据旋转的三同原则，$\triangle ABC$ 的正面投影 $\triangle a'b'c'$ 的形状和大小不变。具体作图时，只要作 $\triangle c'd_1'a_1' \cong \triangle c'd'a'$，$\triangle c'd_1'b_1' \cong \triangle c'd'b'$，即可求出 $\triangle c'a_1'b_1'$。$\triangle A_1CB_1$ 的水平投影为直线 a_1cb_1。

同理，如图 4-24b 所示，若要将 $\triangle ABC$ 旋转为正垂面，只需在平面内作一水平线（BD，即图中的 $b'd'$、bd）为辅助线，使其绕铅垂轴旋转成正垂线，则 $\triangle ABC$ 就成为正垂面了。

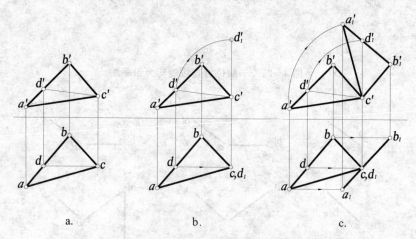

图 4-23　一般位置平面旋转为铅垂面

4.3.4.2　将一般位置平面旋转为投影面平行面

将一般位置平面绕投影面垂直轴旋转为某投影面的平行面必须绕不同的轴先后旋转两次，即先旋转成投影面垂直面，再旋转成某投影面的平行面。

如图 4-24 所示，若要将一般位置平面旋转为水平面，先在平面内作一水平辅助线 BD（$b'd'$，bd），使其绕过点 B 的铅垂轴旋转成正垂面 A_1BC_1（作图方法与图 4-22 基本相同）；再使其正面投影 $a_1'b'c_1'$ 绕过 c_1' 的正垂轴旋转到与 X 轴平行的位置得 $c_1'b_2'a_2'$；最后求出其水平投影 $c_1b_2a_2$。这时，$\triangle A_2B_2C_1$ 平面平行于水平面，则 $\triangle c_1b_2a_2$ 反映 $\triangle ABC$ 的实形。

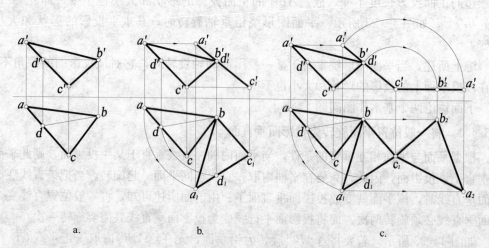

图 4-24　一般位置平面旋转为水平面

　　同理，若要将一般位置平面旋转为正平面，则必须先使它绕正垂轴旋转为铅垂面，再将此铅垂面绕铅垂轴旋转为正平面。

【复习思考题】

1. 投影变换的目的是什么？常用的方法有哪两种？
2. 什么叫换面法？确立新投影面的基本条件是什么？
3. 试述换面法中点的投影变换规律。
4. 试用换面法将一般位置直线变为投影面垂直线的方法和步骤。
5. 试述用换面法将一般位置平面变为投影面平行面的方法和步骤。
6. 用换面法求一般位置直线对 V 面的倾角 β 时，必须变换哪一个投影面？
7. 什么叫旋转法？试述点绕垂直轴旋转的作图规律。
8. 怎样用旋转法求线段的实长？
9. 怎样用旋转法求平面图形的实形？

第5章 立 体

工程建筑物的形状是多种多样的，但都可以认为是由若干基本形体组合而成的。

凡占有一定空间的物体均可称为几何体，本章讨论的简单几何体是指那些构造要素最为单一的一类几何体。根据其表面的性质，可分为平面立体和曲面立体。

（1）平面立体。

由若干平面围成的几何体称为平面立体，如棱柱、棱锥等。

（2）曲面立体。

由曲面或由曲面和平面围成的几何体称为曲面立体，如圆柱体、圆锥体、圆球体、圆环体等。

如图5-1a所示的闸墩可分解为图5-1b所示的三棱柱、四棱柱、半圆柱等基本形体。

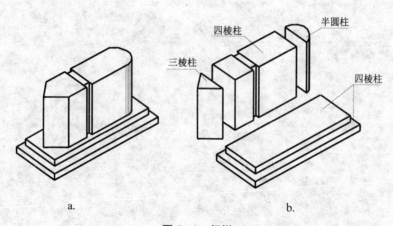

a.   b.

图5-1 闸墩

5.1 立体的投影及在其表面上取点、取线

任何几何体所占有的空间范围由其表面确定，因此，求作几何体的投影，实质上是对其表面进行投影。在几何体投影图中，可见的轮廓线用粗实线画，不可见的轮廓线用虚线画；当实线与虚线或点画线重合时画实线，当虚线与点画线重合时画虚线。

本节主要介绍基本几何体的投影特性以及在其表面上取点、取线的投影作图方法。

5.1.1 平面立体的投影及在其表面上取点、取线

平面立体上相邻表面的交线是平面立体棱线或底面的边线。画平面立体的投影，实质

上就是画出立体上所有棱线和底面边线的投影,并按它们的可见性分别用粗实线或虚线表示。

常见的平面立体有棱柱和棱锥两种。棱柱的棱线彼此平行,棱锥的棱线相交于一点。

为了正确地作出平面立体的投影,首先应确定平面立体摆放的位置。摆放时,应尽可能多地使平面立体的表面成为特殊位置平面;其次要选定正面投影图的投影方向,使正面投影图更多地表现立体的形状特征。下面介绍棱柱和棱锥的投影特性以及在其表面上取点、取线的投影作图方法。

5.1.1.1 棱柱

1)棱柱的形状特点及其投影

在一个几何体中,如果有两个面相互平行,而其余每相邻两个面的交线都相互平行,这样的几何体称为棱柱。平行的两个面为棱柱的底面,其余的面称为棱柱的侧面或棱面,相邻两棱面的交线称为棱柱的侧棱或棱线。侧棱垂直于底面的棱柱称为直棱柱;侧面与底面斜交的棱柱称为斜棱柱;底面是正多边形的直棱柱称为正棱柱。通常,把正棱柱或直棱柱简称为棱柱,一般可用底面多边形的边数来区别不同的棱柱,常见的棱柱有三棱柱、四棱柱、六棱柱等。

下面以图 5-2 所示的正三棱柱为例说明其投影的作法。

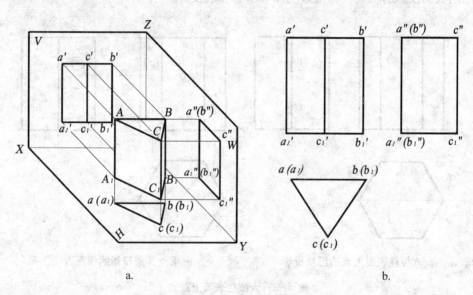

a.   b.

图 5-2 三棱柱的投影

画正三棱柱的投影时,一般可按下列步骤进行。

(1)选择安放位置。

为了更好地利用投影的实形性和积聚性,可使正三棱柱的上下两底面都平行于 H 面,并使它的一个棱面(AA_1B_1B)平行于 V 面,如图 5-2a 所示。

(2)投影作图。

将棱锥向三个投影面投影,作出三棱柱的三面正投影图,如图 5-2b 所示。

(3)投影分析。

水平投影：反映上下两底面的实形，两底面的投影重合；三个棱面的投影积聚且与底面的对应边重合。

正面投影：反映后棱面 AA_1B_1B（正平面）的实形；上下底面的投影积聚，与 AB、A_1B_1 重合；两前棱面 AA_1C_1C、CC_1B_1B 的正面投影为类似形。

侧面投影：两前棱面 AA_1C_1C、CC_1B_1B 的侧面投影为类似形，且投影完全重合；上下底面和后棱面都具有积聚性。

从本章开始，在画立体投影图时，为使图形清晰，不再画投影轴以及点的投影连线，投影关系通过三等规律予以保证，依然满足长对正、高平齐、宽相等。需要特别注意的是，水平投影和侧面投影中量取 Y 坐标的起始点应一致。各投影图间的距离对形体形状的表达无影响。

2）**棱柱表面上取点、取线**

求作平面立体表面上的点、线，必须根据已知投影分析该点、线属于哪个表面，并利用在平面上求作点、线的原理和方法进行作图，其可见性取决于该点、线所在表面的可见性。

【例 5-1-1】已知正六棱柱表面上点 A、B、C 的一个投影如图 5-3a 所示，求作该三点的其他投影。

分析：根据题目所给的条件，点 A 在顶面上，点 B 在左前棱面上，点 C 在右后棱面上，利用表面投影的积聚性和投影规律可求出其余投影。

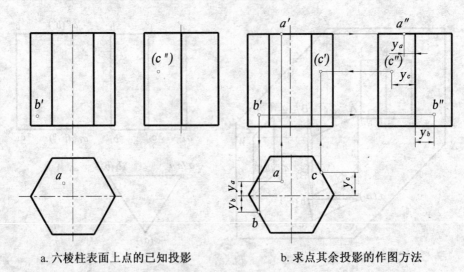

a. 六棱柱表面上点的已知投影　　　　b. 求点其余投影的作图方法

图 5-3　六棱柱表面上取点

作图：如图 5-3b 所示，正六棱柱左前棱面上有一点 B，其正面投影 b' 为已知，由于该棱面的水平投影有积聚性，故可利用积聚性先求出 b，然后根据"宽相等"（y_b）的关系可求出 b''。同法求出其余各点。

判别可见性：

（1）点 A 所在平面的正面投影和侧面投影有积聚性，不作判别。

（2）点 B 在左前棱面上，其侧面投影可见。

（3）点 C 在右后棱面上，其正面投影不可见。

【例 5-1-2】已知三棱柱表面上的折线段 AB 的正面投影，如图 5-4a 所示，求其他投影。

分析：由于 AB 在三棱柱的两个表面上，故 AB 实际上是一条折线，其中 AC 属于左棱面，CB 属于右棱面。可根据面内取点的方法作出点 A、B、C 的三面投影，连接各同面投影，即为所求。

作图：作图方法如图 5-4b 所示。

判别可见性：

(1) 水平投影有积聚性，不作判别。

(2) 点 B 在右棱面上，其侧面投影 b'' 不可见，$c''b''$ 不可见。

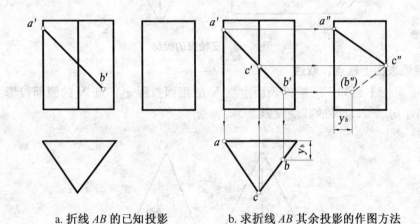

a. 折线 AB 的已知投影　　b. 求折线 AB 其余投影的作图方法

图 5-4　棱柱表面上取线

5.1.1.2　棱锥

1) 棱锥的形状特点及其投影

在一个几何体中，如果有一个面是多边形，其余各面是具有一个公共顶点的三角形，这样的几何体称为棱锥。这个多边形是棱锥的底面，各个三角形就是棱锥的侧面或棱面。如果棱锥的底面是一个正多边形，而且顶点与正多边形底面中心的连线垂直于该底面，这样的棱锥称为正棱锥；如果棱锥顶点与正多边形底面中心的连线不垂直于该底面，则称为斜棱锥。通常可用底面多边形的边数来区别不同的棱锥，常见的有三棱锥、四棱锥等。

下面以图 5-5 所示的正三棱锥为例来说明棱锥的投影。

(1) 选择安放位置。

使三棱锥的底面 $\triangle ABC /\!/ H$，确定正视图的投影方向：使三棱锥的棱面 SAC 为侧垂面，$\triangle SAB$、$\triangle SBC$ 为一般位置平面。

(2) 投影作图。

作出 S、A、B、C 的投影后，分别依次连接各点的同面投影，得此三棱锥的三面投影。投影图中可见线段画成粗实线，不可见线段画成虚线。

(3) 投影分析。

由于三棱锥各棱面均倾斜于投影面，所以其三面投影均不反映实形。

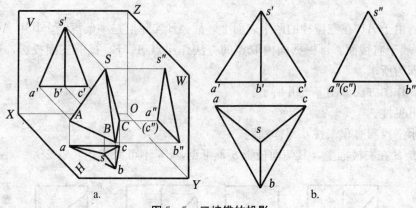

图 5-5 三棱锥的投影

2）棱锥表面上取点、取线

【例 5-1-3】已知正三棱锥表面上点 K 的正面投影 k'，点 N 的侧面投影 n''，如图 5-6a 所示，求点 K、N 的其余投影。

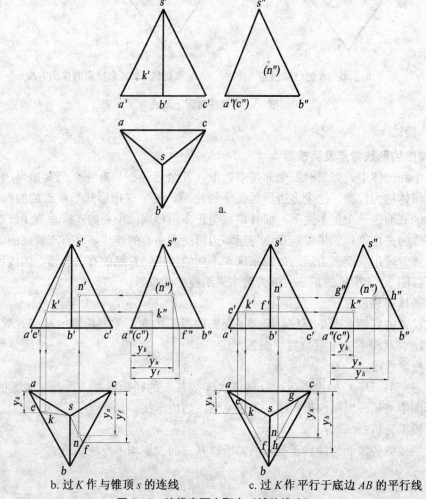

b. 过 K 作与锥顶 s 的连线　　c. 过 K 作平行于底边 AB 的平行线

图 5-6　棱锥表面上取点（辅助线法）

分析：根据已知条件可知，点 K 属于棱面 SAB，点 N 属于棱面 SBC。利用面内取点的方法，可求得其余投影。

作图：作图可用以下两种方法。

方法一：如图 5—6b 所示，在正面投影上过锥顶 s' 和 k' 作直线 $s'e'$，在水平投影图中找出点 e，连接 se，根据点在线上的投影性质求出其水平投影 k 和侧面投影 k''；同理，可在侧面投影图中过点 n'' 作出 $s''f''$，然后再依次求出 n、n'。

方法二：如图 5—6c 所示，在正面投影图中过点 k' 作直线 $e'f'\mathbin{/\mkern-5mu/}a'b'$，点 e' 在 $s'a'$ 上，在水平投影图中找出点 e，作 $ef\mathbin{/\mkern-5mu/}ab$，同样可求出其水平投影 k 和侧面投影 k''；同理，可在侧面投影图中过点 n'' 作出 $g''h''\mathbin{/\mkern-5mu/}b''c''$，然后再依次求出 n、n'。

判别可见性：

（1）由于锥顶在上，K、N 的水平投影均可见。

（2）点 K 属于左棱锥面，其侧面投影可见；点 N 属于右棱锥面，其侧面投影不可见。

【例 5—1—4】由如图 5—7a 所示条件，求棱锥表面上线 MN 的水平投影和侧面投影。

分析：MN 实际上是三棱锥表面上的一条折线 MKN，如图 5—7b 所示。

作图：求出 M、K、N 三点的水平投影和侧面投影，连接同面投影即为所求投影。

判别可见性：由于棱面 SBC 的侧面投影不可见，所以直线 KN 的侧面投影 $n''k''$ 不可见。

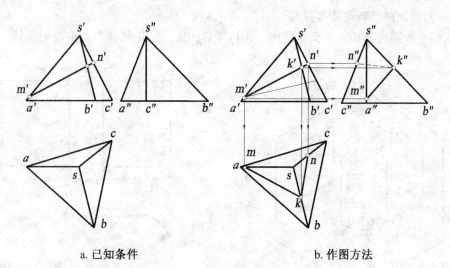

a. 已知条件　　　　　　　　　　　　　b. 作图方法

图 5—7　棱锥表面上取线

5.1.2　曲面立体的投影及在其表面上取点、取线

常见的曲面立体有圆柱体、圆锥体、圆球体、圆环体等，这些曲面立体统称为回转体。回转体都是由回转面或回转面和平面围成的，所以研究回转体之前应对回转面的形成和投影性质进行研究。

回转面是由一条母线（直线或平面曲线）绕一固定直线（回转轴线）回转而形成的，如图 5—8 所示。当直母线 AA_1 与轴线 OO_1 平行时，绕轴线回转而成圆柱面，如图 5—8a

所示；当直母线 SA 与轴线 OO_1 相交时，绕轴线回转而成圆锥面，如图 5-8b 所示；当母线为圆，回转轴线就是它本身的一条直径时，绕轴线回转而成球面，如图 5-8c 所示；当母线为圆，回转轴线与该圆共平面但在圆外时，绕轴线回转而成环面，如图 5-8d 所示。母线在回转面上任一位置称为素线。

回转面的共同特性是：在回转的过程中，母线上任一点回转一周的轨迹都是圆，其回转半径就是该点到回转轴线的距离，所以当用垂直于轴线的平面切割回转面时，其表面交线为圆周。下面分别说明上述回转体的投影及在其表面上取点、取线的问题。

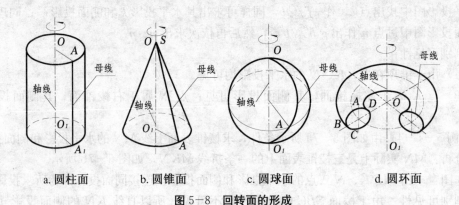

a. 圆柱面　　　　b. 圆锥面　　　　c. 圆球面　　　　d. 圆环面

图 5-8　回转面的形成

5.1.2.1　圆柱

1）圆柱的形状特点及其投影

圆柱是由圆柱面和两平面组成的。现以图 5-9a 所示正圆柱为例来说明圆柱的投影。

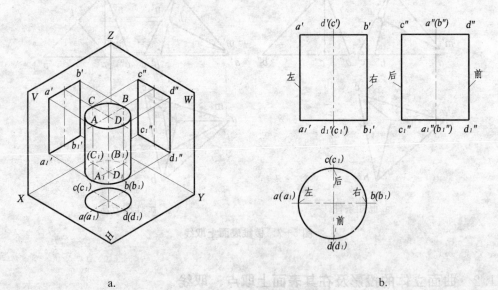

a.　　　　　　　　　　　b.

图 5-9　圆柱的投影

（1）选择安放位置。

使正圆柱的轴线垂直于 H 面放置，如图 5-9a 所示。

（2）投影作图。

作出正圆柱的三面正投影图，如图 5-9b 所示。

（3）投影分析。

圆柱的水平投影为一个圆，它是圆柱顶圆和底圆的投影，整个圆柱面在 H 面的投影也积聚在这个圆周上。圆柱的正面投影是一个矩形，矩形的上、下边分别是顶圆和底圆的投影，矩形左右轮廓线 $a'a_1'$、$b'b_1'$ 分别为圆柱最左和最右素线 AA_1、BB_1 的正面投影。AA_1 和 BB_1 是圆柱向 V 面投影时可见与不可见的分界线，$a'a_1'$、$b'b_1'$ 称为圆柱向 V 面投影时的转向轮廓线。AA_1 和 BB_1 的侧面投影与圆柱轴线的侧面投影重合，不需要画出。AA_1 和 BB_1 的水平投影 a (a_1)、b (b_1) 也不需画出。圆柱的侧面投影也是一个矩形，但它的左、右轮廓线 $c'c_1'$ 和 $d'd_1''$ 都是圆柱最后、最前素线 CC_1、DD_1 的侧面投影。

2）在圆柱表面上取点、取线

在圆柱表面上取点、取线，可利用圆柱表面对某投影面的积聚性来进行作图。如图 5-10a 所示，若已知圆柱表面上的点 A 和直线 BC、DE 的正面投影 a'、$b'c'$ 和 $d'e'$，即可求出其余两投影。注意：所求点、线的可见性，取决于该点、线所在圆柱表面的可见性。

【例 5-1-5】如图 5-10a 所示，已知圆柱表面上的点 A 和直线 BC、DE 的正面投影 a'、$b'c'$ 和 $d'e'$，求出其余两投影。

分析：因圆柱的轴线垂直于侧面，其侧面投影是一个有积聚性的圆周。

作图：如图 5-10b 所示，圆柱面上的点 A 和直线 BC、DE 的侧面投影都积聚在此圆周上，根据点的投影规律可求得 A 点的侧面投影 a'' 和直线 BC、DE 的侧面投影 b''（c''）和 d''（e''），然后求出 bc 和 de。根据 d''（e''）可知 de 不可见，用虚线画出。

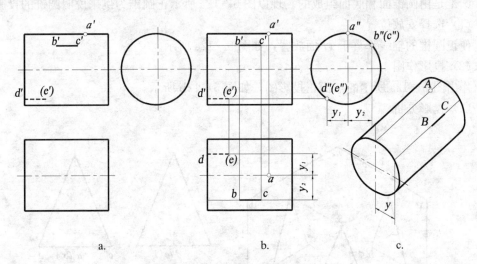

a.   b.   c.

图 5-10　圆柱表面上取点、取线

【例 5-1-6】如图 5-11a 所示，已知圆柱表面上的曲线 MN 的正面投影 $m'n'$，求其水平投影和侧面投影。

分析：根据题目所给的条件，MN 在前半个圆柱面上。因为 MN 为一曲线，故应求出 MN 上若干个点，其中转向线上的点——特殊点必须求出。

作图：（1）作特殊点 I、N 和端点 M 的水平投影 1、n、m 及侧面投影 $1''$、n''、m''，如图 5-11b 所示。

（2）作一般点Ⅱ的水平投影 2 和侧面投影 2″，如图 5-11c 所示。

判别可见性：侧视外形素线上的点 1″是侧面投影可见与不可见的分界点，其中 $m″1″$ 可见，$1″2″n″$ 不可见，将侧面投影连成光滑曲线 $m″1″2″n″$。

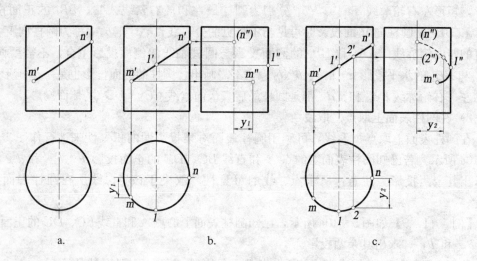

图 5-11　圆柱表面上取线

5.1.2.2　圆锥

1）圆锥的形成及投影

圆锥是由圆锥面和底面组成的。现以图 5-12a 所示正圆锥为例来说明圆锥的投影。

（1）选择安放位置。

使正圆锥的轴线垂直于 H 面放置，如图 5-12a 所示。

（2）投影作图。

作出图 5-12a 所示的三面正投影图，如图 5-12b 所示。

（3）投影分析。

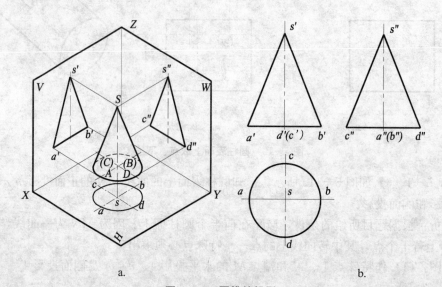

图 5-12　圆锥的投影

图 5−12b 所示为一轴线垂直于 H 面的正圆锥的三面投影图。圆锥的水平投影为一个圆,该圆反映圆锥底圆的实形,也是圆锥面的投影。圆锥的正面投影是一个等腰三角形,三角形的底边是圆锥底圆有积聚性的投影。三角形的左、右轮廓线 $s'a'$、$s'b'$ 分别为圆锥最左、最右素线 SA、SB 的正面投影。SA、SB 是圆锥向 V 面投影时可见与不可见的分界线。$s'a'$、$s'b'$ 称为圆锥向 V 面投影时的转向轮廓线。SA、SB 的侧面投影与圆锥的轴线重合,SA、SB 的水平投影与水平中心线重合,故均不需要画出。圆锥的侧面投影也是一个等腰三角形,它的左、右轮廓线分别是圆锥最后、最前素线 SC、SD 的侧面投影,SC、SD 是圆锥向 W 面投影时可见与不可见的分界线,$s''c''$、$s''d''$ 称为圆锥向 W 面投影时的转向轮廓线。

2) 圆锥表面上取点、取线

根据圆锥面的形成规律,在圆锥表面上取点有辅助直素线法和辅助纬圆法两种。

(1) 辅助直素线法(简称直素线法)。如图 5−13b 所示,已知圆锥面上 K 点的正面投影 k',求 K 点的水平投影 k。

作图:在圆锥面上过 K 点和锥顶 S 作辅助直素线 SM,如图 5−13a 所示;先作 $s'm'$,然后求出 sm,如图 5−13c 所示;再由 k' 作 k,即为所求,如图 5−13d 所示。

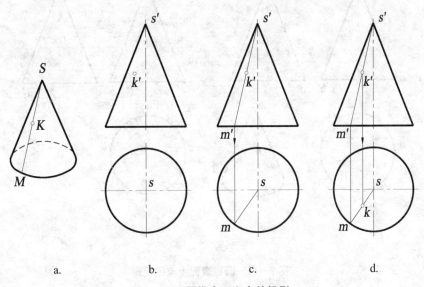

图 5−13 圆锥表面上点的投影

(2) 辅助纬圆法(简称纬圆法)。垂直于回转体轴线的圆称为纬圆。辅助纬圆法就是在圆锥表面上作垂直于圆锥轴线的圆,使此圆的一个投影反映圆的实形,而其他投影为直线。如图 5−14b 所示,已知圆锥表面上 K 点的正面投影 k',求 K 点的水平投影 k。

在圆锥表面上作一纬圆,如图 5−14a 所示。作图步骤如下:先过 k' 点作水平直线,如图 5−14c 所示;然后作圆的水平投影,如图 5−14d 所示;最后由 k' 作出 k,即为所求,如图 5−14e 所示。

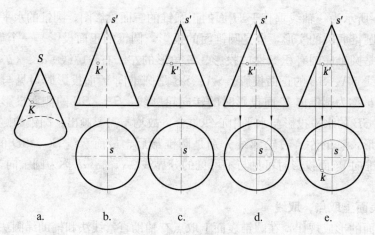

图 5-14　圆锥表面上点的投影

【例 5-1-7】如图 5-15a 所示，已知圆锥表面上点 K 的水平投影 k，求其余投影。

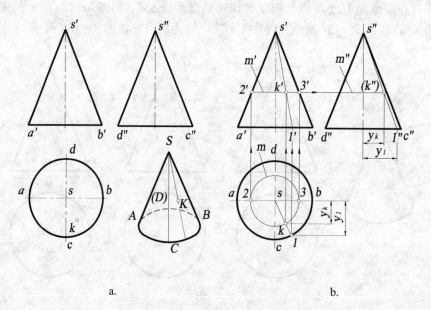

图 5-15　圆锥表面上点的投影

分析：根据题目所给的条件，点 K 在圆锥面上，且位于圆锥向 V 面投影时的转向轮廓线之前的右半部。

作图：求圆锥表面上点的基本方法有两种，一是直素线法；二是纬圆法。圆锥表面上的素线是过圆锥顶点的直线段，如图 5-15b 中的直线段 $S\text{I}$。圆锥表面上的纬圆是垂直于轴线的圆，纬圆的圆心在轴线上，如图 5-15b 中的圆 M。

作法一：以素线为辅助线。过 k 作 sk，延长与底圆交于 1，作出 $s'1'$、$s''1''$，即可求得 k'、k''。

作法二：以纬圆为辅助线。过 k 作纬圆 M 的水平投影 m（圆周），m 与转向轮廓线 SA、SB 的水平投影交于 2 和 3，再作出其正面投影 $2'$、$3'$，并连线，即可求得 k'。由 k 和 k' 求出 k''，如图 5-15b 所示。

判别可见性：因点 K 位于圆锥面的右前半部，故其正面投影 k' 可见，侧面投影 k'' 不可见。

5.1.2.3 圆球

1）圆球的形成及投影

圆球由圆球面所围成，如图 5-16a 所示。

图 5-16b 所示为一圆球的三面投影图。圆球的三面投影图均为大小相等的圆，这些圆的直径等于圆球的直径。这三个圆分别表示圆球对 V、H、W 面投影时的三条转向轮廓线。n 为圆球向 H 面投影时的转向轮廓线，n' 则为该线的正面投影，n'' 为该线的侧面投影，n' 和 n'' 均不需画出；m' 为圆球向 V 面投影时的转向轮廓线，m 则为该线的水平投影，m'' 为该线的侧面投影，m 和 m'' 均不需画出；l' 为圆球向 W 面投影时的转向轮廓线，l 则为该线的水平投影，l' 为该线的正面投影，l 和 l' 均不需画出。

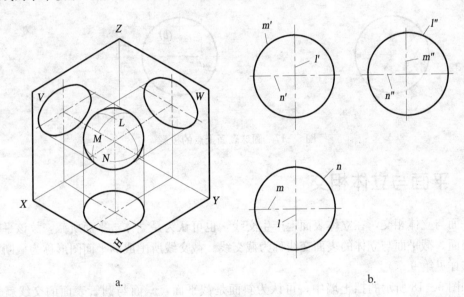

图 5-16 圆球的投影

2）圆球表面上取点、取线

求作圆球表面上的点、线，必须根据已知投影，分析该点在圆球表面所处的位置，再过该点在球面上作辅助线（正平圆、水平圆或侧平圆），以求得该点的其余投影。

【例 5-1-8】已知圆球表面上点 A 和点 B 的正面投影 a'、b'，如图 5-17a 所示，求其余投影。

分析：根据题目所给的条件，点 A 在圆球向 V 面投影时的转向轮廓线上，且位于圆球向 H 面投影时的转向轮廓线之上的左半部；点 B 位于圆球向 V 面投影时的转向轮廓线之后的右下部。

作图：如图 5-17b 所示。

（1）根据点、线的从属关系，在转向轮廓线的水平投影和侧面投影上分别求得 a 和 a''。

（2）过 b' 作正平圆的正面投影，与转向轮廓线的正面投影交于 $1'$。

（3）由 $1'$ 求得 1，过 1 作该正平圆的水平投影，求得 b。

（4）由 b'、b，求得 b''。

判别可见性：由于点 B 位于球面的下半部，b 不可见；又由于 B 位于球面的右半部，b'' 不可见。

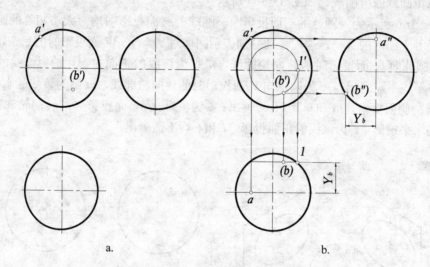

a.　　　　　　　　　　b.

图 5-17　圆球表面上点的投影

5.2　平面与立体相交

平面与立体相交，在立体表面上产生交线，也可认为是立体被平面所截，故该平面称为截平面。截平面与立体的表面交线称为截交线。截交线所围成的平面图形称为截断面或断面（详见第 9 章）。

如图 5-18 所示的挡土墙中，可认为斜面是截平面，斜面与圆管表面的交线就是截交线。

截交线具有各种不同的形式，但都具有下列两个基本性质：

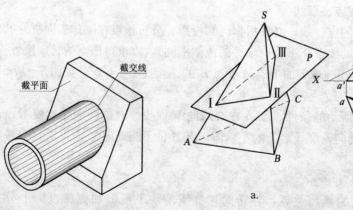

a.　　　　　　　　　　b.

图 5-18　截交线的工程实例　　图 5-19　平面立体的截交线

（1）立体表面占有一定的空间范围，因此截交线一般是封闭的平面图形。

（2）截交线是截平面与立体表面的共有线，截交线上的每一点都是截平面与立体表面的共有点。

根据上述性质，求截交线的问题可归结为求平面与立体表面共有点的问题。

求截平面与立体表面共有点的问题，实际上是求立体表面上的侧棱线（平面立体）、直素线或纬圆（曲面立体）等与截平面的交点。

下面分别介绍平面立体和曲面立体截交线的画法。

5.2.1 平面与平面立体相交

平面与平面立体相交，其截交线是平面多边形，如图 5－19a 中所示的 Ⅰ－Ⅱ－Ⅲ。多边形的各边为截平面 P 与三棱锥各棱面的交线，而多边形的顶点是截平面与三棱锥各棱线的交点。因此，求平面与平面立体上截交线的问题可归结为求平面立体侧棱或底边与截平面的交点问题，或求平面立体侧棱面或底面与截平面的交线问题。

截平面可以是一般位置平面，也可以是特殊位置平面。这里我们仅讨论特殊位置截平面与平面立体相交的问题。

当截平面处于特殊位置时，截平面具有积聚性的投影必然与截交线在该投影面上的投影重合，即截交线成为已知的投影，因此可以利用该已知的投影作出其他的投影。

【例 5－2－1】如图 5－19 所示，求作正垂面 P 与三棱锥的截交线。

作图：由于截平面 P 是正垂面，它的正面投影有积聚性，因此，截交线的正面投影积聚在 P 面上。此题主要是要作出截交线的水平投影，所以可利用正面投影的积聚性，直接求出三棱锥的棱线 SA、SB、SC 与截平面 P 的交点 Ⅰ、Ⅱ、Ⅲ 的正面投影 $1'$、$2'$、$3'$ 及其相应的水平投影 1、2、3，连接 1、2、3 即可得截交线的水平投影，如图 5－19b 所示。

判别可见性：求出截交线的投影后，还要判别可见性。若截交线所在立体的表面的投影可见，则截交线的投影可见，反之不可见。如图 5－19b 所示，截交线所在的三个棱面的水平投影均可见，所以截交线的水平投影也可见。

应当指出，截平面 P 是迹线面。在投影图上，迹线面被假定是透明的，所以截平面 P 的水平投影不会影响任何图线。

当立体连续被两个或两个以上的截平面截切时，可在立体上形成切口或穿孔。如图 5－21c 所示四棱台的切口，就是由两个截平面 P 和 Q 截切而成的。该切口是由两截交线组成的封闭图形，两截交线的交点Ⅸ、Ⅹ在两截平面的交线上，它们是两截平面和立体表面的三面共点，称为结合点。由此可知，切口的作图就是要先求各截平面与立体的截交线，然后求两截平面的交线，从而找出结合点，所以，求切口作图的实质也是求两表面共有线和共有点的问题。

【例 5－2－2】如图 5－20a 所示，求作切槽四棱台的两面投影。

分析：放置时使棱台的底面平行于水平面，前后棱面垂直于 W 面，这样，槽口的正面投影积聚成三直线段，如图 5－20b 所示。求作本题的关键是要利用槽口正面投影的积聚性作出槽口的水平投影，因此，若能作出槽口底面四个顶点 A、B、A_1、B_1 的水平投

影 a、b、a_1、b_1，则槽口的水平投影即可确定。

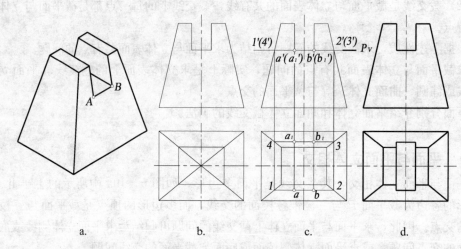

图 5-20　作切槽四棱台的两面投影

作图：利用槽口正面投影的积聚性，在正面投影图上过槽口底面四顶点 A、B、A_1、B_1 的正面投影 a'、b'、a_1'、b_1' 作辅助水平面 P，P 面与棱台的四棱线分别交于 $1'$、$2'$、$(3')$、$(4')$ 点，从而可求得相应的水平投影 1、2、3、4。由于 a'、b' 在直线 $1'2'$ 上，a_1'、b_1' 在直线 $3'4'$ 上，可由 a'、b'、a_1'、b_1' 求得 a、b、a_1、b_1，连接这四点即得槽口的水平投影 abb_1a_1，如图 5-20c 所示。最后再整理加深图线（注意加深上下表面和各棱面未被切掉的的轮廓线），如图 5-20d 所示。

【例 5-2-3】如图 5-21a 所示，求作切口四棱台的三面投影图。

分析：图 5-21a 所示四棱台的切口是由 P、Q 两平面截切而成的，其轴测图如图 5-21c 所示。由于截交线的正面投影具有积聚性，所以可利用正面投影的积聚性求出切口的水平投影和侧面投影。作图时，可先分别作出 P、Q 两截平面与棱台截切所得到的完整截交线 Ⅰ-Ⅱ-Ⅲ-Ⅳ 和 Ⅴ-Ⅵ-Ⅶ-Ⅷ，然后再求出 P、Q 两截平面的交线 Ⅸ Ⅹ 即可完成。

作图：如图 5-21b 所示。

（1）利用正面投影的积聚性，先求出四棱台四条棱线与截平面 P 的交点 Ⅰ、Ⅲ 的水平投影和 Ⅰ、Ⅱ、Ⅲ、Ⅳ 的侧面投影，再根据 Ⅱ、Ⅳ 的侧面投影确定它们的水平投影 2 和 4。用图 5-20c 所示的方法求出另一截交线的水平投影 5、6、7、8。

（2）在水平投影和侧面投影中找出两截平面交线 Ⅸ Ⅹ 的投影 9、10 和 $9'$、$(10')$。

（3）根据正面投影可确定切口的范围，Ⅲ 和 Ⅶ 两点只用作辅助作图，实际上并未切到，依次连接 Ⅰ-Ⅱ-Ⅸ-Ⅹ-Ⅳ-Ⅰ 以及 Ⅹ-Ⅷ-Ⅴ-Ⅵ-Ⅸ 各点，并判别可见性，即得切口的三面投影。然后再整理加深图线（注意加深上下表面轮廓线和各棱面未被切掉的棱线）。

应当指出，只有位于立体的同一棱面，同时又位于同一截平面上的点，才能相连。由于截交线是封闭图形，所以切口也是封闭的。

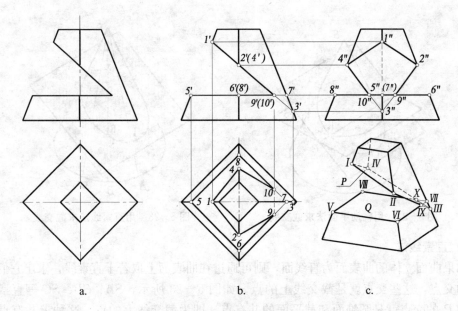

a.   b.   c.

图 5-21 平面立体的切口

5.2.2 平面与曲面立体相交

平面与曲面立体相交，在一般情况下，截交线为一封闭的平面曲线，也可以是由平面曲线和直线组成的封闭线框。

在作图时，只需要作出截交线上直线段的端点和曲线上的一系列点的投影，并连成直线和光滑曲线，便可得出截交线的投影。为了比较准确地得出截交线的投影，一般要求作出截交线上特殊点（如最高、最低点，最前、最后点，最左、最右点，可见与不可见的分界点）的投影。

截交线是曲面立体和截平面的共有点的集合，一般可用表面取点法求出截交线的共有点。用表面取点法求截交线共有点的方法主要有两种，辅助平面法和直素线法，下面将分别进行介绍。

1) 纬圆法

如图 5-22 所示，正圆锥被平面 P 切割，由于放置时正圆锥底面平行于水平面，故可以选用水平面 Q 作为辅助平面。这时，平面 Q 与圆锥面的交线 C 为一个圆（也称纬圆，这里是水平纬圆），平面 Q 与已知的截平面 P 的交线为一直线 AB。圆 C 和直线 AB 同在平面 Q 内，直线 AB 与纬圆交于 Ⅰ、Ⅱ 两点，该两点即为锥面和截平面的共有点，所以是截交线上的点。如果作一系列水平辅助面，便可以得到相应的一系列交点，将这一系列点连接成光滑曲线即为所求截交线。这种求共有点的方法又称为纬圆法。

由以上分析可知，选取辅助平面时应使它与曲面立体交线的投影为最简单而又易于绘制的直线或圆。因此，通常选取投影面的平行面或垂直面作为辅助平面。

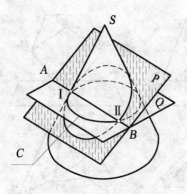

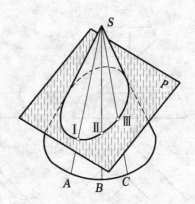

图 5-22　用辅助平面法求截交线　　　图 5-23　用直素线法求截交线

2）直素线法

如果曲面立体的曲表面为直线面，则可通过在曲表面上取若干直素线，求出它们与截平面的交点，这些交点就是截交线上的点。如图 5-23 所示，SA、SB、SC 等直素线与截平面 P 的交点就是圆锥面和截平面的共有点，即为截交线上的点。这种求共有点的方法称为直素线法。

如果曲面立体为回转体，则其截交线的求法比较简单。因为回转体是由直母线或曲母线回转而成的，所以求回转体的截交线时，可在回转体的表面作出纬圆（纬圆法）或直素线（直素线法）。下面分别研究平面与常见回转体的相交问题。

5.2.2.1　平面与圆柱相交

根据截平面与圆柱轴线的相对位置不同，圆柱面的截交线有三种情况，见表 5-1。

1）截平面平行于圆柱轴线的截交线

在表 5-1 中，当截平面平行于圆柱轴线时，截交线为平行的两直线，连同底面的交线为一矩形。因截平面与 V 面平行，所以截交线的正面投影反映矩形的实形，截交线的水平投影积聚成水平方向的直线，侧面投影积聚成铅垂方向的直线。

利用这一投影特性，可作圆柱面上切槽穿孔的投影图。

表 5-1　平面与圆柱的交线

轴测图		

续表 5－1

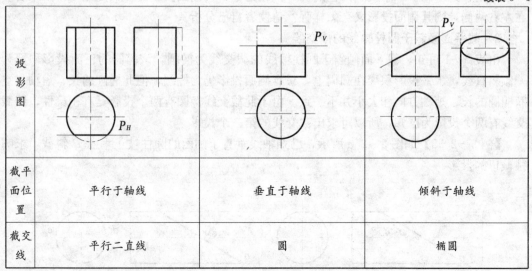

投影图	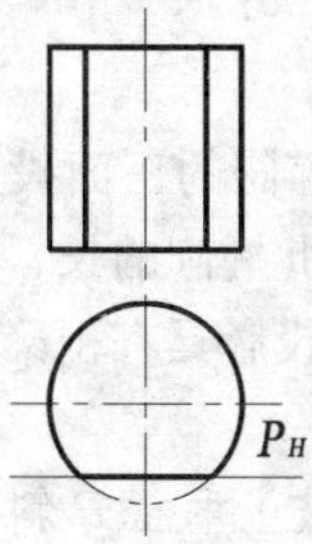	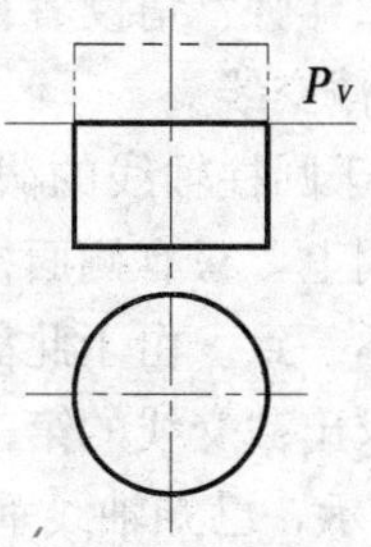	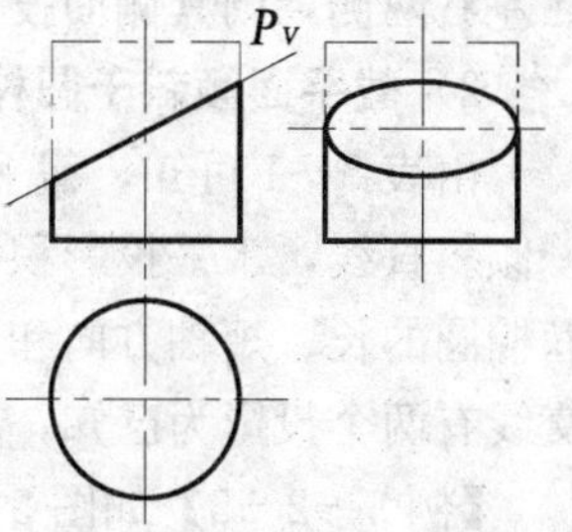
截平面位置	平行于轴线	垂直于轴线	倾斜于轴线
截交线	平行二直线	圆	椭圆

【例5－2－4】求作图5－24a所示的切槽圆柱的投影图。

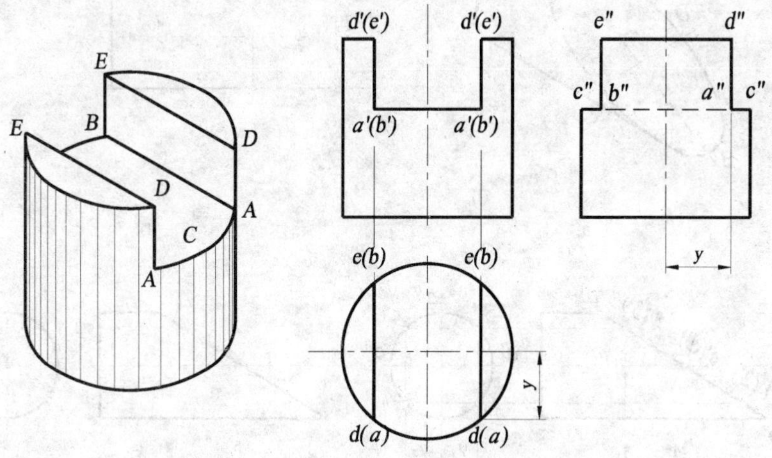

a. b.

图5－24 **圆柱切槽部位的截交线**

分析：圆柱的槽口可看作是被两个平行于轴线的平面和一个垂直于轴线的平面切割而成的，它们截圆柱面的截交线是四段直线和两段圆弧。

作图：如图5－24b所示，在摆放圆柱时，使槽口的两个侧面成为侧平面，底面成为水平面。

(1) 在正面投影中，槽口的投影积聚为三条直线。

(2) 在水平投影中，槽口的两侧面积聚为两条直线，槽底面为带两段圆弧的平面图形。

(3) 在侧面投影中，槽口的两壁为矩形的实形，槽底面积聚为带虚线的水平直线 $c''b''a''c''$，圆柱的侧视转向轮廓线的槽口部分已被切掉。直线 $c''b''$ 和 $a''c''$ 均为槽底面圆弧段的投影，$e''b''$ 和 $d''a''$ 的求法如图5－24b所示。

讨论：如果图 5－24 所示圆柱的切口不在正中，其侧面投影有什么变化呢？如果切口在左右两侧，则其侧面投影又会怎样呢？请读者自己分析。

2）截平面倾斜于圆柱轴线的截交线

由表 5－1 可知，截平面倾斜于圆柱轴线的截交线为椭圆。该椭圆的正面投影积聚为一倾斜直线，水平投影积聚在圆周上，只有侧面投影仍为椭圆，但此椭圆的长、短轴与空间椭圆的长、短轴方向和大小并不一致。由于此截交线椭圆有两个投影具有积聚性，即截交线有两个投影为已知，所以可求出截交线的第三个投影。

【例 5－2－5】 如图 5－25a 所示，已知轴线垂直于侧面的圆柱被正垂面 P 斜截，求圆柱截口的投影。

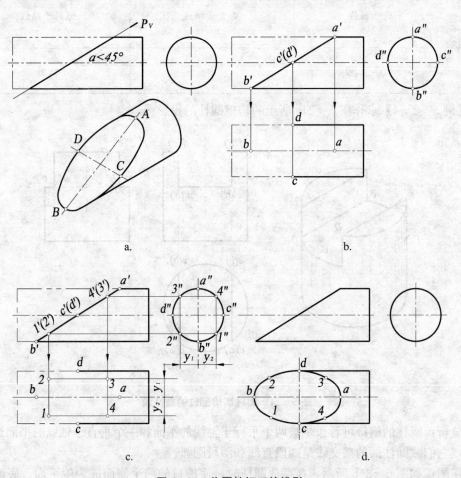

图 5－25　作圆柱切口的投影

分析：截平面 P 与圆柱的轴线倾斜，其切口为一椭圆，如图 5－25a 所示。因为截平面 P 是正垂面，所以椭圆的正面投影积聚在 P_V 上，椭圆的侧面投影积聚在圆周上，因此本题只需求出椭圆的水平投影。在一般情况下（即 P_V 与轴线的夹角 α 不等于 45°时），椭圆的水平投影仍为椭圆，但不是空间椭圆的实形。

作图：（1）求特殊点。椭圆长、短轴的端点都是特殊点。从图 5－25a 中可以看出截平面 P 与圆柱最高、最低素线的交点 A、B 就是椭圆长轴的端点。本例中 P 面与圆柱轴

线的夹角 α 小于 $45°$，长轴 AB 的水平投影 ab 仍为水平投影中椭圆的长轴。P 面与圆柱最前、最后素线的交点 C、D 是椭圆短轴的端点，短轴的长度等于圆柱的直径。CD 的水平投影 cd 仍为水平投影中椭圆的短轴。根据长、短轴的正面投影 $a'b'$、$c'd'$ 即可求得 ab、cd，如图 $5-25b$ 所示。

（2）求一般点。为了作图准确，还需要作出一定数量的一般点（通常要作出四个一般点）。如图 $5-25c$ 所示，在椭圆的正面投影中任取一点 $4'$，用图 $5-10$ 所示的方法可求得 $4''$ 和 4。用同样的方法可求得 1、2、3 各点，如图 $5-25c$ 所示。

（3）连点。如图 $5-25d$ 所示，将 1、b、2、d 等点依次光滑地连接起来即得椭圆的水平投影。本题的水平投影是椭圆，在求出长、短轴以后，也可直接利用第一章的四心圆法近似地画出椭圆。

有时一个圆柱有几条截交线，解题时，应首先分析它有哪几条截交线，各条截交线应采用什么方法绘制，然后再逐一作出。

【例 $5-2-6$】图 $5-26a$ 所示为有两条截交线的圆柱的两个投影，试完成其第三面投影。

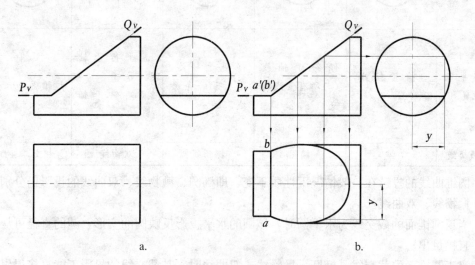

图 $5-26$　有两条截交线的圆柱

分析：由图 $5-26a$ 所示圆柱的正面投影和水平投影可以看出，该圆柱有两条截交线，一条是由于截平面 P 平行于圆柱轴线而产生的矩形截交线，另一条是由于截平面 Q 倾斜于圆柱轴线而产生的椭圆截交线。由于图示位置 P、Q 均为正垂面，所以两条截交线的正面投影和侧面投影都具有积聚性，只有水平投影分别反映出了两条截交线的特征。

作图：如图 $5-26b$ 所示，利用两条截交线正面和侧面投影的积聚性，根据点的投影规律可以作出两截交线的水平投影。注意在作图时不能漏掉两截平面 P、Q 的交线 AB。

5.2.2.2　平面与圆锥相交

根据平面与圆锥轴线的相对位置不同，截平面切割圆锥面的截交线有圆、椭圆、抛物线、双曲线和直线五种，除直线以外的其余四种均称为圆锥曲线，见表 $5-2$。

表5-2 平面与圆锥面的交线

轴测图	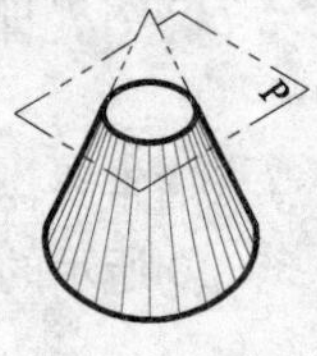	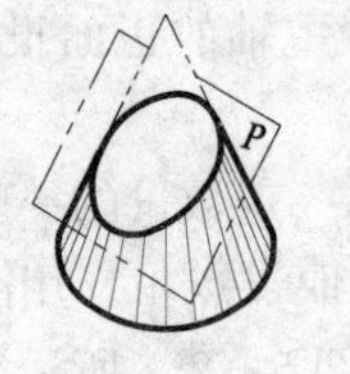	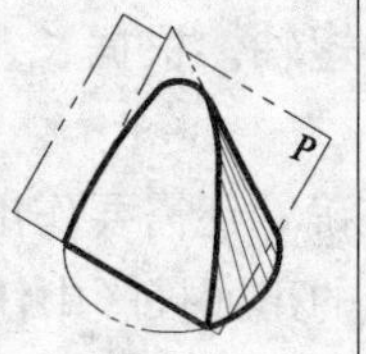	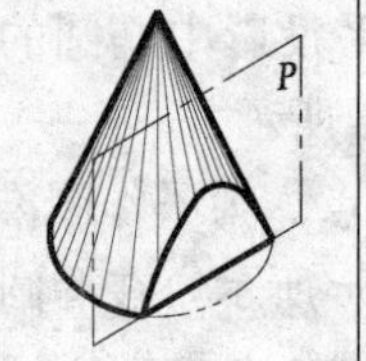	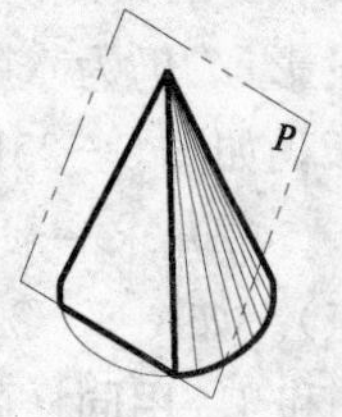
投影图	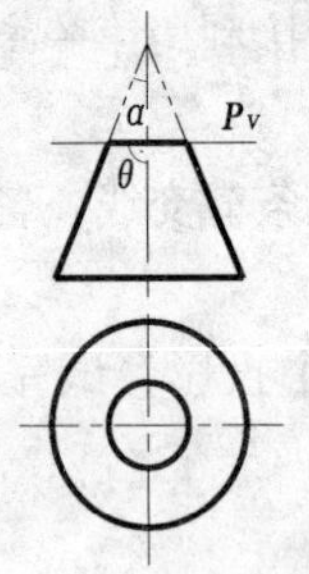	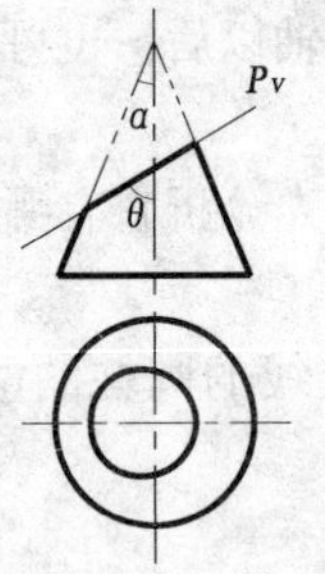	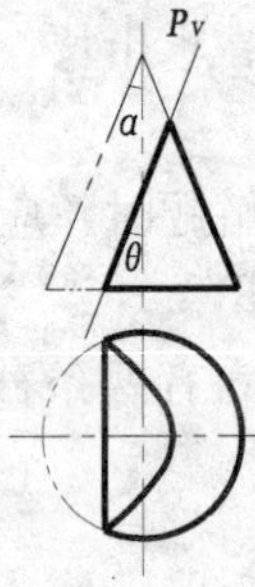	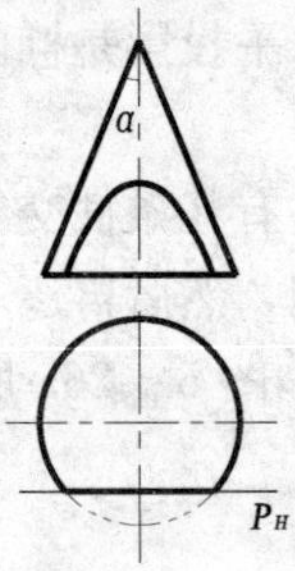	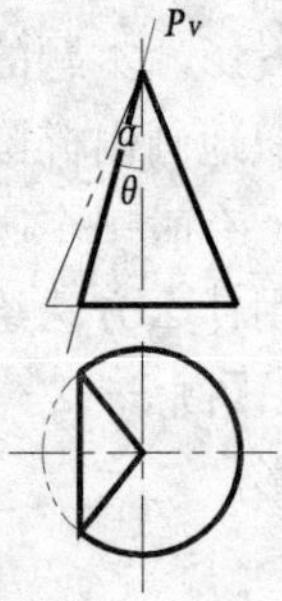
截平面位置	垂直于轴线，$\theta=90°$	倾斜于轴线（与所有素线相交），$\theta>\alpha$	倾斜于轴线，平行于一条素线，$\theta=\alpha$	1. 平行于轴线，$\theta=0°$ 2. 倾斜于轴线，$0<\theta<\alpha$	过锥顶，$\theta<\alpha$
截交线	圆	椭圆	抛物线	双曲线	相交二直线

圆锥曲线的投影在一般情况下性质不变，即椭圆、抛物线、双曲线的投影仍分别为椭圆、抛物线、双曲线。

当正圆锥面的截交线为水平圆时，该圆的水平投影反映圆的实形，圆的直径可从投影面中直接量出。

当正圆锥面的截交线是椭圆、抛物线、双曲线时，其截交线的投影不能直接得出。但作图时可以用表面取点法（直素线法或纬圆法）找出若干点的投影，然后依次光滑地连接这些点的同面投影，即可得所求截交线的投影。

【例5-2-7】如图5-27所示，已知斜截正圆锥的正面投影，试完成其水平投影。

分析：如图5-27a所示，圆锥被单一截平面P截切（$\theta>\alpha$），其截交线为椭圆。若圆锥按图位置放置，截平面P是正垂面，则截交线在正面上的投影有积聚性。因此，要作出椭圆截交线的水平投影（亦为椭圆），可首先求出该截交线上各点的水平投影，然后依次光滑连接即可完成。各点的求法详见图5-15。

作图：（1）求特殊点。如图5-27a所示，椭圆长、短轴的端点A、B、C、D都是特殊点。在图5-27b所示情况下，由于截平面P为正垂面，所以长轴AB平行于V面，$a'b'$是长轴反映AB实长的投影，a'、b'分别是最低点、最高点，也是正视转向轮廓线上的点；点A、B的水平投影a、b在底圆水平投影的中心线上。椭圆短轴上的C、D两端点在长轴AB中垂线上，由于椭圆在正投影面上积聚为一条线$a'b'$，所以椭圆短轴的正面

投影 c'（d'）一定是在长轴 AB 正面投影 $a'b'$ 的中点，如图 5－27c 所示。为此，过 C 作水平纬圆，其正面投影积聚为过 c' 所作的水平线段，根据投影规律作出此水平纬圆的水平投影，如图 5－27c 所示。椭圆短轴 C、D 两端点的水平投影 c、d 一定在此圆周上，如图 5－27d 所示。

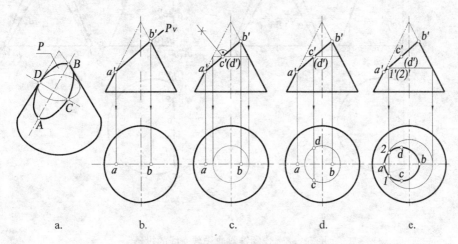

图 5－27　作圆锥椭圆截交线的投影

（2）求一般点。在 $a'b'$ 上任取一些点，然后用图 5－15 所示的方法作出这些点的水平投影，图 5－27e 表示出了其中 1、2 两点的作法。

（3）连点。用光滑曲线连接水平投影中的各点即得所求椭圆曲线。因圆锥面的水平投影全为可见，所以椭圆的水平投影可见。

【例 5－2－8】如图 5－28 所示，求圆锥被截切后的截交线。

分析：如图 5－28 所示，圆锥被平行于轴线的截平面截切（$\alpha > \theta \geqslant 0°$），其截交线为双曲线。若圆锥按图示放置位置，截平面为侧平面，只有侧面投影能反映双曲线的特征，其余投影均积聚成直线。因此，可利用在圆锥表面上取点的方法求出其侧面投影。

作图：（1）求特殊点。离圆锥顶最近的 C 点为最高点，离圆锥顶最远的点 A、B 为最低点。因为 C 点在最左素线上，A、B 两点在圆锥底面圆周上，故可由 c'、c 求出 c''，由 a'、b' 和 a、b 求出 a''、b''。

（2）求一般点。在最高和最低点之间求一般点，其方法是表面取点法（有纬圆法和直素线法）。

如图 5－28a 所示，用纬圆法求一般点的方法为：在 c' 和 a' 之间任作一水平纬圆，例如过 d' 作水平纬圆，此圆的水平投影必然与截平面的水平投影（积聚为直线 ab）交于 d、e 两点，然后根据投影规律，由 d'（e'）、d、e 求出 d''、e''。

如图 5－28b 所示是用直素线法求一般点 D、E 的方法，此法详见图 5－15。

从图 5－28 中可以看出，此题用纬圆法求截交线比直素线法简单、准确。

（3）连点。依次光滑地连接各点即可得所求双曲线。

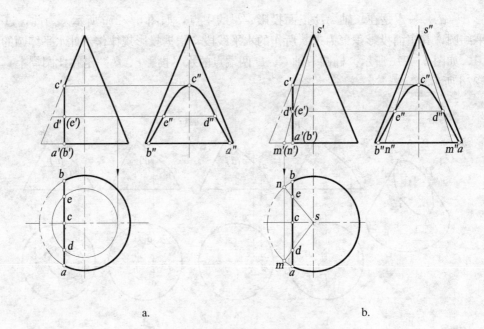

图 5-28　作圆锥双曲线截交线的投影

【例 5-2-9】根据图 5-29a 所给定的投影图，完成圆锥的水平投影和侧面投影。

分析：如图 5-29a 所示，圆锥被截平面 P、Q 截去其左上部分。截平面 P 过圆锥顶点，截交线是直线。截平面 Q 垂直于圆锥轴线，截交线是纬圆。

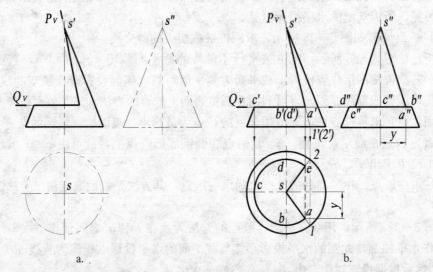

图 5-29　求圆锥表面上线段的投影

作图：如图 5-29b 所示。

（1）先作出 P 面与圆锥的截交线，将 P_V 延长交圆锥底圆于 $1'$、$(2')$，然后在水平投影的圆周上作出 1、2，连接 s、1 和 s、2 即得 P 面截交线的水平投影三角形 $s12$。

（2）作出 Q 面与圆锥的截交线，即纬圆的水平投影 ace。

（3）两截交线交于 ea，ea 即为 P、Q 两平面交线的水平投影（P、Q 截平面交线的水平投影的两个端点，就是两组截交线水平投影的交点）。*ea* 用虚线表示，*sa*、*se* 和 *ace* 均用粗实线画出，由此可得两条截交线的水平投影。

（4）用三等规律即可作出两截交线的侧面投影，如图 5－29b 所示。

5.2.2.3　平面与圆球相交

平面与圆球相交，无论平面与圆球的相对位置如何，其截交线都是圆。但由于截平面与投影面的相对位置不同，所得的截交线（圆）的投影可以是圆、椭圆或直线。

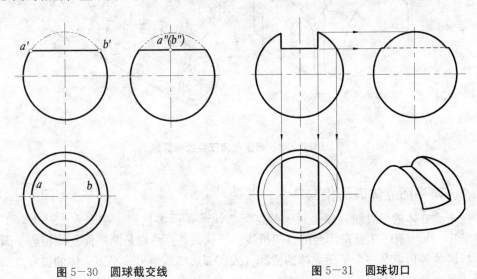

图 5－30　圆球截交线　　　　　　图 5－31　圆球切口

如图 5－30 所示，圆球被水平面所截切，其截交线为水平圆。该圆的正面投影和侧面投影均积聚成直线，其正面投影 $a'b'$ 的长度等于水平圆的直径，其水平投影反映圆的实形。截平面距球心越近，截交线圆的直径就越大。图 5－31 所示为切口圆球的三面投影图，该切口是由一个水平面和两个侧平面切割而成的。水平面切出的截交线的性质及其投影与图 5－30 相同，两个侧平面分别切出的截交线的正面投影和水平投影均为铅垂直线，而其侧面投影则为反映截交线实形的一段圆弧，其半径可从正面投影中求出。

5.3　立体与立体表面相交

两立体相交（亦称两立体相贯），它们的表面交线称为相贯线。图 5－32a 所示的相贯线是廊道主洞表面与支洞的表面相交而成的；图 5－32b 所示的相贯线是调压井与管道相交而成的。

两立体的形状和相对位置不同，其相贯线的形状也不同。图 5－32a 所示的相贯线为空间曲线，图 5－32b 所示的相贯线为平面曲线（椭圆）。但它们都具有以下两个共同特点：

（1）相贯线是两立体表面的共有线。

（2）相贯线在一般情况下都是封闭的。

立体可分为平面立体和曲面立体两大类，因此两立体表面相交有下列三种情况：

（1）两平面立体相交。

（2）平面立体与曲面立体相交。

（3）两曲面立体相交。

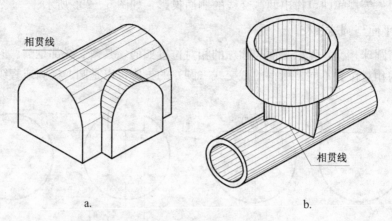

图 5-32　廊道和调压井的相贯线

5.3.1　两平面立体表面相交

两平面立体的相贯线一般是封闭的空间折线或平面多边形。在图 5-33 中，Ⅰ-Ⅱ-Ⅲ-Ⅳ-Ⅴ-Ⅵ-Ⅰ就是闭合的空间折线。折线的各直线段是两平面立体相应平面的交线，折线的各顶点是一个平面立体的棱线（或底面边线）与另一平面立体的贯穿点（直线与立体表面的共有点）。

求两平面立体相贯线的方法有两种：

（1）求出一平面立体上各平面与另一平面立体的截交线，组合起来，即可得到相贯线。

（2）求出一平面立体的所有棱线（或底面边线）与另一平面立体的表面交点（即贯穿点），并按空间关系依次连成相贯线。

连接共有点时要注意：只有既在甲立体的同一棱面上，同时又在乙立体的同一棱面上的两点才能相连；同一棱线上的两个贯穿点不能相连。

【例 5-3-1】如图 5-33 所示，已知四棱柱和四棱锥相交，求作相贯线。

分析：相贯线是两立体表面的共有线。求相贯线时，应首先弄清立体的空间位置。如图 5-33 所示，正四棱锥前、后、左、右均对称，正四棱柱左右对称。由于正四棱柱的四个棱面均垂直于 V 面，其正面投影具有积聚性，而正四棱柱与棱锥的棱线 SA、SC 不相交，因此，四棱柱是全部贯穿正四棱锥的，这种情况称为全贯。全贯一般有两个相贯口，本题就出现了前、后两个相贯口，前一个相贯口Ⅰ-Ⅱ-Ⅲ-Ⅳ-Ⅴ-Ⅵ-Ⅰ是正四棱柱四个棱面与正四棱锥的前两个棱面 SAB、SBC 相交所形成的交线，是一个闭合的空间折线，后一个相贯口与此相同。

作图：如图 5-33 所示。

（1）求正四棱柱四条棱线与正四棱锥的四个交点Ⅰ、Ⅲ、Ⅳ、Ⅵ。为此，包含Ⅰ、Ⅲ两棱线作水平辅助平面 P（投影图上为 P_v），包含Ⅳ、Ⅵ两棱线作水平辅助平面 Q（投影图上为 Q_v）。在水平投影中，两个水平辅助平面分别与四棱锥相交得两个矩形截交线，它们分别平行于相应的棱锥底边。正四棱柱的四条棱线与正四棱锥前两个棱面的交点的水平投影为 1、3、4、6。

（2）求出正四棱锥的棱线 SB 对棱柱顶面和底面的交点 Ⅱ（$2'$、2、$2''$）和 Ⅴ（$5'$、5、$5''$）。

（3）依次连接各交点即得相贯线。应该注意的是：因为相贯线上每一线段都是平面立体两棱面的交线，因此只有在甲立体（如图 5-33 中正四棱柱）的同一棱面上，同时又在乙立体（如图 5-33 中正四棱锥）的同一棱面上的两点才能相连。例如，Ⅰ 点与 Ⅱ 点可以相连，但 Ⅰ 点与 Ⅲ 点不能相连，而 Ⅱ 点和 Ⅴ 点在同一条棱线上，也不能相连。

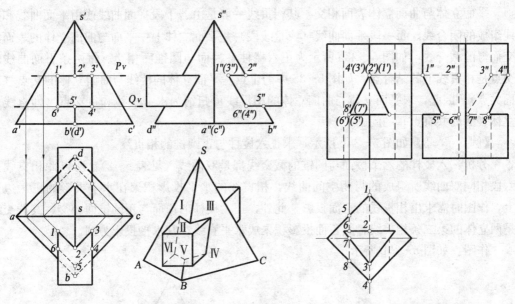

图 5-33　两平面立体相交　　　　　图 5-34　平面立体被穿孔

（4）判别可见性。其原则是：因为相贯线上每一线段都是两个平面的交线，所以只有当相交两平面的投影都可见时，其交线的相应投影才是可见的；只要其中有一个平面是不可见的，其交线的相应投影也就不可见。例如线段 Ⅴ Ⅵ 的水平投影 56，因为该线段是在正四棱柱不可见的底面上的，所以必须把其水平投影 56 画成虚线。

（5）由于相贯体被看作是一个整体，所以一立体各棱线穿入另一立体内部的部分，实际上是不存在的，在投影图中，这些线段不能画出。

（6）利用三等规律可作出相贯线的侧面投影 $1''2''$（$3''$）（$4''$）$5''6''$。

用同样的方法，可以作出正四棱柱和正四棱锥相交的后面的一条相贯线。

【例 5-3-2】如图 5-34 所示，已知立体的正面投影和水平投影，试补画其侧面投影。

分析：正四棱柱的内部被穿有两个相互垂直的三棱柱通孔，其中垂直的三棱柱通孔由两个铅垂面和一个正平面组成，水平的三棱柱通孔由两个正垂面和一个水平面组成。此题也可看作空心正四棱柱（三棱柱心）被水平三棱柱贯穿，求其侧面投影。

作图：如图 5-34 所示。

（1）根据正面和水平投影，按投影关系补画出空心正四棱柱的侧面投影。

（2）求穿孔的侧面投影。穿孔问题可以用平面与立体相交求截交线的方法来解决。若把穿孔当作一空心三棱柱看待，则三棱面之间的交线就可以看作是该三棱柱的棱线，这样，就可采用前例的方法求穿孔的侧面投影。假设水平三棱柱孔左边的棱线与四棱柱左侧内外各表面的交点的水平投影为 5、6、7、8，则可根据投影关系求出其对应的侧面投影 $5''$、$6''$、$7''$、$8''$。同法，可求得另一棱线与四棱柱内外各表面的交点的侧面投影 $1''$、$2''$、$3''$、$4''$。按前例的方法连接各点即得穿孔的侧面投影（连线时要注意分清虚线和实线）。

5.3.2　平面立体与曲面立体表面相交

平面立体与曲面立体表面相交，其相贯线一般是由若干段平面曲线或由平面曲线和直线组成的闭合线。每一段平面曲线（或直线段）是平面立体上一平面与曲面立体的表面相交而得的截交线，如图 5-35a 所示为正六棱柱各棱面与圆锥面相交。每两条平面曲线的交点是相贯线上的结合点，如图 5-35 中的Ⅰ点是平面立体的棱线与曲面立体的交点（三面共点）。因此，求平面立体与曲面立体的相贯线可归纳为求截交线和贯穿点（即直线与立体表面的共有点）的问题。

【例5-3-3】如图 5-35b 所示，求正六棱柱与正圆锥的相贯线。

分析：六棱柱的六个棱面与圆锥的截交线都是双曲线（见表 5-2），所以此相贯线是六段相同双曲线所组成的封闭空间曲线，相贯线的水平投影积聚在水平投影的正六边形上，作图时需求出相贯线的正面投影。此外，正六棱柱的顶面与正圆锥面相交，其截交线是两立体的第二条相贯线，其正面投影积聚成水平直线，其水平投影为圆。

作图：如图 5-35b 所示。

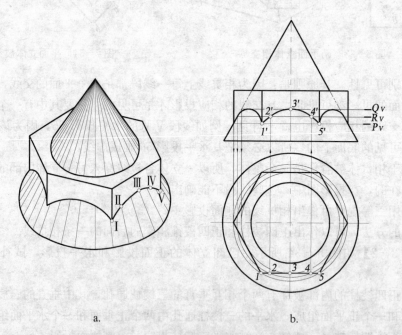

图 5-35　平面立体与曲面立体表面相交

（1）在水平投影中找出相贯线的范围：最大范围是六边形的外接圆，最小范围是六边形的内切圆。在正面投影中作出对应于外接圆的水平辅助面 P 的位置 P_V，由 P_V 可求出 $1'$、$5'$ 等六个共有点，这些点也是双曲线的最低点。

（2）在正面投影中作出对应于内切圆的水平面 Q 的位置 Q_V 而得双曲线的最高点 $3'$ 等点。

（3）在 P 面和 Q 面之间，再适当地作一些辅助水平面，以便求出部分一般点。例如作辅助水平面 R，求得 $2'$、$4'$ 等点。

（4）依次光滑地连接各点的正面投影，即得所求相贯线的正面投影。

5.3.3　两曲面立体表面相交

两曲面立体的相贯线，在一般情况下是封闭的空间曲线，在特殊情况下可能是平面曲线或直线。相贯线上的点是两曲面立体表面上的共有点。求作相贯线的投影，首先要作出两曲面立体上一系列共有点的投影，然后将其依次连接成光滑曲线，并判别其可见与不可见部分。常用的求两曲面立体共有点的方法有：表面取点法（利用曲面立体表面投影的积聚性）和辅助面法（辅助平面法和辅助球面法）。

5.3.3.1　表面取点法

两曲面立体相交，如果其中一立体的表面有一个投影有积聚性，这就表明相贯线的这个投影为已知，可以利用曲面上点的一个投影，通过作辅助线求其余投影的方法，找出相贯线上各点的其余投影。如果有两个投影具有积聚性，即相贯线的两个投影为已知，则可利用已知点的二面投影求第三投影的方法，求出相贯线上点的第三投影。

【例 5-3-4】求如图 5-36 所示两圆柱的相贯线。

分析：大小两圆柱的轴线垂直相交。小圆柱的所有素线都与大圆柱的表面相交，相贯线是一封闭的空间曲线。小圆柱的轴线是铅垂线，该圆柱面的水平投影积聚为圆，相贯线的水平投影积聚在此圆周上，相贯线的侧面投影积聚在大圆柱侧面投影的圆周上，但不是整个圆周而是两圆柱投影的重叠部分，即 $2''\sim4''$ 的一段圆弧（见图 5-37）。由此可知，该相贯线上各点的两个投影已知，只需求出相贯线的正面投影。又因两圆柱前后对称，相贯线也前后对称，故相贯线的后半部分被完全遮住了，只需画出相贯线正面投影的可见部分。

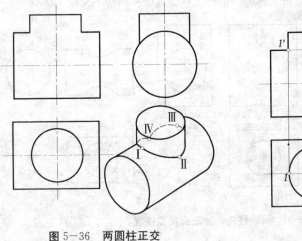

图 5-36　两圆柱正交　　　　　　　　　图 5-37　求特殊点

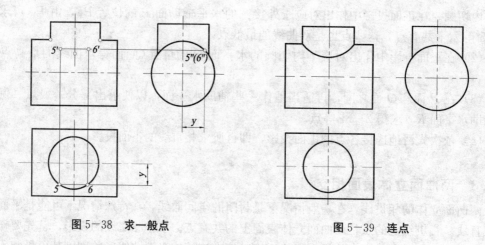

图 5-38　求一般点　　　　　　　　　图 5-39　连点

作图：（1）求特殊点。如图 5-37 所示，相贯线的特殊点是指相贯线上的最高、最低、最前、最后、最左、最右点以及可见与不可见的分界点。这些特殊点一般为一曲面立体各视向的转向轮廓线与另一曲面立体的贯穿点。若两曲面立体的轴线相交，则它们某视向的转向轮廓线的交点就是特殊点。在本图中，两圆柱正视转向轮廓线的交点Ⅰ、Ⅲ是相贯线的最左、最右点，也是最高点；小圆柱的侧视转向轮廓线与大圆柱的交点Ⅱ、Ⅳ就是最前、最后点，也是最低点。由于相贯线有两个投影已知，所以Ⅰ、Ⅲ、Ⅱ、Ⅳ四点的水平投影和侧面投影均为已知，由此可以求出它们的正面投影 1′、3′、2′、（4′）。

（2）求一般点。如图 5-38 所示，根据作图的需要，可求出适当数量的一般点，在侧面投影 2″~1″的一段圆弧上，任取其中一点 5″（6″），即可求出它们的水平投影 5、6，最后求出 5′和 6′。

（3）连点。如图 5-39 所示，根据水平投影上各点在小圆柱上的位置，依次光滑地连接各点即得相贯线的正面投影。

两圆柱相交表面所产生的相贯线，可能是两外表面相交，也可能是两内表面相交，或外表面与内表面相交。

图 5-40a 所示为两圆柱相交所产生的外相贯线；图 5-40b 所示为两圆柱孔相交所产生的内相贯线；图 5-40c 所示为圆柱和圆柱孔相交，属外表面与内表面相交，产生了外相贯线。

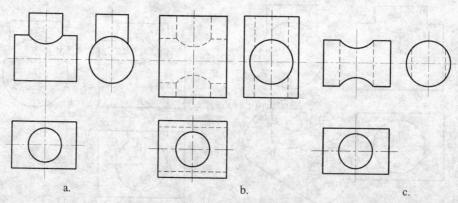

a.　　　　　　　　　　　　b.　　　　　　　　　　　　c.

图 5-40　两圆柱内、外表面相交情况

对于上述三种情况的相贯线，由于相交的基本性质（表面形状、直径大小、轴线的相对位置与投影面的相对位置）不变，所以每个图中相贯线的形状和特点都相同，其作图方法也相同。

【例5-3-5】求廊道主洞和支洞的相贯线。

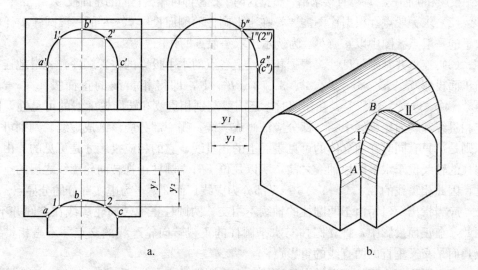

图5-41 求廊道的相贯线

作图：图5-41所示为廊道的主洞和支洞相交的单线图，其实质是求两轴线正交而直径不同的两半圆柱面与廊道侧面的交线，如图5-41b所示。相贯线的正面投影和侧面投影均有积聚性，故只需按与前例相同的作图方法求出相贯线的水平投影即可，如图5-41a所示。

【例5-3-6】求轴线交叉垂直的两圆柱的相贯线，如图5-42a所示。

分析：如图5-42a所示，两圆柱相互贯穿（这种情况称为互贯），它们的轴线交叉垂直，且水平圆柱为半圆柱，所以，其相贯线是一条不封闭的空间曲线。由于相贯线的水平投影和侧面投影均具有积聚性，故只需求出相贯线的正面投影。

作图：如图5-42b所示。

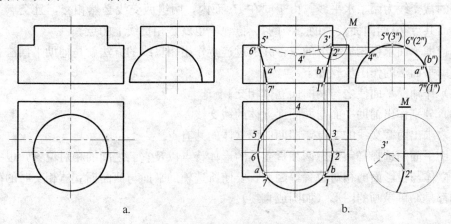

图5-42 求偏交两圆柱的相贯线

(1) 求特殊点。水平圆柱正视转向轮廓线与直立圆柱的交点Ⅲ、Ⅴ为相贯线上的最高点；直立圆柱的正视转向轮廓线与水平圆柱的交点Ⅱ、Ⅵ是最右、最左点，也是相贯线正面投影可见与不可见的分界点；水平圆柱前面的俯视转向轮廓线与直立圆柱的交点Ⅶ、Ⅰ为相贯线上的最低点和最前点；直立圆柱侧视转向轮廓线与水平圆柱的交点Ⅳ是相贯线上的最后点。这些点的水平投影和侧面投影均可直接求出，根据这两个投影即可作出它们的正面投影。

(2) 求一般点。根据作图需要，在水平圆柱的侧面投影 $7''\sim6''$ 的一段圆弧上任作适当数量的一般点。图中以 $a''(b'')$ 为例示出求一般点的作图方法。

(3) 连点并判别可见性。根据相贯线上各点的水平投影的位置顺序，光滑地连接各点的正面投影 $7'$、a'、$6'$、$5'$、$4'$、$3'$、$2'$、b'、$1'$，即得相贯线的正面投影 $7'-a'-6'-5'-4'-3'-2'-b'-1'$。在作图时，还需要判别相贯线和转向轮廓线的可见性，以便决定相贯线和转向轮廓线中哪一部分应该画成实线，哪一部分应该画成虚线。判别可见性的原则是：只有同时在两立体的可见表面上的相贯线，它的相应投影才是可见的。由于直立圆柱的轴线位于水平圆柱轴线之前，所以凡位于直立圆柱正视转向轮廓线之后的点均不可见，因此相贯线的 $2'-3'-4'-5'-6'$ 部分为虚线，而 $2'$、$6'$ 为虚实部分的分界点。

应当指出：(1) 由于两圆柱的轴线不相交，两圆柱正视转向轮廓线在空间并不相交。因此，在正面投影中，直立圆柱与水平圆柱的正视转向轮廓线的交点并不是相贯线上的点，而是交叉垂直的两直线的重影点。

(2) 因为直立圆柱正视转向轮廓线与水平圆柱的交点为Ⅱ、Ⅵ，所以，直立圆柱正视转向轮廓线应画到 $2'$、$6'$ 两点，并在该两点与相贯线相切，均为可见，应画成粗实线。水平圆柱转向轮廓线应画到 $3'$、$5'$ 两点，但其中位于直立圆柱正视转向轮廓线间的部分为不可见，应画成虚线，详见图 5－42 中右下角圆圈部分的局部放大图 M。

5.3.3.2　辅助平面法

在第三章中研究过用三面共点原理求两平面共有点的方法。求两曲面立体的共有点，也可根据三面共点的原理，用作辅助平面的方法求得。

如图 5－43a 所示，圆柱与圆台相交，求其相贯线。

如图 5－43b 所示，圆台轴线垂直于 H 面，为求两曲面立体的相贯线，用垂直于圆台轴线的辅助平面 P_2 切割这两个立体。P_2 切割圆台所得的截交线为一个水平纬圆，切割圆柱所得的截交线为两条水平线。由于同在 P_2 面内，两组截交线必然相交，且交点Ⅴ、Ⅵ为"三面共点"（两曲面及辅助平面的共有点），也就是相贯线上的点。

用辅助平面求得相贯线上的点，并通过连点作出相贯线的方法就是辅助平面法。

辅助平面法的作图步骤如下：

(1) 作辅助平面使之与两曲面立体相交。

(2) 分别作出辅助平面与两曲面立体的截交线。

(3) 求出两截交线的交点，即两曲面立体的共有点。

辅助平面的选择必须考虑两相贯立体的形体特点以及它们之间的相对位置，也要考虑两相贯立体与投影面的相对位置等因素，要使所选辅助平面与两曲面立体相交时的截交线的投影都是简单易画的图形（如圆或直线）。

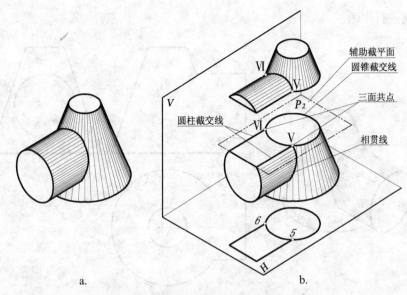

图 5-43 用辅助平面法求相贯线的原理

当圆柱与圆锥相交,且轴线相互平行时(见图 5-44a),可选用水平面为辅助平面,如图 5-44b 所示。因为两截交线都是水平圆,其水平投影仍为圆,该两圆的交点 Ⅰ、Ⅱ就是相贯线上的点,易于在投影图上确定它们。

由于圆锥和圆柱都是直线面,故也可以采用过锥顶 S 的铅垂面作辅助平面,如图 5-44c 所示。辅助平面与圆锥面的交线为 SD,与圆柱面的交线为 AB,在正面投影中,很容易确定此两直线的交点 Ⅲ 的投影。

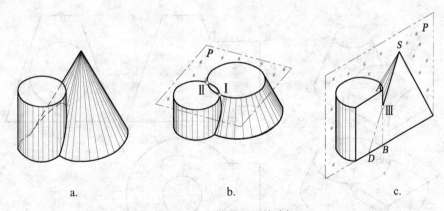

图 5-44 辅助平面的选择

【例 5-3-7】求圆柱和圆台的相贯线,如图 5-45 所示。

分析:从图 5-45 中可以看出,圆柱与圆台前后对称,整个圆柱与圆台的左侧相交,相贯线是一条闭合的空间曲线。因为圆柱的侧面投影有积聚性,所以相贯线的侧面投影积聚在圆柱的侧面投影轮廓圆上;又因为相贯线前后对称,所以相贯线的正面投影前后重影,为一段曲线弧;相贯线的水平投影为一闭合的曲线,其中处在上半圆柱面上的一段曲线可见(画实线),处在下半圆柱面上的一段曲线不可见(画虚线)。此题适于用水平面作为辅助平面进行作图。

图 5-45　圆柱与圆台的相贯线

作图：（1）求特殊点。如图 5-46 所示，过圆柱轴线作水平面 P_1，P_1 与圆柱面交出两条素线（水平投影为转向轮廓线），与圆锥面交出一个水平圆，作出该圆的水平投影并找到转向轮廓线与圆的交点 1 和 2，然后通过投影联系线在 P_{1V} 上找到 $1'$ 和 $2'$（相贯线上的最前点和最后点）。因为相贯线前后对称，相贯线的正面投影前后重合，所以圆柱与圆锥正面转向轮廓线的交点 $3'$ 和 $4'$ 即是相贯线前后两部分的分界点（也是相贯线上的最高点和最低点），通过投影联系线在横向中心线上找到它们的水平投影 3 和（4）。

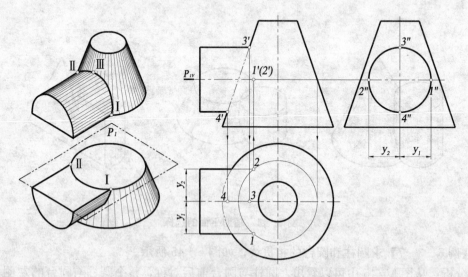

图 5-46　圆柱与圆台的相贯线（求特殊点）

（2）求一般点。如图 5-47 所示，在适当的位置上作水平辅助面 P_2 和 P_3（图中 P_2 和 P_3 到 P_1 的距离相等），重复上面作图可求出一般点的水平投影 5、6 和 7、8 以及正面投影 $5'$、$6'$ 和 $7'$、$8'$。

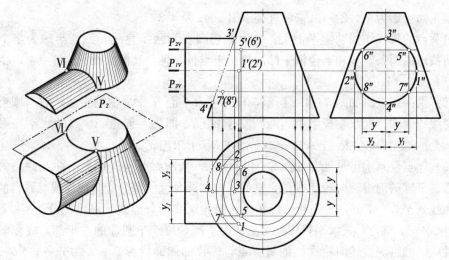

图 5-47 圆柱与圆台的相贯线（求一般点）

（3）连点及判别可见性。如图 5-48 所示，依次连接各点的同面投影：正面投影 3′5′ 1′7′4′一段和 3′（6′）（2′）（8′）4′一段重合，可见，相贯线画粗实线；水平投影 15362 一段可见，画粗实线，1（7）（4）（8）2 一段不可见，画虚线；最后，完成圆柱水平投影的轮廓线到 1、2 两点。

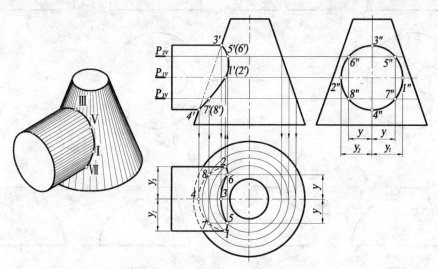

图 5-48 圆柱与圆台的相贯线（连点）

【例 5-3-8】如图 5-49a 所示，求圆台与半球的相贯线。

分析：由于圆台面与半球表面的投影均无积聚性，需选用适当的辅助平面求出若干共有点，即完成相贯线的三面投影。

对于半球，任何投影面平行面均可作为辅助平面；对于圆台，因其轴线垂直于水平面，故宜选择水平面或包含圆台轴线的正平面和侧平面作为辅助平面。

作图：如图 5-49 所示。

（1）求特殊点。如图 5-49b 所示，过半球的球心作辅助正平面 P，P 面截切圆台为两条直线，截切半球为半个正平纬圆，所截出的两条直线和半个正平纬圆相交于点Ⅰ、

Ⅱ，其正面投影为 $1'$、$2'$，由它可直接求出 1、2 及 $1''2''$。

过圆台的轴线作辅助侧平面 Q，Q 面截切圆台为两条直线，截切半球为半个侧平纬圆，所截出的两条直线和半个侧平纬圆相交于点Ⅲ、Ⅳ，其侧面投影为 $3''$、$4''$，由它可求出 $3'$、$4'$ 及 3、4。

(2) 求一般点。如图 5-49c 所示，任作一水平面 R 作为辅助平面，它与圆台、半球的截交线均为圆。在水平投影中，两圆交于 a、b，即为一般点 A、B 的水平投影。由于 A、B 属于 R，故可在 R_V 上求出 a'、b'，在 R_W 上求出 a''、b''。

(3) 连点及判别可见性。如图 5-49d 所示，依次将各点连成光滑曲线并完善外形线的投影。半球的侧视转向轮廓线是完整的，但被圆台遮挡部分应画成虚线。圆台的侧视转向轮廓线画至 $3''$、$4''$ 处。正面投影以正视转向轮廓线为分界线，可见部分 $1'a'3'2'$ 与不可见部分 $2'4'b'1'$ 重合，其水平投影均可见。由于圆台位于半圆球的左半部，故侧面投影的可见性应以圆台侧视转向轮廓线的贯穿点Ⅲ、Ⅳ的侧面投影 $3''$、$4''$ 为分界，$4''b''1''a''3''$ 可见，$3''2''4''$ 不可见。

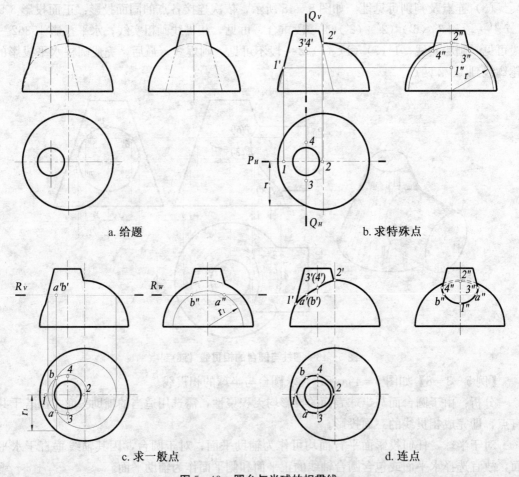

a. 给题   b. 求特殊点

c. 求一般点   d. 连点

图 5-49 圆台与半球的相贯线

综上所述，用辅助平面法求两曲面立体相贯线的一般解题步骤为：

(1) 分析问题。

分析两立体的表面性质，例如直线面或回转面等。

分析两立体的相互位置，如两回转体的轴线是互相平行、相交或交叉。

分析两立体与投影面的相对位置，特别是回转体的轴线与投影面的相对位置。

（2）选择辅助平面。

选择辅助平面应注意选择的原则，有时同一题可选择不同的辅助平面来解题，如图5-44所示。

（3）求相贯线上的点。

求相贯线上的点时，应先作出特殊点，如最高、最低、最左、最右、最前、最后点以及可见与不可见的分界点等，这些点一般位于各视图的转向轮廓线上。

（4）连点和判别可见性。

连点的原则：只有在两立体表面上处于相邻两素线间的共有点才能相连。要连某视图上相贯线的点时，应从有积聚性的投影中看出相邻两素线的点的位置，如图5-42b中的1、b、2、3等都属相邻两素线的点。连出的相贯线一定是两立体表面的共有线。

判别可见性的原则：只有当相贯线同时位于甲、乙两立体的可见表面时，其相应的投影才可见。

综上所述，求两曲面立体相贯线上点的方法有表面取点法和辅助平面法。表面取点法仅适用于可以利用曲面立体的积聚性时，辅助平面法不仅适用于求一般曲面立体的相贯线，而且还可代替表面取点法求相贯线。由此可知，辅助平面法的应用更广泛。

用辅助平面法求相贯线的关键是如何选择辅助平面，其原则是使辅助平面与两已知曲面所形成的截交线的投影是简单易画的圆或直线。为此，对于圆柱体，一般采用平行或垂直于圆柱轴线的辅助平面；对于圆锥体，一般采用垂直于圆锥轴线或过锥顶的辅助平面；对于球体，一般采用平行于投影面的辅助平面。当相交两立体均为回转体，它们的轴线相交且同时平行于某一投影面时，可选用球面作为辅助平面，该内容在本书中不作介绍，若有需要，可参见其他相关书籍。

5.3.3.3　两曲面立体相贯线的特殊情况

1）相贯线是直线

（1）两圆柱的轴线平行，相贯线是直线，如图5-50所示。

（2）两圆锥共顶时，相贯线是直线，如图5-51所示。

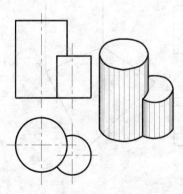

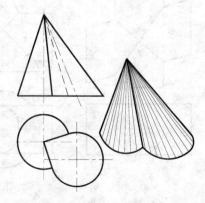

图5-50　相交两圆柱其轴线平行　　　　图5-51　相交两圆锥共顶

2）相贯线是平面曲线

（1）同轴回转体相贯时，其相贯线为圆。如图 5-52 所示为圆柱与圆锥相贯，其相贯线为圆，圆的正面投影积聚成一直线，水平投影在圆柱的水平投影上。

（2）当相交两立体的表面为二次曲面（如圆柱面、圆锥面等）且公切于同一球面时，其相贯线为两个椭圆。若曲线所在平面与投影面垂直，则在该投影面上的投影为一直线段，如图 5-53、图 5-54 所示。

当轴线相交的两圆柱的直径相等，两圆柱公切于同一球面时，其相贯线是两椭圆。轴线正交时相贯线是大小相等的两椭圆，如图 5-53a 所示；轴线斜交时相贯线是大小不等的两椭圆，如图 5-54a 所示。

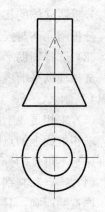

图 5-52 同轴回转体

当圆锥与圆柱公切于同一球面，它们的轴线正交时相贯线是大小相等的两椭圆，如图 5-54b 所示，斜交时相贯线是大小不等的两椭圆或一个椭圆，如图 5-54c 所示。

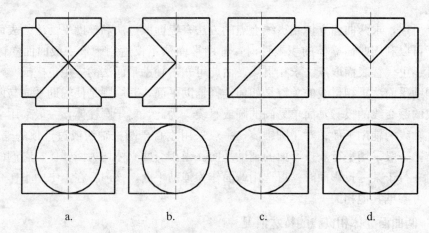

图 5-53 外切于同一球面的圆柱与圆柱相交

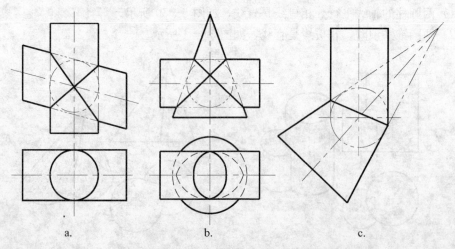

图 5-54 外切于同一球面的圆柱与圆柱、圆锥与圆柱相交

5.3.3.4 影响相贯线形状的各种因素

影响相贯线形状的因素有：两曲面立体的形状、两曲面立体的相互关系及尺寸大小。相贯线投影的形状还与两立体对投影面的相对位置有关。

（1）两立体的形状及相对位置对相贯线形状的影响。

图 5—55a、b 所示都是圆柱与圆台相交，但前者是轴线正交，后者是轴线斜交；图 5—55c 所示是轴线交叉垂直的两圆柱相交。读者可以自行分析图 5—55 中各图的相贯线的情况。

（2）在两立体的形状和相对位置都相同时，它们的尺寸大小对相贯线的形状也有影响。

图 5—56 中各图都是轴线正交的两圆柱相交，由于两立体直径大小的相对变化，它们的相贯线的形状就各不相同。如图 5—56a、b、c 所示，三个图中相贯线的正面投影各不相同：a 图为上、下两条曲线；b 图为相交且等长的两条直线；c 图为左、右两条曲线。图 5—56a、c 都是小圆柱的素线全部与大圆柱表面相交，而大圆柱只有一部分素线与小圆柱表面相交，所以如图 5—56 所示直径不等的两个圆柱相交时，其相贯线的正面投影一定是小圆柱被分成两段，而大圆柱还有部分素线相连，这时相贯线的正面投影向大圆柱的轴线弯曲。

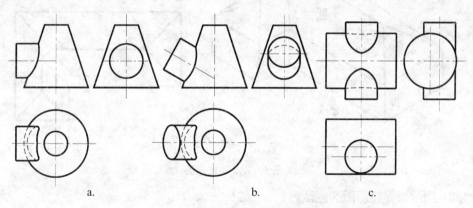

a.　　　　　　　　b.　　　　　　　　c.

图 5—55　两立体的形状及其相对位置对相贯线形状的影响

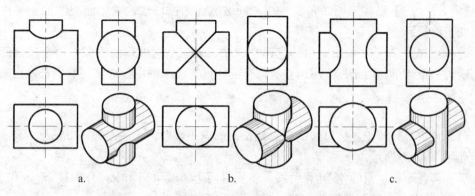

a.　　　　　　　　b.　　　　　　　　c.

图 5—56　两立体尺寸变化对相贯线形状的影响

5.3.4 同坡屋面的交线

同一屋面的各个坡面常做成对水平面的倾角都相同，所以称为同坡屋面，如图 5-57 所示。从图 5-57a 中可以看出，该屋面由屋脊、斜脊、檐口线和斜沟等组成。

5.3.4.1 同坡屋面

(1) 当前后檐口线平行且在同一水平面内时，前后坡面必然相交成水平的屋脊线，屋脊线的水平投影与两檐口线的水平投影平行且等距。

(2) 檐口线相交的相邻两坡面，若为凸墙角，则其交线为一斜脊线；若为凹墙角，则为斜沟线。斜脊或斜沟的水平投影均为两檐口线夹角的平分角线。建筑物的墙角多为 90°，所以，斜脊和斜沟的水平投影均为 45°斜线，如图 5-57b 所示。

(3) 如果两斜脊或一斜脊和一斜沟交于一点，则必有另一条屋脊线通过该点，此点就是三个相邻屋面的共有点，如图 5-57b 所示。

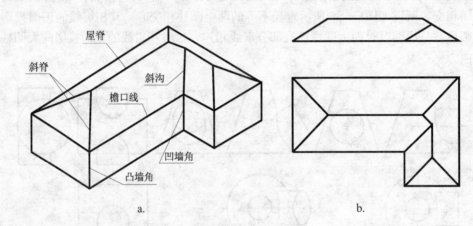

a.   b.

图 5-57 同坡屋面

5.3.4.2 同坡屋面投影图的画法

根据上述同坡屋面的特点，可以作出同坡屋面的投影图。

【例 5-3-9】已知屋面倾角 $\alpha = 30°$和同坡屋面的檐口线，求屋面交线的水平投影和屋面的正面投影。

分析：如图 5-58a 所示，屋顶是由小、中、大三个同坡屋面组成，每个屋面的檐口线都应为一个矩形。由于三个屋面重叠部分的矩形边线未画出，应该把它们补画出来，以便于后面作图。

作图：

(1) 自重叠处两正立檐口线的交点延长，形成小、中、大三个矩形 $abcd$、$defg$、$hijf$，如图 5-58b 所示。

(2) 作各矩形顶角的 45°角平分线。本例有两个凹墙角 m 和 n，分别过 m、n 作 45°线交于 3、2 两点，即得两斜沟 $m3$ 和 $n2$，如图 5-58c 所示。

(3) 把图 5-58c 中实际上不存在的双点画线擦掉，其他轮廓线用粗实线画出即为所求，如图 5-58d 所示。

（4）按屋面倾角和如图 5-58d 所示的屋面水平投影，利用"长对正"规律即可作出屋面的正面投影。

注意：画完此图后，最好用"若一斜沟与一斜脊交于一点，则必有另一条屋脊线通过该点"这一同坡屋面的特点进行检查，准确无误后再描深。

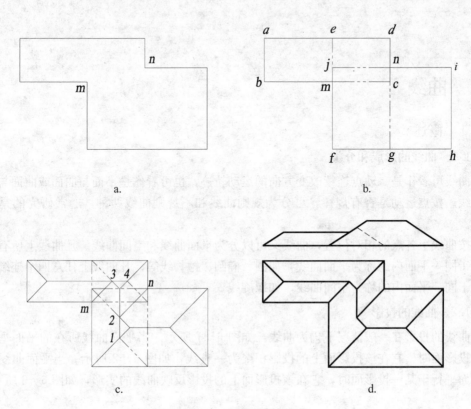

图 5-58　同坡屋面的画法

【复习思考题】

1. 截交线有什么性质？
2. 求平面立体截交线的实质是什么？
3. 圆柱和圆锥的截交线各有哪几种情况？
4. 什么叫相贯线？试述它的性质。
5. 求两平面相贯线有哪些方法？
6. 平面立体与曲面立体的相贯线有何性质？怎样求作？
7. 求两曲面立体的相贯线有哪些方法？使用这些方法需要什么条件？
8. 用辅助平面法求相贯线时，选择辅助面的原则是什么？连点和判别可见性时应注意什么问题？
9. 如何画同坡屋面的投影图？

第6章 曲线与工程曲面

6.1 曲线

6.1.1 概述

6.1.1.1 曲线的形成和分类

　　曲线可看作是一动点连续改变方向的运动轨迹，也可看作是平面与曲面或曲面与曲面的交线。按点运动是否有规律，可分为规则曲线和不规则曲线两种，通常研究的是规则曲线。

　　按曲线上各点的相对位置，曲线又可以分为平面曲线和空间曲线。凡曲线上所有的点都位于同一平面内的称为平面曲线，如圆、椭圆、抛物线等；凡曲线上任意四个连续的点不位于同一平面内的称为空间曲线，如螺旋线。

6.1.1.2 曲线的投影

　　曲线的投影在一般情况下仍为曲线，如图 6-1 所示。当平面曲线所在的平面垂直于某一投影面时，它在该投影面上的投影积聚为一直线，如图 6-2 所示。当平面曲线所在的平面平行于某一投影面时，它在该投影面上的投影反映曲线的实形，如图 6-3 所示。

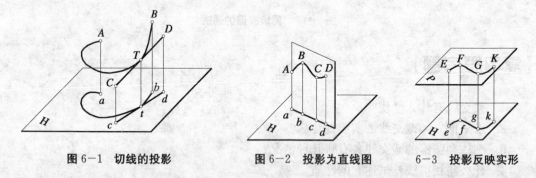

| 图 6-1 切线的投影 | 图 6-2 投影为直线图 | 6-3 投影反映实形 |

　　二次曲线的投影一般仍为二次曲线。圆和椭圆的投影一般是椭圆，在特殊情况下也可能是圆或直线；抛物线或双曲线的投影一般仍为抛物线或双曲线。

　　直线与曲线在空间相切，它们的同面投影一般仍相切，曲线在投影上的切点就是空间切点的投影，如图 6-1 所示。

　　空间曲线的各面投影都是曲线，不可能是直线。

6.1.1.3 曲线的投影图画法

　　因为曲线是点运动的轨迹，所以只要画出曲线上一系列点的投影，并将各点的同面投影顺次光滑地连接，即得曲线的投影图，如图 6-2 所示。

6.1.2 圆的投影

圆是平面曲线，它与投影面的相对位置不同，其投影也不同。

1) 平行于投影面的圆

平行于投影面的圆在该投影面上的投影反映圆的实形。

2) 倾斜于投影面的圆

倾斜于投影面的圆在该投影面上的投影为椭圆，其画法如下：

(1) 找出曲线上适当数量的点画椭圆。

在圆周上选取一定数量的点，尤其是特殊点。求出这些点的投影后，再光滑地连成椭圆曲线。

(2) 根据椭圆的共轭直径画椭圆。

若两直径之一平分与另一直径平行的弦，则这一对直径称为共轭直径。如图 6-4a 所示，平面 P 内有一圆 O，P 面倾斜于 H 面，该圆在 H 面上的投影为椭圆。圆内任意一对互相垂直的直径 AB、CD 在 H 面上的投影为 ab、cd，cd 平分与 ab 平行的弦 mn，这对直径 ab、cd 称为共轭直径。因为圆有无穷多对互相垂直的直径，所以椭圆有无穷多对共轭直径（共轭直径画椭圆的方法见图 1-41）。

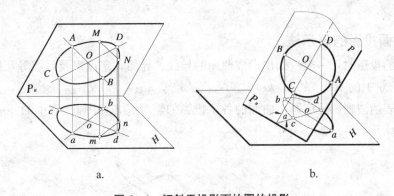

a.   b.

图 6-4 倾斜于投影面的圆的投影

(3) 已知椭圆的长、短轴画椭圆。

在一般情况下，椭圆的一对共轭直径并不互相垂直。只有当圆内两互相垂直的直径之一平行于投影面，另一直径是对该投影面的最大斜度线时，此两直径投影后，其对应的共轭直径才是互相垂直的。如图 6-4b 所示，平面 P 上圆的直径 AB 平行于 H 面，$CD \perp AB$，根据直角投影定理得 $ab \perp cd$。这样的共轭直径，椭圆内只有一对。这一对相互垂直的直径称为椭圆的轴，其中长的（ab）称为长轴，短的（cd）称为短轴。

长轴的方向为 $ab /\!/ P_H$，大小为 $ab = AB = $ 圆的直径。短轴的方向为 $cd \perp P_H$，大小为 $cd = CD \times \cos\alpha = $ 圆的直径 $\times \cos\alpha$，α 为 P 面对 H 面的倾角。

已知椭圆的长、短轴的方向和大小之后，便可以根据图 1-39 所示的方法画椭圆，或用图 1-40 所示的方法画近似椭圆。

6.2 曲面的形成和分类

6.2.1 曲面的形成

曲面可以看作一动线运动的轨迹。动线称为母线，如图 6-5 中的 *AB*，母线在曲面上任一位置称为素线。当母线按一定规则运动时所形成的曲面称为规则曲面。控制母线运动的点、线、面分别称为定点、导线和导面。如图 6-6 中，*KL* 称为导线。本章只研究规则曲面。

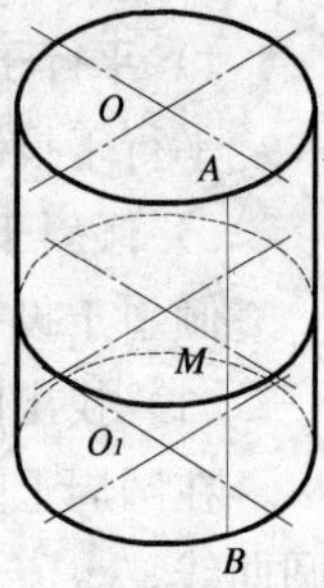

6.2.2 曲面的分类

按母线的形状不同，曲面可分为两大类：直线面和曲线面。

（1）直线面。

由直母线运动而成的曲面称为直线面，如圆柱面、圆锥面、椭圆柱面、椭圆锥面、双曲抛物面、锥状面和柱状面等，其中圆柱面和圆锥面称为直线回转面。

（2）曲线面。

由曲母线运动而成的曲面称为曲线面，如球面、环面等。其中球面和环面称为曲线回转面。

同一曲面也可看作是以不同方法形成的。直线面也有由曲母线运动形成的，如图 6-5 所示的圆柱面，也可以看作是由一个圆沿轴向平移而形成的。

图 6-5　圆柱面的形成

6.2.3 曲面投影的表示法

画曲面的投影时，一般应画出形成曲面的导线、导面、定点以及母线等几何要素的投影，如图 6-6 中的 *KL*（$k'l'$，kl）、NN_1（$n'n_1'$，nn_1）和 NM_1（$n_1'm_1'$，n_1m_1）等。为了使图形表达清晰，还应画出曲面的各个投影的轮廓线，如图 6-6 中的 $n'n_1'$、$m'm_1'$ 和 nn_1、mm_1 等。

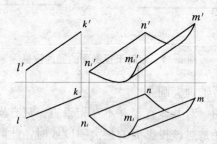

图 6-6　曲面投影的表示法

6.3 工程曲面

工程曲面有柱面（圆柱面、椭圆柱面、任意柱面）、锥面（圆锥面、椭圆锥面、任意锥面）、双曲抛物面、锥状面、柱状面等直线面以及球面、环面等。上述曲面中的圆柱面、圆锥面、球面和环面均属回转面，已于第 5 章立体中研究过。本节只研究回转面以外的工程曲面。

6.3.1　柱面

直母线 MM_1 沿曲导线 M_1N_1 移动，且始终平行于直导线 KL 时，所形成的曲面称为柱面，如图 6－7 所示。上述曲面可以是不闭合的，也可以是闭合的。

通常以垂直于柱面素线（或轴线）的截平面与柱面相交所得的交线（这种交线称为截交线）的形状来区分各种不同的柱面。若截交线为圆，则称为圆柱面，如图 6－8 所示；若截交线为椭圆，则称为椭圆柱面，如图 6－9 所示。

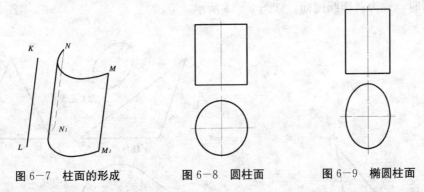

图 6－7　柱面的形成　　　　图 6－8　圆柱面　　　　图 6－9　椭圆柱面

在图 6－10 中所示的柱面，用垂直于其素线的平面切割它，所得的截交线为椭圆，这种柱面称为椭圆柱面，又因为它的轴线与柱底面倾斜，故称为斜椭圆柱面。

在图 6－10 所示斜椭圆柱的投影中，斜椭圆柱的正面投影为一平行四边形，上下两边为斜椭圆柱顶面和底面的积聚投影，左右两边为斜椭圆柱最左和最右两素线的正面投影，即主视转向轮廓线，图中只标出了主视转向轮廓线 $a'b'$ 和侧视转向轮廓线 $c''d''$。俯视转向轮廓线与顶圆和底圆的水平投影相切。斜椭圆柱的侧面投影是一个矩形。因为斜椭圆柱面是直线面，所以要在它的表面上取点，可在其表面上作辅助直素线，然后按点的投影规律作出点的各面投影。图 6－10 中，若已知 N 点为柱面上的一点，既可在该柱面上作一辅助直素线求该点的各面投影，也可以通过该点作辅助水平面求出该点的各面投影，这是因为该柱面的水平截面为圆。图 6－10 只表示出了辅助直素线。

在工程图中，为了便于看图，常在柱面无积聚性的投影上画疏密的细实线，这些疏密线相当于柱面上一些等距离素线的投影。疏密线越靠近转向轮廓线，其距离越密；越靠近轴线则越稀。图 6－11 是闸墩的视图，其左端为半斜椭圆柱，右端为半圆柱，二者均画上疏密线。

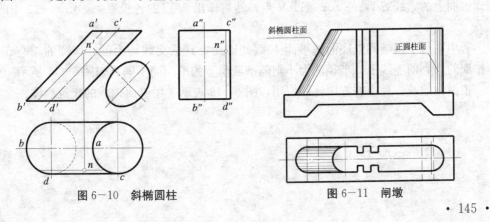

图 6－10　斜椭圆柱　　　　　　　　　图 6－11　闸墩

6.3.2 锥面

直母线 SM 沿曲导线 $MM_1M_2\cdots$ 移动，且始终通过定点 S 时，所形成的曲面称为锥面，如图 6-12 所示。曲导线可以是不闭合的，也可以是闭合的。

如锥面无对称面，则为一般锥面，如图 6-12 所示。如锥面有两个以上的对称面，则为有轴锥面，而各对称面的交线就是锥面的轴线。如以垂直于锥面轴线的截平面与锥面相交，其截交线为圆时称为圆锥面，截交线为椭圆时称为椭圆锥面。若椭圆锥面的轴线与锥底面倾斜时，称为斜椭圆锥面，如图 6-13 所示。

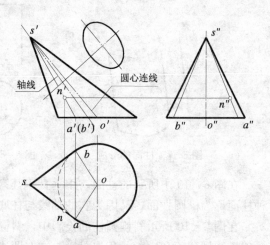

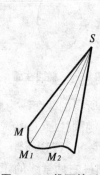

图 6-12　锥面的形成　　　　图 6-13　斜椭圆锥面

斜椭圆锥面的投影如图 6-13 所示，斜椭圆锥面的正面投影是一个三角形，它与正圆锥面的正面投影的主要区别在于：此三角形不是等腰三角形。三角形内有两条点画线，其中与锥顶角平分线重合的一条是锥面轴线，另一条是圆心连线，图中的椭圆是移出断面，其短轴垂直于锥面轴线而不垂直于圆心连线。斜椭圆锥面的水平投影是一个反映底圆（导线）实形的圆以及与该圆相切的两转向轮廓线 sa、sb，这两条素线的正面投影为 $s'a'$、$s'b'$，侧面投影为 $s''a''$、$s''b''$。斜椭圆锥面的侧面投影是一个等腰三角形。

斜椭圆锥面是直线面，所以要在它的表面上取点，可先在其表面上取辅助直素线，然后按点的投影规律作出点的各投影。在图 6-13 中，若已知 N 点为锥面上的一点，则可先作锥面上的素线 SA，使 SA 通过 N 点，然后作出 N 点的各投影，如图 6-13 中的 n'、n、n''。

若用平行于斜椭圆锥底面的平面 P 截此锥面，其截交线均为圆，该圆的圆心在锥顶至锥底的圆心的连线上，半径的大小则随剖截位置的不同而不同，如图 6-14 所示。

锥面在建筑工程中有着广泛的应用，图 6-15 表示了用锥面构成的建筑形体。

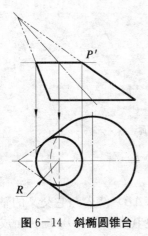

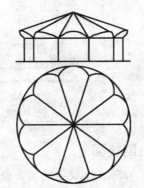

图 6-14　斜椭圆锥台　　　　**图 6-15　用锥面构成的壳体建筑**

6.3.3　双曲抛物面

如图 6-16a 所示，直线（母线）沿二交叉直导线 AB、CD 移动，并始终平行于铅垂面 P（导平面），从而形成双曲抛物面 $ABCD$。在这种双曲抛物面中，只有素线（母线的任一位置）才是直线。相邻两素线是交叉两直线，所以这种曲面不能展成一平面。

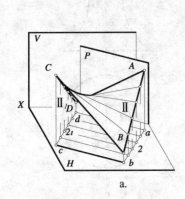

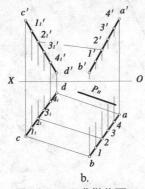

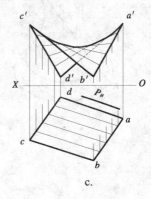

a.　　　　　　　　　　b.　　　　　　　　　　c.

图 6-16　双曲抛物面

若已知两交叉直导线 AB、CD 和导平面 P（在投影图中为 P_H），根据双曲抛物面的形成特点和点在直线上的投影特性即可作出双面抛物面的投影图。

作图步骤如下：

（1）作出二交叉直导线 AB、CD 及导平面 P 的投影后，把 AB 分为若干等分，本例为 5 等分，得分点 b、1、2、3、4、a 和 b'、$1'$、$2'$、$3'$、$4'$、a'。因各素线的水平投影平行于 P_H，所以过 ab 上的各分点即可作出 cd 上的对应分点 c、1_1、2_1、3_1、4_1、d，并求出 $c'd'$ 上对应点 c'、$1_1'$、$2_1'$、$3_1'$、$4_1'$、d'，如图 6-16b 所示。

（2）连接各对应点，如 bc，11_1，22_1，…，ad 和 $b'c'$，$1'1_1'$，$2'2_1'$，…，$a'd'$ 即得各素线的投影。

（3）在正面投影上作出与各素线都相切的包络线（该曲线为抛物线，也是该曲面对 V 面的投影轮廓线），即完成双曲抛物面的投影，如图 6-16c 所示。应当指出，正面投影中 $d'a'$ 等几根素线被曲面遮挡部分要画成虚线。

双曲抛物面通常用于屋面结构中，图 6-17 所示为用双曲抛物面构成的屋顶。

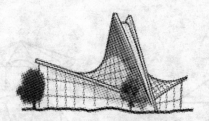

图 6-17　双曲抛物面屋顶

6.3.4　单叶双曲回转面

如图 6-18a 所示，单叶双曲回转面是由直母线（*AB*）绕着与它交叉的轴线（*OO*）旋转而成的。单叶双曲回转面也可由双曲线（*MN*）绕其虚轴（*OO*）旋转而成。当直线 *AB* 绕 *OO* 轴回转时，*AB* 上各点的运动轨迹都为垂直于 *OO* 的圆。端点 *A*、*B* 的轨迹是顶圆和底圆，*AB* 上距 *OO* 最近的 *F* 点形成的圆最小，称为喉圆。

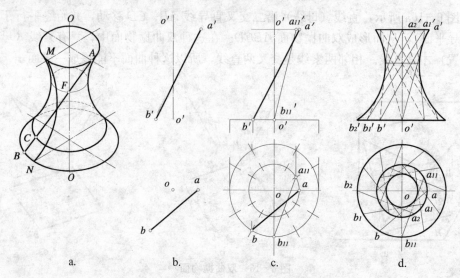

图 6-18　单叶双曲回转面的形成和画法

投影图的画法如下：

（1）画出直母线 *AB* 和轴线 *OO* 的投影，如图 6-18b 所示。

（2）以 *O* 为圆心，*oa*、*ob* 为半径画圆，得顶圆和底圆的水平投影。按长对正规律，得顶圆和底圆的正面投影（分别为两段水平直线），如图 6-18c 所示。

（3）将两纬圆分别从 *a*、*b* 开始，各分为相同的等分（本例为 12 等分），*a*、*b* 按相同方向旋转 30°（即圆周的 1/12）后得 a_{11}、b_{11}，$a_{11}b_{11}$ 即曲面上的一条素线 $A_{11}B_{11}$ 的水平投影，它的正面投影为 $a_{11}'b_{11}'$，如图 6-18c 所示。

（4）依次作出每条素线旋转 30°（顺时针和逆时针均可）后的水平投影和正面投影，如图 6-18d 中的 b_1a_1、$b_1'a_1'$ 等。

（5）作各素线正面投影的包络线，即得单叶双曲回转面对 *V* 面的转向轮廓线，这是双曲线。各素线水平投影的包络线是以 *O* 为圆心作与各素线水平投影相切的圆，即喉圆的水平投影，如图 6-18d 所示。在单叶双曲回转面的水平投影中，顶圆、底圆和喉圆都必须画出。在正面投影中被遮挡的素线用虚线画出。

图 6-19 所示冷凝塔是单叶双曲回转面的工程实例。

图 6-19　冷凝塔

6.3.5　锥状面

直母线沿一直导线和一曲导线移动，同时始终平行于一导平面，这样形成的曲面称为锥状面，工程上称为扭锥面。图 6-20 中所示的锥状面 *ABCD* 是一直母线 *MN* 沿直导线 *AB* 和一平面曲导线 *CD* 移动，同时始终平行于导平面 *P*（图中 *P* 面平行于 *V* 面）而形成的。

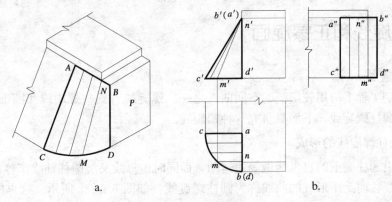

图 6-20　锥状面

图 6-20b 为投影图。因为导面为正平面，所以该锥面的素线都是正平线，它们的水平投影和侧面投影都是一组平行线，其正面投影为放射状的素线。

图 6-21 所示为锥状面作为厂房屋顶的一个实例。

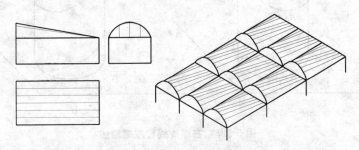

图 6-21　用锥状面构成的屋顶

6.3.6 柱状面

直母线沿不在同一平面内的两曲导线移动，同时始终平行于一导平面，这样形成的曲面称为柱状面，工程上称为扭柱面。

图6-22a所示的柱状面是直母线MN沿顶面的圆弧和底面的椭圆弧移动，且始终平行于导平面P（正平面）而形成的，图6-22b为其投影图。因为各素线都是正平线，所以在投影图上先画素线的水平投影（或侧面投影），在水平投影中找到素线与圆弧和椭圆弧的交点，然后画出素线的其他投影。

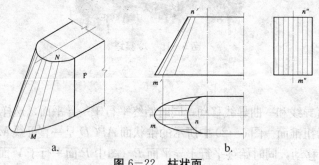

图6-22 柱状面

6.4 螺旋线和正螺旋面

6.4.1 螺旋线

螺旋线是工程上应用较广泛的空间曲线之一。螺旋线有圆柱螺旋线和圆锥螺旋线等，最常见的是圆柱螺旋线，下面只研究这种螺旋线。

6.4.1.1 圆柱螺旋线的形成

一动点沿圆柱面上的直母线做等速运动，而同时该母线又绕圆柱轴线作等角速度回转时，动点在圆柱面上所形成的曲线称为圆柱螺旋线，如图6-23a所示。这里的圆柱称为导圆柱。

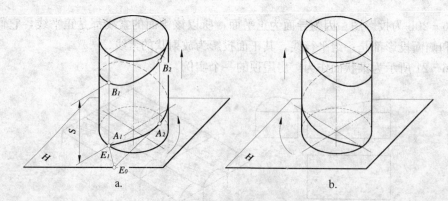

图6-23 右螺旋线和左螺旋线

当母线旋转一周时，动点沿轴线方向移动的距离称为导程，用S表示。按旋转方向，螺旋线可分为右螺旋线和左螺旋线两种。它们的特点是右螺旋线的可见部分自左向右升高，如图 6-23a 所示；左螺旋线的可见部分自右向左升高，如图 6-23b 所示。

导圆柱的直径、导程和旋向（螺旋线的旋转方向）称为螺旋线的三个基本要素，据此可画出螺旋线的投影图。

6.4.1.2 圆柱螺旋线的画法

圆柱螺旋线的画法如图 6-24 所示。

(1) 根据导圆柱的直径和导程画出圆柱的正面投影和水平投影，把水平投影的圆分为若干等分，本例为 12 等分，按逆时针方向依次标出各等分点（本例的旋向为右旋）。

(2) 在导圆柱的正面投影中，把轴向的导程也分为相同等分，自下而上依次标记各等分点。

(3) 自正面投影的各等分点作水平线，自水平投影的各等分点作铅垂线，与正面投影同号的水平线相交，即得螺旋线上的点，用光滑的曲线依次连接各点即得螺旋线的正面投影。因本例为右旋螺旋线，看不见的部分是从右向左上升的，用虚线画出。

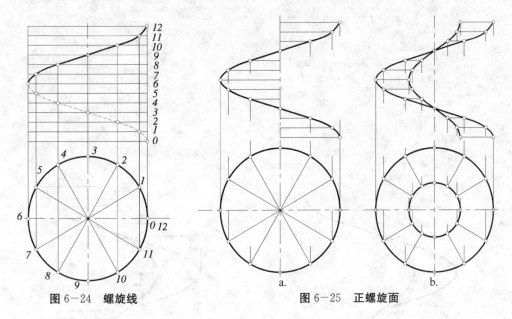

图 6-24 螺旋线　　　　　　　图 6-25 正螺旋面

6.4.2 正螺旋面

6.4.2.1 正螺旋面的形成

一直母线沿一圆柱螺旋线运动，且始终与圆柱轴线相交成直角，这样形成的曲面称为正螺旋面。图 6-25a 中，直导线的一端沿螺旋线（曲导线），另一端沿圆柱轴线（直导线），且始终平行于 H 面（导平面）而运动，所以正螺旋面是锥状面。

6.4.2.2 正螺旋面的画法

(1) 按图 6-25 的方法画出圆柱螺旋线和圆柱轴线的投影。

(2) 过螺旋线上各等分点分别作水平线与轴线相交，这些水平线都是正螺旋面的素线，其水平投影都交于圆心，如图 6-25a 所示。

图 6-25b 为空心圆柱螺旋面的两个投影，由于螺旋面与空心圆柱相交，在空心圆柱

的内表面形成一条与曲导线同导程的螺旋线，此螺旋线的画法与图6-24所示螺旋线的画法相同。

6.4.2.3 工程实例（见图6-26）

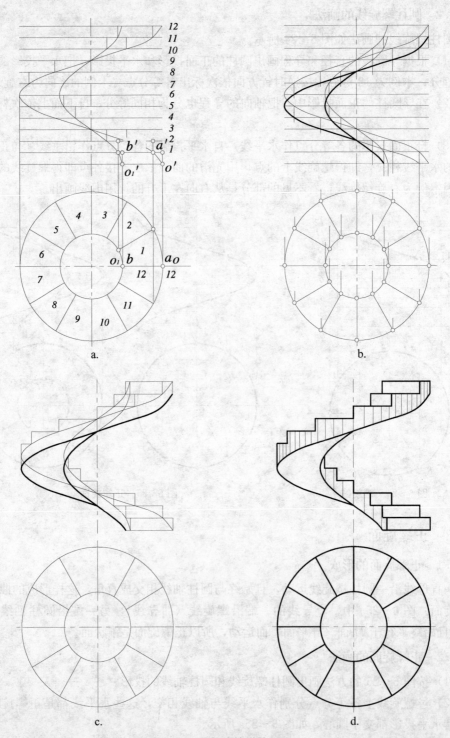

图6-26 螺旋楼梯的画法

已知螺旋楼梯所在内外导圆柱面的直径、导程、步级（12 级）、踏步高（$S/12$）、梯板竖向厚度（$S/12$），试作出右向螺旋楼梯的投影图。

分析：螺旋楼梯的踏面为扇形，踢面为矩形，踏面的两端面为圆柱面，如图 6-26d 所示。

作图：

（1）根据已知条件画出导圆柱的内外螺旋线，画法如图 6-24 所示。

（2）按导程的等分点作出空心圆柱螺旋面，画法如图 6-25 所示。

（3）画螺旋楼梯踏面和踢面的两个投影，如图 6-26a 所示。把螺旋楼梯的水平投影分为 12 等分，每一等分就是该楼梯上的一个踏面的水平投影。该楼梯踢面上的水平投影积聚在两个踏面的分界线上，例如第一级踢面的水平投影在直线 o_1bao 上。第一级踢面的底线 $o_1'o'$ 是螺旋面的第一根素线，过 $o_1'o'$ 分别画一铅垂直线，截取一步级的高度得 $b'a'$，连矩形 $a'b'o'o_1'$ 即得第一级踢面的正面投影。第一级踏面的水平投影为第 1 个扇形，此扇形的正面投影积聚成水平直线 $a'b'$，$a'b'$ 与第二级踢面的底线（另一条螺旋面素线）重合，用类似的方法可作出各级踢面和踏面的正面投影。应当注意，第 5～9 级的踢面被楼梯本身遮挡而不可见，可见的是底面的螺旋面。

（4）螺旋楼梯板底面的投影如图 6-26b 所示。梯板底面的螺旋面的形状和大小与梯板的螺旋面完全相同，只是两者相距一个竖向厚度。为此把内外螺旋线向下移一个梯板厚度即得梯板底面的螺旋线。图 6-26b 中用粗实线画出的内外螺旋线所形成的封闭图形就是梯板底面的可见螺旋面。

（5）综合图 6-26a、b 并把梯板底面的螺旋面的可见轮廓线用粗实线画出，如图 6-26c 所示。

（6）在正面投影中把踏步两端的可见圆柱面用疏密线画出，并完成全图，如图 6-26d 所示。

【复习思考题】

1. 平面曲线与空间曲线的区别是什么？

2. 单叶双曲回转面是怎样形成的？其投影如何绘制？

3. 双曲抛物面是怎样形成的？其投影如何绘制？

4. 柱状面和锥状面是怎样形成的？两者有何区别？

5. 以上述曲面为例，讨论在投影图上需要绘制出的曲面上的要素。

第 7 章　轴测图

轴测投影图简称轴测图，是采用平行投影法得到的单面投影图，它能在一个投影图上同时表达物体长、宽、高三个方向的形体形状和尺度。与三面投影图相比，轴测图的立体感强，直观性好，在工程技术领域是一种常用的辅助图样。

7.1　轴测投影的基本知识

7.1.1　轴测投影的形成及术语

7.1.1.1　轴测投影的形成

如图 7-1 所示，将物体连同确定其空间位置的直角坐标系 $OXYZ$ 一起，按平行投影方向 S 投影到某选定的平面 P 上，所得到的投影称为轴测投影图。所选投影方向 S 应不平行于任一坐标面，这样所得到的轴测图才能反映物体的三维形象，保证其立体感。

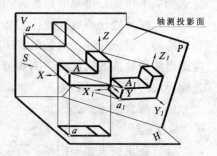

图 7-1　轴测图的形成

7.1.1.2　术语

（1）轴测投影面为平面 P。

（2）轴测投影轴 O_1X_1、O_1Y_1、O_1Z_1 为直角坐标轴 OX、OY、OZ 的轴测投影，简称轴测轴。

（3）轴间角 $\angle X_1O_1Y_1$、$\angle X_1O_1Z_1$ 和 $\angle Y_1O_1Z_1$ 为轴测轴之间的夹角。

（4）轴向伸缩系数是指轴测轴上单位长度与直角坐标轴上对应单位长度之比。在 X、Y、Z 轴上取单位长度 u，它们在轴测轴上的对应长度分别为 i、j、k，则

$$p=\frac{i}{u}；q=\frac{j}{u}；r=\frac{k}{u}$$

p、q、r 分别称为 X、Y、Z 的轴向伸缩系数。

（5）轴测坐标面 $X_1O_1Y_1$、$X_1O_1Z_1$、$Y_1O_1Z_1$ 为直角坐标面的轴测投影。

（6）次投影是指空间点、线、面正投影的轴测投影。正面投影的次投影称为正面次投影，同样有水平面次投影、侧面次投影。图 7-1 中点 A 的水平投影 a 的水平次投影记为 a_1。

7.1.2　轴测投影的性质

由于轴测投影是一种单面平行投影，因此具有平行投影的一切属性，为了便于以后的绘图实践，应注意以下几点特性：

（1）空间平行二线段，其轴测投影仍互相平行，且两线段的轴测投影长度之比与空间二线段长度之比相等。因此，平行于直角坐标轴的直线，其轴测投影平行于相应的轴测

轴，且它们的轴向伸缩系数相同。所以在画轴测图时，只能沿轴测轴的方向和按轴向伸缩系数来确定线段，这就是"轴测"二字的由来。

（2）点分线段为某一比值，则点的轴测投影分线段的轴测投影为同一比值。

7.1.3　轴测图的分类

根据投影方向 S 与轴测投影面 P 的倾角不同，轴测图分为正轴测图和斜轴测图。当投影方向与轴测投影面垂直时为正轴测图；当投影方向与轴测投影面倾斜时为斜轴测图。再根据轴向伸缩系数的不同，轴测图又分为等测、二测和三测三种。具体分类如下：

$$\text{轴测图}\begin{cases}\text{正轴测图}\atop(S\perp P)\begin{cases}\text{正等测图：} p=q=r；\\ \text{正二测图：} p=r\neq q，\text{或} p=q\neq r，\text{或} q=r\neq p；\\ \text{正三测图：} p\neq q\neq r；\end{cases}\\ \text{斜轴测图}\atop(S\angle P)\begin{cases}\text{斜等测图：} p=q=r；\\ \text{斜二测图：} p=r\neq q，\text{或} p=q\neq r，\text{或} q=r\neq p；\\ \text{斜三测图：} p\neq q\neq r。\end{cases}\end{cases}$$

由于三测图作图甚繁，很少采用，本章将重点介绍广泛采用的正等测图、正面斜二测图和水平斜等测图。

7.2　正等测图

当投影方向 S 与轴测投影面 P 垂直，且空间直角坐标系中的各轴均与投影面 P 成相同的角度时，所形成的轴测投影即为正等轴测投影，简称"正等测图"。

7.2.1　正等测图的轴间角和轴向伸缩系数

正等测图的轴间角 $\angle X_1O_1Y_1=\angle X_1O_1Z_1=\angle Y_1O_1Z_1=120°$，轴向伸缩系数 $p=q=r=0.82$。

为简化作图，采用简化轴向伸缩系数 $p=q=r=1$，如图 7－2 所示。显然，用简化轴向伸缩系数所作的正等测图沿轴向放大了 1.22 倍（$1/0.82\approx1.22$）。

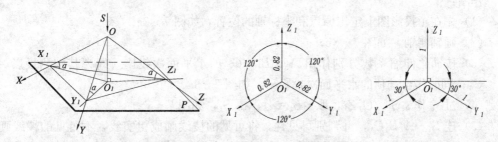

　　a.正等轴测投影的形成　　　　b.轴间角与轴向伸缩系数　　　　c.轴测轴画法

图 7－2　正等轴测投影的形成及其轴间角与轴向伸缩系数

7.2.2 平面立体的正等测图

画轴测图常用的方法有坐标法、切割法、端面法、叠加法等，而坐标法是基本方法，其他方法都是以坐标法为基础的。通常可按下列步骤作出物体的正等测图：

（1）对物体进行形体分析，确定坐标轴。

（2）作轴测轴，按坐标关系画出物体上的点和线，从而连成物体的正等测图。

应该注意：在确定坐标轴和具体作图时，要考虑如何使作图简便，有利于按坐标关系定位和度量，并尽可能减少作图线。

1）坐标法

坐标法就是根据点的空间坐标画出其轴测投影，然后连接各点完成形体的轴测图的方法。它主要用于绘制那些由顶点连线而成的简单平面立体或由一系列点的轨迹光滑连接而成的平面曲线或空间曲线。

【例 $7-2-1$】如图 $7-3$ 所示，已知三棱锥 $S-ABC$ 的二面投影，求作其正等测图。

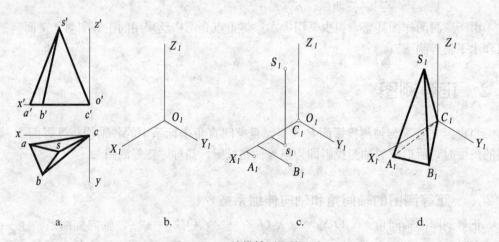

a.　　　　　b.　　　　　c.　　　　　d.

图 $7-3$　三棱锥轴测图的画法

分析：为简化作图，将棱锥底面置于直角坐标面 $X_1O_1Y_1$ 上。

作图：

（1）先在正投影图上定出原点和坐标轴的位置，如图 $7-3a$。

（2）画轴测轴，如图 $7-3b$。

（3）按简化伸缩系数分别作出 A_1、B_1、C_1 的水平面次投影，即为其轴测投影 A_1、B_1、C_1；同时作出锥顶的水平面次投影 s_1，如图 $7-3c$。

（4）过 s_1 作 $s_1S_1 /\!/ O_1Z_1$，取 $s_1S_1 = z_S$，得 S_1，如图 $7-3c$。

（5）连 $S_1 - A_1B_1C_1$，并判别可见性，将可见的棱线画成粗实线，不可见的棱线画成虚线（一般的轴测投影是不画虚线的，但本例是三棱锥，若不画虚线就不能确定它是否是三棱锥），即为所求，如图 $7-3d$。

2）切割法

由于有些形体是由基本几何形体经一系列切割而成，因此其轴测投影的绘制也可按其形成过程，先画出整体，再依次去掉被切除的部分，从而完成形体的轴测图。

【例 7－2－2】根据形体的正投影图 7－4a，绘制带切口四棱柱的正等测图。

分析：对于带切口的物体，一般先按完整物体处理，然后加画切口。但需注意，如切口的某些截交线与坐标轴不平行，不可直接量取，而应通过它的次投影求得。

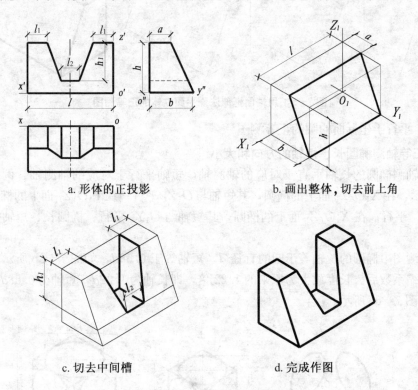

a. 形体的正投影　　　　　　　　　　b. 画出整体，切去前上角

c. 切去中间槽　　　　　　　　　　　d. 完成作图

图 7－4　带切口四棱柱的正等测图

根据此物体的结构特征，可先画出端面的轴测图，然后过端面各顶点作平行于轴线的一系列直线，从而完成整个轴测图，此方法更显得方便。

作图：

（1）在投影图上定出物体的坐标轴，如图 7－4a 所示。

（2）画轴测轴，按长方体的长、宽、高作出完整的长方体，然后按尺寸 a 切去前上角的多余部分，如图 7－4b 所示。

（3）按尺寸 l_1、l_2 和 h_1 切去中间槽口，如图 7－4c 所示。

（4）擦去作图线，判别可见性，并加粗轮廓线，完成全图，如图 7－4d 所示。

值得注意的是，图 7－4b 的作图过程也可以按图 7－5 所示的方法进行，即先作出前端面的轴测图，然后作平行于 X_1 轴的各棱线的轴测图。这种先作出物体平行于其坐标面的端面的轴测图，然后画出平行于另一轴测轴方向的线段的轴测图的方法称为端面延伸法（也称特征面法）。

7.2.3　曲面立体的正等测图

画回转体的轴测投影，应首先掌握圆的正等测投影，特别是要掌握与坐标面平行或重合的圆的正等测投影的画法。

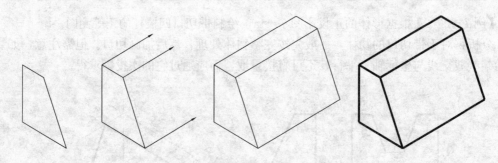

图7-5 用端面延伸法画平面立体的正等测图

7.2.3.1 平行于坐标面的圆的正等测图

1）正等轴测椭圆长、短轴的方向和大小

正等轴测椭圆的长轴垂直于对应的轴测轴，短轴平行于对应的轴测轴。例如，如图7-6a所示，在 $X_1O_1Y_1$ 面上的椭圆，其短轴与 O_1Z_1 平行；在 $Y_1O_1Z_1$ 面上的椭圆，其短轴与 O_1X_1 平行；在 $X_1O_1Z_1$ 面上的椭圆，其短轴与 O_1Y_1 平行。椭圆长、短轴的尺寸如下所述。

正等测图中椭圆的长轴等于圆的直径 d，短轴等于 $0.58d$，如图7-6b所示。采用简化轴向伸缩系数后，长度放大为原来的1.22倍，即长轴为 $1.22d$，短轴为 $0.58d \times 1.22 \approx 0.7d$，如图7-6c所示。

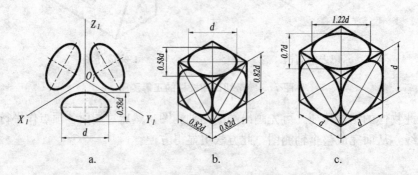

a.   b.   c.

图7-6 坐标面上圆的正等测图

2）用四心圆近似画法求圆的正等测图

作图：如图7-7所示。

（1）在正投影图中定出原点和坐标轴并作圆的外切正方形，如图7-7a所示。

（2）画出轴测轴，沿轴截取长为 R 的线段，得椭圆上四点 A_1、B_1、C_1、D_1，从而作出外切正方形的轴测图——菱形，如图7-7b所示。

（3）菱形短对角线的端点为 1_1、2_1，连 1_1A_1（或 1_1D_1）、2_1B_1（或 2_1C_1），分别交菱形的长对角线于 3_1、4_1 两点，得四个圆心 1_1、2_1、3_1、4_1。以 1_1 为圆心、1_1A_1（或 1_1D_1）为半径作弧 $\overgroup{A_1D_1}$；又以 2_1 为圆心，作另一圆弧 $\overgroup{B_1C_1}$，如图7-7c所示。

（4）分别以 3_1、4_1 为圆心，以 3_1A_1（或 3_1C_1）、4_1B_1（或 4_1D_1）为半径作圆弧 $\overgroup{A_1C_1}$ 及 $\overgroup{B_1D_1}$，即得水平圆的正等测图，如图7-7d所示。

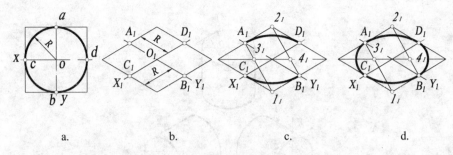

a.　　　　　b.　　　　　c.　　　　　d.

图 7－7　水平圆的正等测图的近似画法

正平圆和侧平圆的正等测图的画法与水平圆的完全相同，只是椭圆长、短轴方向不同。

7.2.3.2　圆柱的正等测图

【例 7－2－3】作出图 7－8a 所示圆柱的正等测图。

分析：根据圆柱的对称性和可见性，可选圆柱的顶圆圆心为坐标原点，如图 7－8a 所示，这样便于作图。

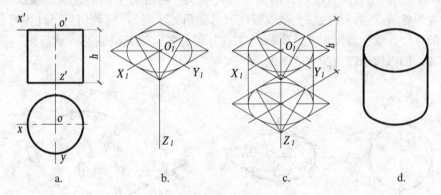

a.　　　　　b.　　　　　c.　　　　　d.

图 7－8　圆柱正等测图的画法

作图：

（1）以圆柱顶圆圆心为坐标原点，选定坐标轴，如图 7－8a 所示。

（2）作轴测轴，画出顶圆的轴测图，如图 7－8b 所示。

（3）作平行于 Z_1 轴并与两椭圆相切的转向轮廓线，并作出底圆的轴测图，如图7－8c所示。

（4）擦去作图线，并加深，如图 7－8d 所示。

从图 7－8c 中可知圆柱底圆后半部分不可见，故不必画出。由于上、下两椭圆完全相等，且对应点之间的距离均为圆柱高度 h，所以只要完整地画出顶面椭圆，则底面椭圆的三段圆弧的圆心以及两圆弧相连处的切点，沿 Z_1 轴方向向下量取高度 h 即可找出。这种方法称为移心法，可简化作图过程。

轴线垂直于 V 面、W 面的正圆柱的轴测图画法与垂直于 H 面相同，只是椭圆长轴方向随圆柱的轴线方向而异，即圆柱顶面、底面椭圆的长轴方向与该圆柱的轴线垂直，如图7－9所示。

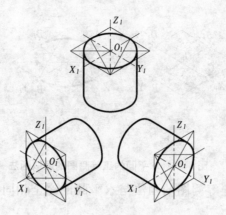

图 7−9 三个方向圆柱的正等测图

7.2.3.3 圆角的正等测图

一般的圆角正好是圆周的四分之一，所以它们的轴测图正好是近似椭圆四段圆弧中的一段，图 7−10 表示了圆的正投影图、轴测图和把圆分成四段圆弧的轴测图的关系。

从图 7−10b 中可知各段圆弧的圆心与外切菱形对应边中点的连线是垂直于该边的，因此自菱形各顶点起，在边线上截取长度 R（圆角的半径），得各切点；过各切点分别作该边线的垂线，垂线两两相交，所得的交点分别为各段圆弧的圆心；然后以 r_1、r_2 为半径画圆弧，即得四个圆角的正等测图。

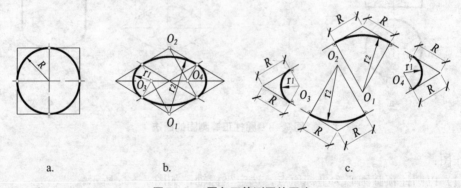

a.　　　　　　　b.　　　　　　　c.

图 7−10 圆角正等测图的画法

7.2.3.4 斜截圆柱的正等测图

【例 7−2−4】作出图 7−11a 所示形体的正等测图。

分析：由投影图可知圆柱被一个平面截切，截切后的截交线是椭圆弧。作图时应先画未截切之前的圆柱，再画斜截面。

作图：

（1）画圆柱的左端面。选定轴测轴，画外切菱形和四心椭圆，如图 7−11b 所示。

（2）沿 O_1Y_1 轴向右量取 X，作右端面椭圆，作平行于 O_1Y_1 轴的直线与两椭圆相切，完成圆柱的正等测图，如图 7−11c 所示。

（3）用坐标法作出截面上一系列的点。先作最低点 1_1 和 2_1。可在左端面上沿 O_1Z_1 轴向下量 Z_1，再引线平行于 O_1Y_1 轴，交椭圆于点 1_1、2_1，如图 7−11d 所示。再作最前

点 3_1、最后点 4_1 和最高点 5_1。分别过中心线与椭圆的交点引平行于 O_1X_1 轴的圆柱素线，对应量取 X_1 和 X_2，得点 3_1、4_1 和 5_1，如图 7-11e 所示。在适当位置作中间点。先在投影图上选定点 6_1、7_1，再沿 O_1Z_1 向上量取 Z_2 和 O_1X_1 向右量取 X_2，可得点 6_1 和 7_1，如图 7-11f 所示。

（4）用直线连接点 1_1、2_1，用圆滑曲线依次连接其余各点，如图 7-11g 所示。

（5）擦去作图线，即为所求，如图 7-11h 所示。

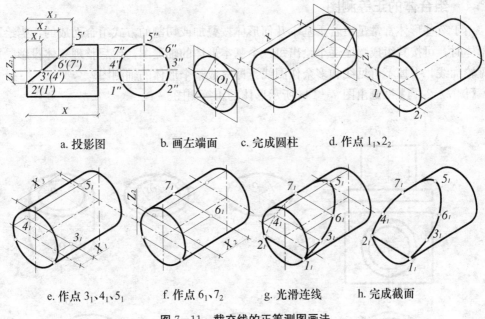

a. 投影图　　　b. 画左端面　　c. 完成圆柱　　d. 作点 1_1、2_1

e. 作点 3_1、4_1、5_1　　f. 作点 6_1、7_2　　g. 光滑连线　　h. 完成截面

图 7-11　截交线的正等测图画法

7.2.3.5　相交两圆柱的正等测图

【例 7-2-5】作出图 7-12a 中两相贯圆柱的正等测图。

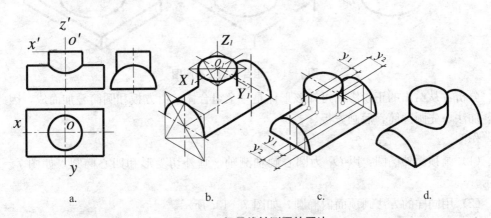

a.　　　　　　b.　　　　　　c.　　　　　　d.

图 7-12　相贯线轴测图的画法

分析：此二圆柱正交，相贯线为空间曲线，需求出若干共有点的轴测投影以完成此空间曲线的轴测投影。

作图：

（1）引入直角坐标系，如图7—12a 所示。

（2）画轴测轴后，作出直立圆柱和水平圆柱，如图7—12b 所示。

（3）以平行于 $X_1O_1Z_1$ 面的平面截切两圆柱，分别获得两组截交线，该两组截交线的交点均为相贯线上的点，如图7—12c 所示。

（4）用曲线光滑地连接各点，擦去作图线，并加深，图7—12d 所示。

7.2.4 组合体的正等测图

由于有些形体常常是由若干基本几何形体按叠加或切割的方式组合而成的，当绘制这种形体时，可按其组成顺序逐个绘出每一个基本形体的轴测图，然后整理立体投影，加粗可见轮廓线，去掉不可见线和多余作图线，即完成整个形体的轴测图。

【例7—2—6】试画出图7—13a 所示形体的正等测图。

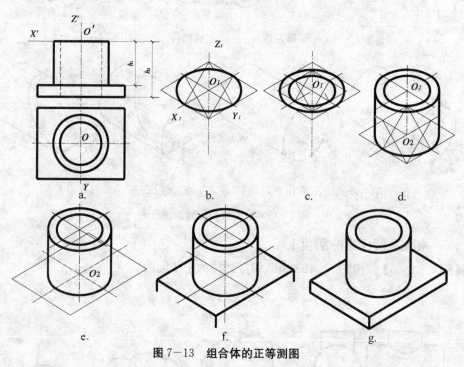

图7—13 组合体的正等测图

分析：从给出的正投影图可知该形体是一个组合体，由方板和圆筒叠加而成，因此可按叠加法，先画圆筒，后画方板。

作图：

（1）画顶面外椭圆：以 O_1 为圆心画轴测轴，画外切菱形和四心椭圆，如图7—13b 所示。

（2）用同样的方法画顶面内椭圆，如图7—13c 所示。

（3）完成圆筒：沿 O_1Z_1 轴从 O_1 点往下量取 h_1 得到 O_2，以 O_2 为原点画轴测轴，用同样的方法画出底面椭圆。作平行于 O_1Z_1 轴的直线与两椭圆相切，完成圆柱的正等测图，如图7—13d 所示。

（4）利用圆筒底面的轴测轴，画方板顶面，如图7—13e 所示。

（5）用端面延伸法，将方板顶面的四角顶点沿 O_1Z_1 轴往下平移一个方板的厚度（h_2-h_1），如图 7－13f 所示。

（6）画出方板底面的边线，整理并加深可见轮廓线，完成整个形体的正等测图，如图 7－13g 所示。

7.3 斜轴测投影

当投影方向对轴测投影面 P 倾斜时，形成斜轴测投影。在斜轴测投影中，以 V 面平行面为轴测投影面，所得的斜轴测投影称为正面斜轴测图，如图 7－14a 所示。若以 H 面平行面为轴测投影面，则得水平斜轴测图。下面对这两种斜轴测投影作进一步讨论。

7.3.1 正面斜二测图

7.3.1.1 正面斜二测图的轴间角和轴向伸缩系数

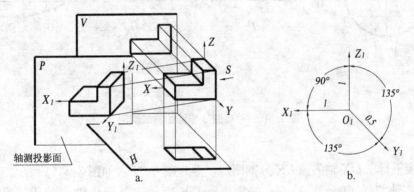

图 7－14 正面斜二测图的轴间角和轴向伸缩系数

正面斜轴测投影不论投影方向如何，轴间角 $\angle X_1O_1Z_1 = 90°$，X_1 和 Z_1 方向的轴向伸缩系数均为 1，即 $p=r=1$。O_1Y_1 与 O_1X_1、O_1Z_1 的轴间角随投影方向的不同而发生变化。至于轴间角 $\angle X_1O_1Y_1$ 和 O_1Y_1 的轴向伸缩系数则随投影方向而定。由于投影方向有无穷多，所以可令 O_1Y_1 的轴间角为任意数。为了使作图方便，通常选用 O_1Y_1 与水平方向成 45°（也可画成 30°或 60°），O_1Y_1 的伸缩系数常取 0.5。

7.3.1.2 平行于坐标面的圆的斜二测图的画法

1）斜二测椭圆长、短轴的方向和大小

在坐标面 XOZ 或与其平行的平面上，圆的正面斜二等轴测投影仍为圆；在另外两个坐标面上或与它们平行的平面上，圆的斜二等轴测投影为椭圆。如图 7－15 所示，在 $X_1O_1Y_1$、$Y_1O_1Z_1$ 面上的椭圆长轴分别与 O_1X_1、O_1Z_1 的夹角为 $7°10'$，短轴与长轴垂直。椭圆长轴约为 $1.06d$，短轴约为 $0.33d$。

2）平行弦法画椭圆

平行弦法就是通过平行于坐标轴的弦来定出圆周上的点，然后作出这些点的轴测投影，最后光滑连线求得椭圆。

用平行弦法求作 XOY 坐标面上圆的正面斜二测图，如图 7-16 所示。

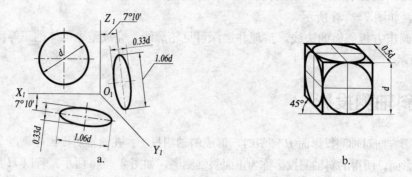

图 7-15　三坐标面上圆的斜二测图

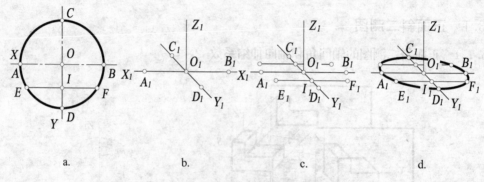

图 7-16　平行弦法作圆的斜二测图

作图：

（1）用平行于 OX 轴的弦 EF 分割圆 O，得分点 E、F，如图 7-16a 所示。

（2）画轴测轴 $O_1-X_1Y_1Z_1$，如图 7-16b 所示，取简化轴向伸缩系数 $p=r=1$，$q=0.5$。

（3）求出点 A、B、C、D、E、F 的轴测投影 A_1、B_1、C_1、D_1、E_1、F_1，如图 7-16c 所示，利用上述平行弦可求出圆周上一系列点的轴测投影。

（4）用曲线光滑连接 A_1、E_1、D_1、F_1、B_1、C_1 各点，即得到圆 O 的斜二测图，如图 7-16d 所示。

平行弦法画椭圆不仅适用于平行于坐标面圆的轴测图，也适用于不平行于坐标面圆的轴测图。平行弦法实质上是坐标法。

7.3.1.3　正面斜二测图作图举例

【例 7-3-1】画出图 7-17a 所示挡土墙的斜二测图。

分析：此挡土墙的正面反映其形状特征，故选用与 XOZ 面平行的轴测投影面，然后沿 Y 向延伸，即可画出该立体的斜二测图。

作图：

（1）在正投影图中选挡土墙前端面的右下角为直角坐标原点，如图 7-17a 所示。

（2）画轴测轴，并画出挡土墙前端面的形状，如图 7-17b 所示。

（3）挡土墙前端面沿 Y 方向延伸，如图 7-17c 所示。

（4）取 $q=0.5$，完成挡土墙前端面延伸后的图形，如图 7-17d 所示。

（5）在挡土墙前端面取 $q=0.5$，完成支撑板的轴测图，擦去辅助线并加深，如图 7-17e所示。

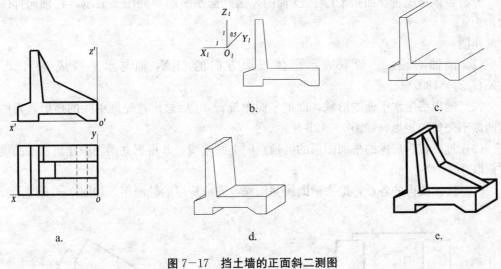

图 7-17　挡土墙的正面斜二测图

7.3.2　水平斜等测图

7.3.2.1　水平斜等测图的轴间角和轴向伸缩系数

由于轴测投影面 P 平行于坐标面 XOY，如图 7-18a 所示，所以轴间角 $\angle X_1O_1Y_1 = 90°$。轴向伸缩系数 $p=q=1$，因此凡是平行于 XOY 面的图形，投影后形状不变。至于 O_1Z_1 与 O_1X_1 之间的轴间角及 O_1Z_1 的轴向伸缩系数，同样可以任意取值。

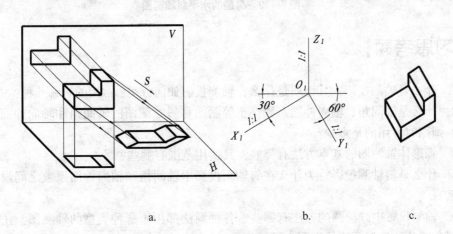

图 7-18　水平斜等测图

7.3.2.2　水平斜等测图作图举例

一般地，轴间角 $\angle X_1O_1Z_1 = 120°$，O_1Z_1 轴的轴向伸缩系数仍取 1，即斜等测图。画图时通常将 O_1Z_1 轴画成铅垂方向，而 O_1X_1 与 O_1Y_1 轴则分别与水平线成 $30°$ 和 $60°$，如

图 7-18b 所示。所得轴测图如图 7-18c 所示。这种轴测图，宜用来绘制一个建筑群的鸟瞰图或一个区域的总平面图。

【例 7-3-2】画出如图 7-19a 所示房屋的水平斜等测图。

分析：该房屋特征面是平行于 H 面的，因此选水平斜等测图来表示，各轴向伸缩系数均为 1。

作图：

(1) 画轴测轴，一般取表示形体长边方向的 O_1X_1 轴与水平线成 $30°$（即令 $\angle X_1O_1Z_1 = 120°$）。

(2) 画出房屋水平面的形状，即把平面图旋转 $30°$ 后画出，先画中间的矩形，再画左右两侧不完整的矩形，如图 7-19b 所示。

(3) 过旋转后房屋的平面图形的各顶点向上画垂线，并根据立面图中建筑物的高度依次截取。

(4) 连接截得的各点，擦去辅助线并加深，完成房屋的轴测图，如图 7-19c 所示。

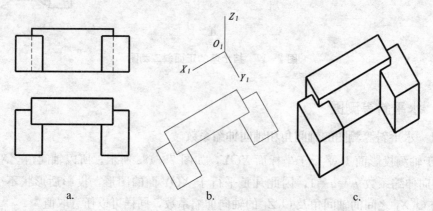

图 7-19　房屋的水平斜轴测图

【复习思考题】

1. 什么是轴测投影？其性质是什么？轴测投影如何分类？常用的有哪几种？

2. 什么是轴间角、轴向伸缩系数？正等测图和斜二测图的轴间角和轴向伸缩系数是多少？画图时常用的是多少？

3. 画形体轴测图的基本方法有哪些？其适用范围有哪些？

4. 什么是斜轴测投影？为什么在斜轴测投影中轴间角和轴向伸缩系数之间没有固定的联系？

5. 轴测投影中画椭圆的方法有哪些？各种画法都用于哪种类型的轴测图？正等测图中椭圆和圆角的近似画法的作图步骤如何？

6. 什么是水平斜等测图？其主要用途是什么？常用的水平斜等测图的轴测轴如何设置？

第 8 章 组合体

任何复杂的物体都可以看成是由一些基本形体组合而成，这些基本形体包括棱柱、棱锥等平面立体和圆柱、圆锥、圆球以及圆环等曲面立体。由两个或两个以上的基本形体组成的物体称为组合体。本章着重介绍组合体的画图、读图以及尺寸标注的方法。

8.1 概述

8.1.1 组合体的形成及表面连接形式

组合体的组合方式一般有叠加和切割两种。多数组合体的形成同时具有上述两种形式称为综合式。组合形体之间的表面连接有平齐、相交和相切等。

8.1.1.1 组合体的形成方式

（1）叠加。

组合体可看作是由几个基本形体叠加形成，这种形成方式称为叠加。如图 8-1a 所示，组合体可以看作是由Ⅰ、Ⅱ两个基本形体叠加而成。

（2）切割。

切割型组合体可以看作是基本形体被一些平面或曲面切割而成。如图 8-1b 所示的组合体可以看作是一个基本形体（长方体）被切去了Ⅰ、Ⅱ两个基本形体之后形成的。画图时，可先画切割以前的原始整体，后画被切去的形体Ⅰ和形体Ⅱ；先画截平面有积聚性的投影，后画其余相应的投影。

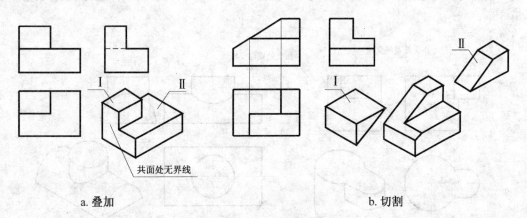

共面处无界线

a.叠加　　　　　　　　　　　　　　　　　b.切割

图 8-1　组合体的形成方式

（3）综合。

通过叠加和切割这两种方式共同构成组合体的方式，称为综合。综合构成时，可以先叠加后切割，也可以先切割后叠加。

应当指出，有时同一个组合体在进行形体分析时，思路不是唯一的，既可按叠加的形成方式来分析，也可按切割的形成方式来分析。

8.1.1.2 组合体的表面连接形式

无论以何种方式构成组合体，两基本形体表面都可能发生连接。表面连接形式有平齐、相切、相交三种。

（1）平齐。

当两形体的表面平齐（共平面或共曲面）时，在视图上两表面的连接部分不再存在分界线，如图 8-2 所示。

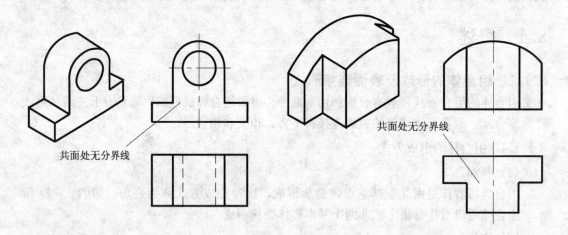

图 8-2 平齐

（2）相交。

两立体的表面彼此相交，在相交处有交线（截交线或相贯线），它是两个表面的分界线，画图时，必须正确画出交线的投影，如图 8-3 所示。关于两立体表面的交线问题见第 5 章。

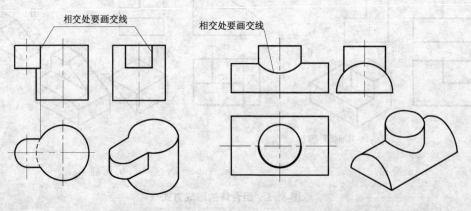

图 8-3 相交

（3）相切。

只有当立体的平面与另一立体的曲面连接时，才存在相切的问题。图 8-4a 所示为平面与曲面相切，图 8-4b 所示为曲面与曲面（圆球面与圆柱面）相切。因为在相切处两表面光滑过渡，不存在分界线，所以相切处不画线，如图 8-4 中引出线所指处。

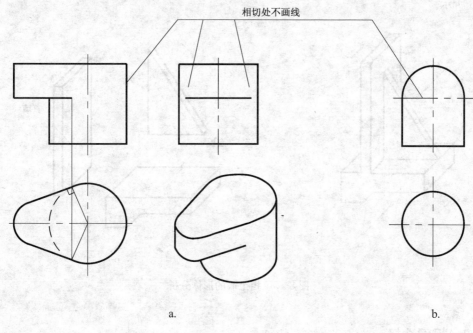

a.　　　　　　　　　　　　　　　　　　　b.

图 8-4　相切

8.1.2　组合体的三视图

8.1.2.1　三视图的形成

在画法几何中，物体在三投影面体系中的正投影称为物体的三面投影，而在工程制图中，通常称为三视图。其正面投影称为主视图，或正立面图；水平投影称为俯视图，或平面图；侧面投影称为左视图，或左侧立面图。

8.1.2.2　三视图的投影对应关系

画出组合体中各几何形体的三视图，并按其相对位置组合，就可以得到组合体的三视图。在绘制三视图时，各视图间的投影轴和投影连线一律不画。但三视图各投影之间的位置关系和投影规律仍然保持不变。三视图之间的投影规律为：正视图、俯视图长对正；正视图、侧视图高平齐；俯视图、侧视图宽相等。这个三等规律是画图和读图必须遵循的基本投影规律。

8.2　组合体视图的画法

8.2.1　形体分析

假想把组合体分解为若干组成部分（基本形体），并分析它们的组成方式和各部分之间的相对位置及表面连接方式，从而弄清它们的形状特征和明确投影图的画法，这种分析方法称为形体分析法。

图 8-5a 所示为一扶壁式钢筋混凝土墙，可认为它是叠加型组合体，将它分解为底板、直墙和支撑板三部分。除直墙是完整的矩形板外，其余都是被切割了的矩形板，如图 8-5b 所示。

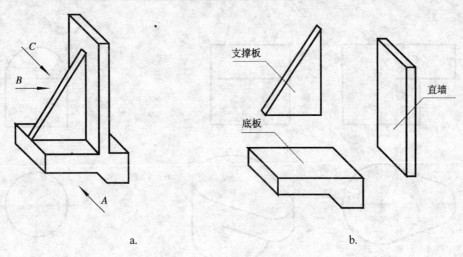

a.   b.

图 8-5　挡土墙的形体分析

8.2.2　视图选择

8.2.2.1　主视图的选择

在表达物体的一组视图时，主视图为主要的视图，应首先考虑。主视图的选择，一般应从以下四个方面考虑。

（1）物体的放置。物体应按自然位置安放，或使物体处于正常的工作位置。

（2）投影方向的选择。通常要求主视图的投影方向能尽量反映各组成部分的形状特征及其相互的位置关系。如图 8-5a 中所示的挡土墙，若选择 A 向为主视图的投影方向，所得到的投影反映的形状特征比沿 B 向得到的投影所反映的形状特征要明显一些。因 A 向投影不仅表达了支撑板和底板的形状特征，还表达了直墙与底板的相互位置关系，所以选择 A 向的投影作为主视图，如图 8-6a 所示。

（3）尽量减少视图中的虚线，以使视图清晰，并要求合理地利用图纸。

（4）专业图的表达习惯。房屋建筑图中一般将房屋的正面作为正立面图。

主视图选定后，应使物体的对称平面或大的平面平行于投影面，以使投影反映实形。

8.2.2.2　确定视图数量

确定视图数量的原则是：配合主视图，在完整、清晰地表达物体形状的条件下，视图数量应尽量少。在通常情况下，表达形体一般选择三个视图，形状简单的形体也可以只选择两个视图，如果标注尺寸，则有的形体只需要一个视图。具体地说，当主视图选定以后，要分析组合体还有哪些基本形体或简单体的形状特征和相对位置没有表达清楚，还需要补充哪个或哪些视图。

【例 8-2-1】挡土墙的视图数量选择。

从对挡土墙主视图（见图 8-5a）的分析可以看出，支撑板的厚度需要左视图来解决；底板的宽度需要左视图或俯视图来解决；直墙的宽度也需要左视图或俯视图来解决。这样，挡土墙的三个组成部分除主视图外，都是另需要一个左视图或俯视图的。本例选择了正视图、左视图来表达挡土墙，如图 8-6a 所示。

在选择主视图时，还应考虑尽量减少视图中的虚线。如图 8-5 所示的挡土墙，若选择 A 向或 C 向作为主视图均能反映挡土墙的形状特征，但若选择 C 向作为主视图，则其相应的左视图会出现虚线，如图 8-6b 所示，所以应该选用 A 向作为主视图，如图 8-6a 所示。

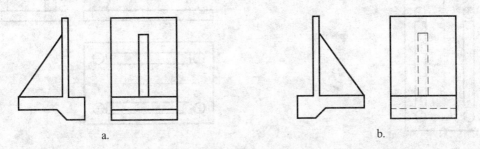

图 8-6　挡土墙的视图选择

【例 8-2-2】图 8-7a 所示为木制闸门的滚轮轴座，试选择它的视图。

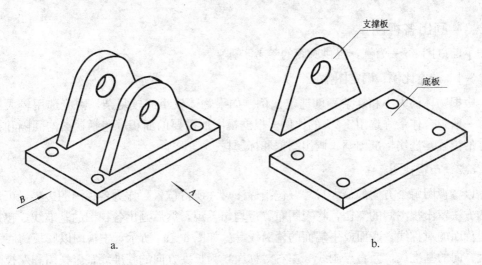

图 8-7　轴座的形体分析

（1）形体分析。

可以将图 8-7a 所示的轴座看作是由以下基本形体组成的：①带四圆孔的底板；②有圆孔的两块相同的支撑板（图 8-7b 只表示出了其中一块）。

（2）视图的数量。

底板与支撑板的相互位置关系的表达需要 B 向视图，支撑板形状特征的表达需要 A 向视图，底板四孔位置的确定需要俯视图，综合起来，表达滚轮轴座的形状共需三个视图。若选择 B 向作为主视图，如图 8-8a 所示，则不能合理利用图纸。故综合考虑，选

择 A 向投影作为主视图较好，如图 8-8b 所示。

应当指出，上述确定视图数量的例子，主要是对物体外形而言，实际上要按原则选择视图的数量，还应考虑物体的尺寸标注及剖面、断面（详见第 9 章）等因素。

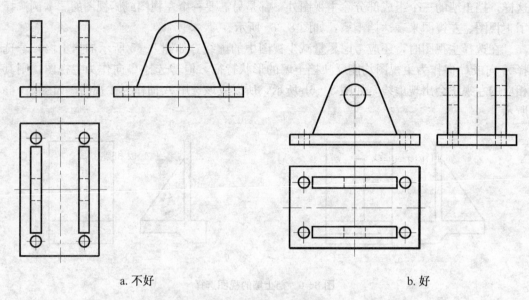

a. 不好   b. 好

图 8-8 轴座的视图选择

8.2.3 画出各视图

下面以图 8-7 为例，提供画图的参考步骤。

8.2.3.1 选定比例，确定图幅

根据物体的大小和复杂程度选定比例。如果物体较小或较复杂，则应选用较大的比例，一般组合体最好选用 1∶1 的比例。根据视图所需要的面积（包括视图的间隔和标注尺寸的位置）选用标准图幅，画出图框和标题栏。

8.2.3.2 布置视图

以各视图每个方向的最大尺寸（包括标注尺寸所占位置）作为各视图的边界，可用计算的方法留出视图间的空档，将视图布置得均匀美观，然后画出各视图的基准线，包括表示对称面的对称线、底面或主端面的轮廓线等。如图 8-9a 所示，主视图以底板的底面为高度方向的基准线，竖直点画线（左右对称面）为长度方向的基准线；俯视图和左视图均以点画线作为宽度方向的基准线。

8.2.3.3 画各视图底稿

各视图的位置确定后，用细实线依次画出各组成部分的视图底稿。

（1）画图的顺序是：先大（形体）后小（形体）；先主要（结构）后次要（结构），如图 8-9 所示，先画底板后画支撑板。对一个基本形体来说，应先特征（视图）后其他（视图）；先实线，后虚线。

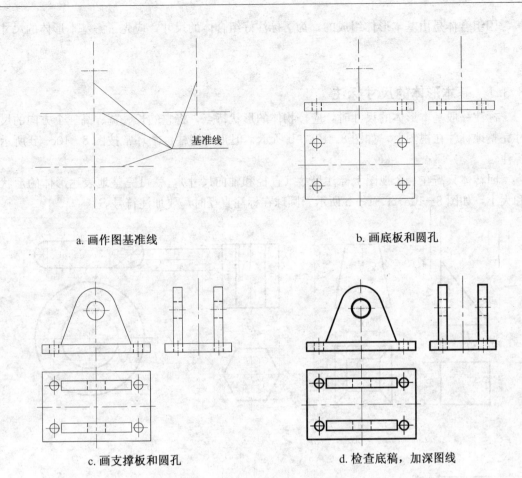

基准线

a. 画作图基准线　　　　　　　　　　b. 画底板和圆孔

c. 画支撑板和圆孔　　　　　　　　　d. 检查底稿，加深图线

图 8-9　组合体视图的画图步骤

　　画图时，通常不是画完一个视图之后，再画另一个视图，而是按三等规律，把形体的有关视图配合作图。如画主视图、左视图时，同时考虑高平齐，画俯视图时，同时考虑宽相等。

　　应当指出，组合体实际上是一个整体。形体分析是假想的，当两个基本形体平齐，即共一个表面时，在共面处不画线，如图 8-2 所示。

　　（2）画其他组成部分的各视图，并完成全部底图，如图 8-9c 所示。

8.2.3.4　检查，描深

　　用形体分析法逐个检查各组成部分（基本形体或简单体）的投影以及它们之间的相对位置关系。对于对称图形应画对称面的积聚投影，即对称线；对于回转体要在非圆视图上画出回转轴线。如无错误，则按规定的线型描深，如图 8-9d。

8.3　组合体的尺寸标注

　　在工程制图中，除了用投影图表达组合体的形状结构外，还必须标注出反映形体大小及各结构相互位置关系的尺寸。尺寸是施工的重要依据。

因组合体是由基本形体组成的，为了标注好组合体的尺寸，应先了解基本形体的尺寸标注。

8.3.1　基本形体的尺寸标注

标注一般基本形体的尺寸时，应按物体的形状特点，将它的长、宽、高三个方向的尺寸完整地标注在视图上，如图 8-10a、b 所示，但正六棱柱、圆环常按图 8-10c、d 所示标注。

回转体只需在一个视图上标注尺寸（直径和轴向尺寸），就可完整地表达形体的形状和大小，如图 8-10e、f、g、h 所示。圆球在标注直径时，要加注符号 S。

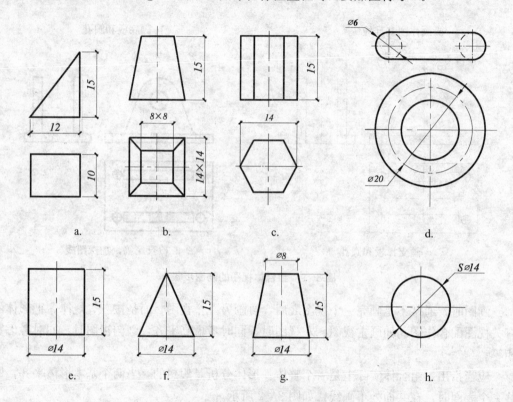

图 8-10　基本形体尺寸标注

图 8-11 是具有斜截面或缺口的形体的尺寸标注示例。除了标注基本形体的尺寸以外，还应标注出截平面的定位尺寸。因为截平面与形体的相对位置确定后，截交线的位置也就完全确定了，所以，截交线的尺寸无须另外标注，如图 8-11 中打"×"的尺寸是多余的尺寸。同理，如果两个基本形体相交，也只需分别标注出两者的定形尺寸和它们之间的定位尺寸，不能标注相贯线的尺寸。

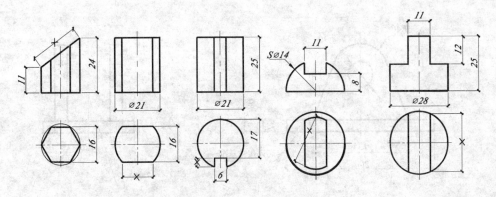

图 8-11　具有斜截面或缺口的形体的尺寸标注示例

8.3.2　组合体的尺寸标注

　　在组合体视图上标注尺寸的基本要求是：齐全、清晰、正确、合理，符合制图国家标准中有关尺寸标注的基本规定。下面分别讨论这些要求。

8.3.2.1　尺寸标注要齐全

　　尺寸齐全就是在视图上标注的尺寸，完全能确定物体的大小和各组成部分的相互位置关系，不遗漏、不重复（同一个尺寸，不能同时在两个视图上标注）、不封闭（同一视图中标注了总体尺寸，则各分部尺寸中的一个最不重要的尺寸应不标注）。但在房屋建筑图中，为了便于施工，标注尺寸时应将同方向的尺寸首尾相连，布置在同一条尺寸线上，并且允许标注封闭尺寸。

　　在标注尺寸之前，应对组合体进行形体分析，并标注出下列三种尺寸。

　　（1）定形尺寸：确定组合体中各基本形体大小的尺寸。

　　如图 8-12 所示的轴座中，底板长 200，宽 120，高 15 均为底板的定形尺寸，4-⌀13 为底板四圆孔的定形尺寸，支撑板的 ⌀30 为轴孔的定形尺寸，R40 为支撑板顶端圆柱面半径的定形尺寸。

　　（2）定位尺寸：确定各基本形体之间相互位置关系的尺寸。

　　度量尺寸的起点称为基准。在组合体的长、宽、高三个方向上标注定位尺寸，需要三个尺寸基准。通常把组合体的底面、对称平面（反映在视图中是用点画线表示的对称线）、较大的或重要的端面、回转体的轴线等作为尺寸基准。图 8-12 所示的组合体其高度方向的尺寸基准为底面，长度方向的尺寸基准为左右对称面，宽度方向的基准为前后对称面。

　　图 8-12 的主视图中，15 为支撑板高向的定位尺寸，80 为 ⌀30 的圆孔的高向定位尺寸；俯视图中，160 为长向两孔的定位尺寸，86 为宽向两圆孔的定位尺寸；左视图中的 72 为两支撑板的定位尺寸。

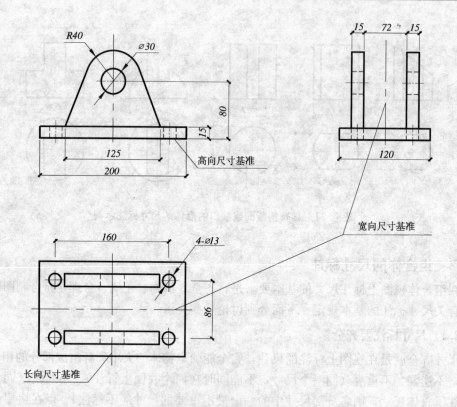

图8-12　滚轮轴座的尺寸标注

应当指出：并不是每个形体都要标注出三个方向的定位尺寸。如果每个方向的定位尺寸可由定形尺寸或其他因素所确定，就可省去这个方向的定位尺寸。当形体在叠合、靠齐、对称的情况下，可省掉一些定位尺寸。如图8-13a中，半圆柱的三方向定位尺寸均应注出。图8-13b中，由于两基本形体上下叠合、后端面靠齐、左右对称，半圆柱的高、宽、长三个方向的定形尺寸均可由长方体的高、宽、长的定形尺寸来确定，不需标注。

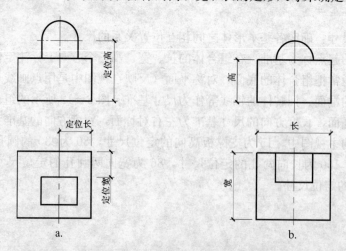

图8-13　可省略定位尺寸的情况

图8-12的主视图中，支撑板的底面与底板叠合，故可省去支撑板的定位尺寸。∅30

的圆孔轴线与支撑板的左右对称面重合，故只标注出支撑板底面的长度 125 而不需另注 62.5 的定位尺寸。应当注意：图 8-12 的俯视图中两圆孔的长向定位尺寸是 160，因其尺寸基准为对称面，不能标注成圆孔轴线至基准的尺寸 80，而应注写成两轴线间的距离 160。

（3）总体尺寸：确定组合体总长、总宽、总高的尺寸。

图 8-12 中，200 是总长尺寸，120 是总宽尺寸，总高尺寸可由定位尺寸 80 和半圆柱的半径尺寸 $R40$ 之和来确定，图上一般不直接标注出总高尺寸 120。因支撑板的顶端是回转体，当物体一端为回转体时，一般不直接标注出总体尺寸，而标注出回转体轴线的定位尺寸，如图 8-12 主视图中的 80。总之当总体尺寸与其他尺寸相同时，不重复标注。

8.3.2.2　尺寸标注要清晰

要使尺寸标注清晰应注意以下 5 点。

（1）尺寸要标注在形状特征明显的视图上，如图 8-14 中的截角尺寸 10 和 22 应注在反映截角特征的俯视图上（图 8-14a），而不应把 22 注在其主视图上（图 8-14b）。表示圆弧半径的尺寸要标注在反映圆弧特征的视图上，如图 8-12 所示主视图上支撑板顶端 $R40$ 的圆弧。

（2）相关的尺寸集中标注。表现同一形体的尺寸应尽量集中地标注在反映特征的同一视图上，如图 8-14 主视图所示的槽口尺寸 8 和 5。图 8-12 的俯视图中底板四圆孔的定形尺寸 $4-\varnothing13$ 和其定位尺寸 160 和 86 都是集中标注在同一视图中的。

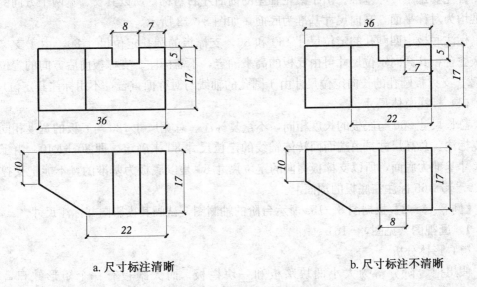

a. 尺寸标注清晰　　　　　　　　　　　　　b. 尺寸标注不清晰

图 8-14　相关的尺寸集中标注

（3）回转体的直径尺寸一般标注在非圆视图上，但若非圆视图是虚线时，最好不在虚线上标注尺寸，如图 8-12 主视图中的 $\varnothing30$。

（4）尺寸尽量标注在视图轮廓线之外，并尽可能标注在两个有关视图之间。但应注意，尺寸最好靠近其所标注的线段，并应避免与其他尺寸界线或轮廓线相交。某些细部尺寸允许标注在图形内。

（5）两尺寸线或尺寸线与轮廓线之间的距离不能小于 5mm，一般采用 7mm。竖直尺寸线的尺寸要标注在左边，而且字头向左。标注直线尺寸的起止符号要用与尺寸线成 45° 的粗短画线。

8.3.2.3 标注尺寸要正确

尺寸数值不能有错误，尺寸标注要符合国家标准规定。

8.3.2.4 标注尺寸要合理

标注合理就是要考虑设计、施工和生产的要求。例如一般组合体的尺寸标注不允许标注封闭尺寸，而在房屋施工图中，为了便于施工，则常标注封闭尺寸。这部分的内容将在第 10 章房屋建筑图中进行研究。

【例 8-3-1】标注图 8-9d 所示轴座三视图的尺寸。

步骤如下：

（1）形体分析。

图 8-9d 所示轴座的形体分析见例 8-2-2。

（2）标注定形尺寸。

标注定形尺寸时应先进行形体分析，把各基本形体应有的定形尺寸标注出来。如图 8-12 中应先把底板的定形尺寸长 200、宽 120、高 15 和底板上的四圆孔的尺寸 4-∅13 注出，再把支撑板的定形尺寸 125、15，其圆孔 ∅30 和顶端圆弧半径 R40 标注出。

（3）标注定位尺寸。

首先要选定尺寸基准。由于滚轮轴座的前后左右对称，所以其长、宽两个方向的尺寸基准均为对称平面，高向尺寸基准为底面，如图 8-12 所示。

标注底板中四圆孔的定位尺寸 160 和 86，支撑板的圆孔定位尺寸 80。由于支撑板与底板叠合，其高向定位尺寸可由底板的高来确定，不需标注。支撑板前后方向的定位尺寸为 72。支撑板圆孔的长向定位尺寸由于圆孔的轴线与对称面重合，不用标注其定位尺寸。

（4）标注总体尺寸。

总长尺寸 200 与底板的长度相同，不重复标注。总宽尺寸 120 与底板的宽度相同，不重复标注。总高尺寸是由端面回转体轴线的定位尺寸 80 来确定，即 80+R40。由于高向的尺寸基准为底面，所以支撑板高向的定位尺寸 80 是以底板为基准的，不能把支撑板的高 80-15=65 标注在底板的顶面上。

【例 8-3-2】根据图 8-15a 所示台阶的轴测图，试画其投影图并标注尺寸。

1）**画视图**（见图 8-16）

（1）形体分析。

假想把台阶分解为大小两块踏板和一块栏板，而大踏板有一个矩形缺口，如图 8-15b 所示。

（2）视图选择。

先将物体按工作位置放置，然后选择表示形状特征明显的投影方向作为正视图的投影方向，如图 8-15 中箭头所示方向。再决定视图数量，按决定视图数量的原则，本例选用三视图。

（3）画出各视图。

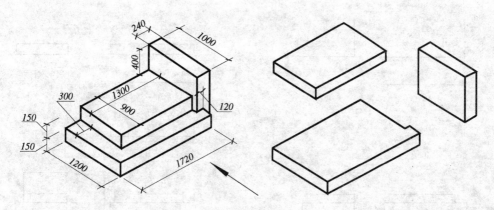

图 8-15 画台阶的投影图并标注尺寸

本例画图的顺序仍然是:先大后小,先主要后次要,先特征后其他,先实线后虚线。作图步骤如下:

a. 按视图的最大范围和标注尺寸所占位置布置视图,然后画出每个视图的两个方向的基准线,以便度量尺寸,如图 8-16a 所示。

b. 画大踏板的三视图(暂时不画虚线),如图 8-16b 所示。

c. 画小踏板的三视图,如图 8-16c 所示。

d. 画栏板的三视图,如图 8-16d 所示。

e. 画虚线并完成全部底图,如图 8-16e 所示。

f. 描深,如图 8-16f 所示。

2) 标注尺寸(见图 8-16f)

(1) 标注定形尺寸(240、1000、1300、900、1200、150)。

(2) 标注定位尺寸(300、1720、150)。

(3) 标注总体尺寸(1200、1840、700)。

(4) 用形体分析法检查是否有遗漏、错误或重复。

应当指出,画组合体视图的步骤可根据组合体的组合方式而采用不同的方法。例如在台阶的例子中,形体属于叠加型组合体,一般是把组合体中每个基本体的三个视图一次画完,画完一个基本体再画另一个基本体。也可以在各视图的基准线上定出各基本体的长、宽、高,按三等规律,把水平或竖直的直线成批地画出,然后确定各基本体应画的图形。若遇切割型组合体,一般是把未切割前的整个形体的投影画出,然后切除某一形体,并画出被切去某一形体后的投影。

8.4 组合体视图的读图

根据物体的视图想象出空间物体的形状和结构,称为读图。要正确、迅速地读懂组合体的投影,除了掌握基本的读图方法外,还要了解一些读图的基本知识。在培养空间想象能力和构思能力的基础上,逐步提高读图能力。

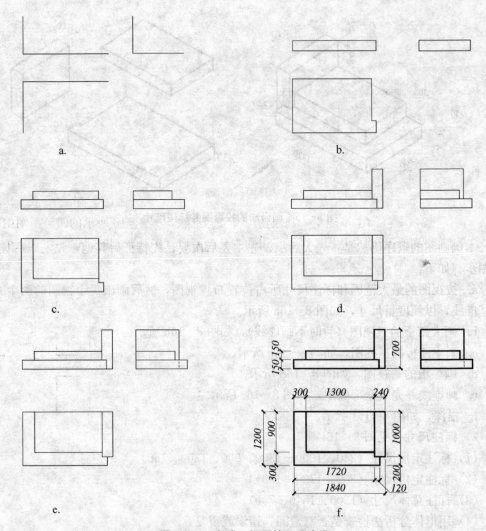

图 8-16　台阶三视图的画图步骤

8.4.1　读图的基本知识

（1）掌握三视图的投影规律，即"长对正，高平齐，宽相等"的三等规律。

（2）掌握各种位置直线和各种位置平面的投影特性，尤其是投影面垂直面的投影特性。

（3）掌握基本形体的投影特性。

（4）读图时要按投影关系把有关视图联系起来，从形状特征明显的视图着手分析。

组合体的形状是通过几个投影表达的，通常只看一个视图不能正确判断物体的空间形状。图 8-17a、b 所示的两组视图中，两个主视图都是相同的；图 8-17b、c、d、e 所示的四组视图中，四个俯视图都是相同的。若只看物体的一个视图就会判断错误，即读图时不能孤立地看一个投影进行构思。对于图 8-17 要根据两个视图才能正确判断所示物体的空间形状。

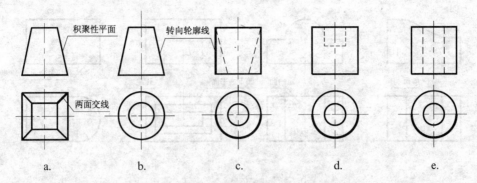

图 8-17　根据两视图判断物体的形状

有时只看两个视图也不能正确判断物体的空间形状。图 8-18 所示的四组视图中，主视图和俯视图都是相同的，若只看每一组的主、俯两个视图就会判断错误，要将三个视图配合起来才能正确判断物体的空间形状。

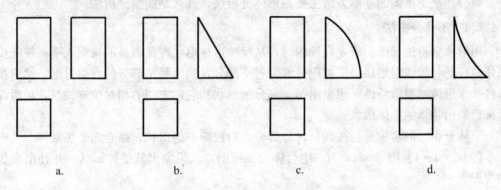

图 8-18　根据三视图判断物体的形状

（5）了解各视图中图线的含义。

在视图中出现的线段可能代表以下三种含义：形体表面有积聚性的投影，如图8-17a所示的主视图；也可能是面与面的交线，如图 8-17a 所示的俯视图；还可能是曲面的转向轮廓线，如图 8-17b、c 所示。

（6）了解线框（指封闭图形）的含义。

视图中每一个线框一般代表一个表面，可能是平面，如图 8-19a 所示；也可能是曲面，如图 8-19b 所示；还可能是相切的组合面，如图 8-19d 所示；特殊情况下是孔洞，如图 8-19c 所示。

视图中相邻两线框一般表示物体上两个不同的表面，它们可能是相交的两表面，如图8-19a 所示；也可能是平行的两表面，如图 8-19c 所示。视图中反映表面的线框在其他视图中对应的投影有两种可能，即类似形或一线段。如在某视图中的投影为线框，而另一投影没有与它对应的类似形时，其对应投影一般积聚为一直线，这个关系可简述为"无类似形必积聚"。如图 8-19a 的俯视图中间的一个矩形线框，主视图中没有与它对应的类似形，该矩形线框对应的投影应为主视图中的斜线。

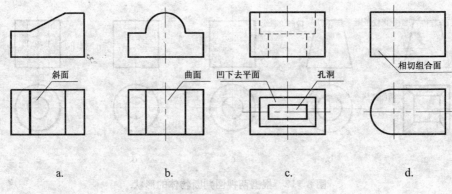

斜面　　　　　　曲面　凹下去平面　　　孔洞　　　　　相切组合面

a.　　　　　　　b.　　　　　　c.　　　　　　d.

图 8-19　视图中线框的含义

8.4.2　组合体视图的读图方法

组合体视图读图的基本方法主要是形体分析法，其次是线面分析法。

8.4.2.1　形体分析法

用形体分析法读图，就是在读图时，从反映形体形状特征明显的视图入手，按能反映形体特征的封闭线框划块，把视图分解为若干部分，找出每一部分的有关投影，然后根据各种基本形体的投影特性，想象出每一部分的形状和它们之间的相对位置关系，最后综合起来想象出物体的整体形状。

形体分析法的步骤是：按线框、分部分、对投影、想形状、综合起来想整体。

【例 8-4-1】图 8-20a 为一组合体的二视图，试想象出其整体形状，并补出底板的左视图。

解：因为如图所示组合体的主视图的特征比较明显，其中的几个封闭线框反映了其基本形体的特点，所以在主视图上划分线框Ⅰ、Ⅱ、Ⅲ、Ⅳ，其中Ⅱ、Ⅳ两部分相同，只需分析Ⅰ、Ⅱ、Ⅲ三部分。

按每一部分的投影关系，把每部分的有关投影分离出来，如图 8-20b、d、f 所示的三组视图。根据基本形体的投影特性，想象出图 8-20b 所示的物体是挖去了两部分的矩形板，如图 8-20c 所示。图 8-20d 所示的物体是三角块，如图 8-20e 所示，图 8-20f 所示的物体是挖去了半圆槽的长方体，如图 8-20g 所示。最后根据整体的二视图，了解各基本形体之间的相互位置关系，想象出组合体的整体形状，如图 8-20h 所示。搞懂组合体底板的形状以后，按三等规律画出底板的左视图，如图 8-20b 所示。

形体分析法特别适用于叠加型组合体，也适用于比较复杂（综合）的组合体。若遇到切割型的组合体，也可以用形体分析法去分析。但这种方法与叠加法相反，即把物体分析为切掉某些形体的形体，这种方法一般称为切割法。

切割法是按物体各视图的最大边界假想物体是一个完整的长方体或其他基本形体，再按视图的切割特征，搞懂被切去部分的形状及其相互位置关系，最后想象出物体的形状。

【例 8-4-2】图 8-21a 为一物体的二视图，试想象出它的空间形状。

解按图 8-21a 所示两视图的最大边界线，假想原物体是一个长方体，如图 8-21b 所示。根据主视图的切割特征可以想象出该物体左上角被切去部分的形状，如图 8-21b 所示。又根据主视图中的虚线及其俯视图中的有关投影，可知物体的右上方被切掉一槽口，如图 8-21c 所示，最后想象出物体的整体形状。

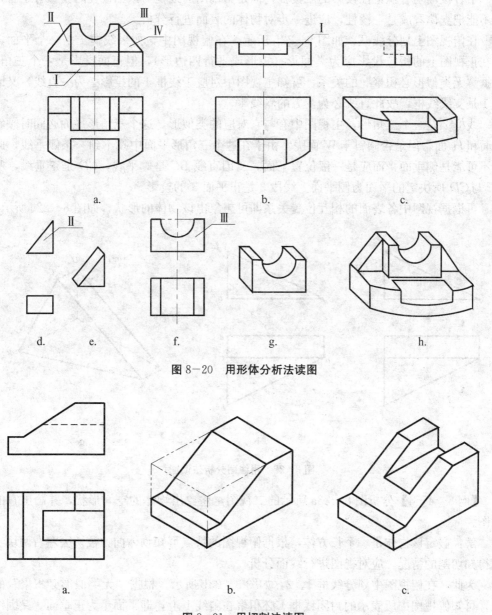

图 8-20 用形体分析法读图

图 8-21 用切割法读图

8.4.2.2 线面分析法

在读图时，对比较复杂的组合体及不易读懂的部分，还常使用线面分析法帮助想象和读懂这些局部形状。所谓线面分析法就是根据线面的投影特性分析视图中的线段和线框的含义，从而想象出物体各表面形状和相互位置关系，进而想象出物体的细部或整体形状。

线面分析法的读图步骤是：分线框，对投影，想形状，综合起来想整体。

【例 5-4-3】分析图 8-22a 所示的二视图，并想象出其空间形状。

解：如前所述，一个线框一般代表一个表面。图 8-22a 所示的正视图只有一个线框，该线框代表的是一个平面还是一个物体呢？根据基本形体的投影，这个三角形线框可能代表一个各棱面均有积聚性投影的三棱柱，但是俯视图的线框与该三棱柱的投影有矛盾，所以不能把立体看成是三棱柱，应进一步对物体的表面进行分析。

在俯视图上划分线框，如图 8-22b 所示。在俯视图中，如果线框 1 是一个平面，则它在正视图上的相应投影应为类似形（矩形或平行四边形），但正面投影是一个三角形。根据"无类似形必积聚"的关系，可知主视图中对应于线框 1 的投影必为一直线，又因线框 1 是实线线框，故此直线必为上方的斜线 $1'$。

线框 2 是一个三角形，主视图中有与它对应的类似形，这个三角形平面必同时倾斜于 V 面和 H 面，但是否倾斜于 W 面呢？由于在这个三角形平面中找不到一条侧垂线，此平面不可能是侧垂面，而应是一般位置平面。又因直线 BC 是侧平线，CD 是正垂线，所以 BC 与 CD 所决定的平面为侧平面。线段 3 是正平面 $3'$ 的投影。

再根据视图中各表面的相互位置关系即可想象出该物体的形状，如图 8-22c 所示。

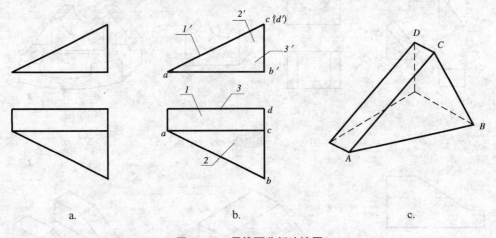

图 8-22　用线面分析法读图

【例 8-4-4】分析图 8-23a 所示的二视图，想象出物体的空间形状，并画出它的左视图。

解：假定该物体是一个长方体，根据俯视图的特点可知物体前方被切去左右两块。为了得知切割的情况，应对视图进行线面分析。

为此，在俯视图中划分线框 1、2，如图 8-23b 所示。根据"无类似形必积聚"的关系，可知俯视图中所表示的封闭线框 1 必积聚在斜线 $1'$ 上，即平面 Ⅰ 为正垂面。又因线框 2 与线框 $2'$ 成类似形，故知平面 Ⅱ 同时倾斜于 V 面和 H 面。此时平面 Ⅱ 有两个可能性——一般位置平面或侧垂面，所以选择直线 AB 进行判定。因 $a'b'$ 与 ab 均为水平直线，即 AB 为侧垂线，则判定平面 Ⅱ 为侧垂面。另外，此形体左右对称，由此可知该物体是一个长方体的两侧各被一正垂面和侧垂面所切割形成。切割后的空间形状如图 8-23d 所示。

根据上述分析，利用"三等规律"即可画出左视图，如图 8-23c。

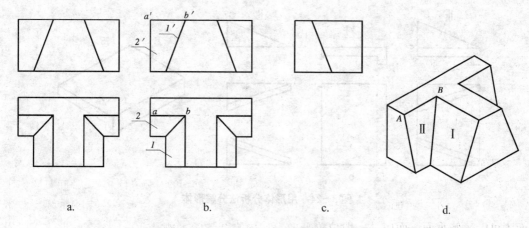

图 8-23 由已知的二视图补绘第三视图

8.4.3 组合体视图的读图步骤

组合体视图的读图步骤如下：

（1）概括了解。

（2）用形体分析法分形体、想形状。

（3）用线面分析法攻难点。

（4）综合起来想整体。

【例 8-4-5】以图 8-24 为例对读图步骤进行说明。

（1）概括了解。

先了解表达物体用了哪些视图。根据这些视图，初步了解物体的大概形状，并分析该物体是由哪几个主要部分组成的，各主要组成部分的形体特征是否明显，应采用何种读图方法。图 8-24 所示的组合体只用了两个视图表达，从图中可知该物体大概由三部分组成，其中有一部分形体特征不明显，不易想出其形状。本题除用形体分析法外，还应采用线面分析法想出不易看懂的地方。

（2）用形体分析法分形体、想形状。

按反映物体各形体特征的主视图划块，把视图分解为两部分，找出两部分的有关投影（可借助于三角板、分规等工具），把各组成部分的有关视图分离出来，然后按基本形体的投影特性，想象出各基本形体的空间形状。

根据图 8-24a 中的两个视图可知，该物体由两部分组成。因为 I、II 两个线框都可能各代表一个基本形体，按投影关系把各基本形体的有关视图分离出来，如图 8-24b、c 所示的两组视图。形体 I 的主视图上的线框代表形体的投影（又称体线框），据此很容易想出它的形状，如图 8-24d 所示。而在形体 II 的视图中结构关系不明显，不易读懂，宜用线面分析法来辅助解决。

（3）用线面分析法攻难点。

为了便于分析，特把形体 II 的有关视图单独分析，如图 8-25a 所示。这一部分与图 8-22 的物体很近似，其分析方法完全相同，故略。分析得该形体的空间形状如图 8-25b 所示。

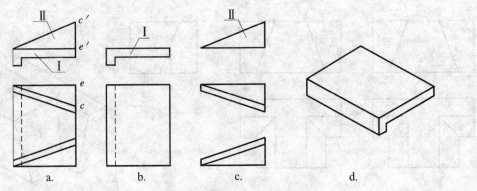

图 8-24　用形体分析法分解形体

（4）综合起来想整体。

将分析所得各形体的形状对照组合体的各视图所示各形体间的相互位置关系，想出整体的形状。图 8-24a 中，以形体 I 为基础，上加前后两个形体 II（另一形体与形体 II 对称）而得组合体的空间形状，如图 8-25c 所示。

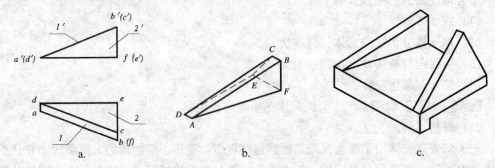

图 8-25　线面分析法攻难点

8.4.4　由二视图补画第三视图

由已知二视图补绘第三视图是培养读图能力的一种常用方法。在补绘第三视图以前，要求把已知视图读懂，想象出其空间形状之后才不会把第三视图画错。

【例 8-4-6】图 8-26 为一组合体的正、俯二视图，试补画出其左视图。

（1）概括了解。

图 8-26a 只用了主、俯两个视图来表达物体。若只从图中的线框分析，则不易将各形体分离出来，但可假想从线框的某处分开，把分开部分作为独立的形体看待。如图 8-26b 所示，将俯视图的凸出部分用双点画线分开，主视图的凸出部分以双点画线为界，假想将组合体分成四个基本形体，这样组合体部分的形体明确，仅用形体分析法即可解决。

（2）形体分析。

如图 8-26b 所示，在主视图上划分反映形体的线框 I、II、III，在俯视图上划分反映形体特征的线框 IV。按投影关系分别把它们的有关投影分离出来得到图 8-27a 及图 8-28a、c、d 所示的各组视图。除线框 II 所反映的形体可用切割法外，其他各形体均可根据基本形体的投影特性将形体的形状想象出来，如图 8-27 和图 8-28 所示相应的轴测图。

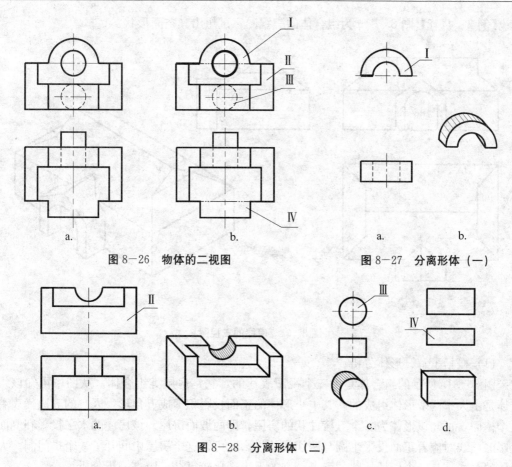

图 8-26　物体的二视图

图 8-27　分离形体（一）

图 8-28　分离形体（二）

（3）综合起来想整体。

对照图 8-26b 所示，以线框Ⅱ所示形体为基础，上加线框Ⅰ的形体，前加线框Ⅳ的形体，后加线框Ⅲ的形体。按已知两视图所给定的相互位置关系即可想象出组合体的形状，如图 8-29 所示。

（4）补画左视图。

在读懂视图的基础上，按投影规律，先画形体Ⅱ，后画形体Ⅰ、Ⅲ、Ⅳ的左视图，最后完成组合体的左视图，如图 8-30 所示。

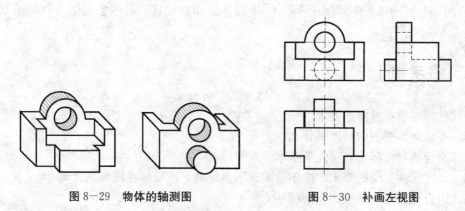

图 8-29　物体的轴测图

图 8-30　补画左视图

【例8－4－7】 图8－31a为组合体的三视图，试想出其空间形状。

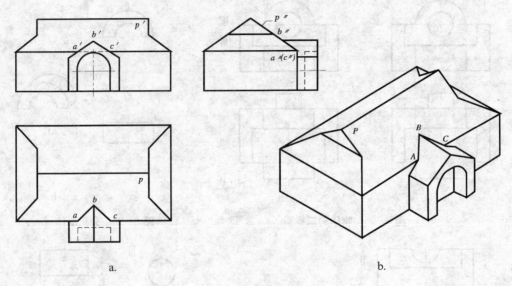

图8－31　房屋的三视图

（1）概括了解、形体分析。

图8－31a所示的组合体是由三个视图表达的，它是房屋类组合体。从图中可知该组合体是由大小两个形体组成的。其中小形体的正面投影积聚成五角形，因它的五边代表着五个棱面，可知该形体为一个五棱柱状的房屋，即两坡面房屋。该房屋的水平投影和侧面投影的虚线对应着正面投影半圆与两切线的投影，可知这个房屋中间开了一个拱门洞。大形体的下半部是一个四棱柱状的墙身，它的上半部比较复杂，应进一步分析。

（2）线面分析。

大形体的上半部应为房屋的屋面，根据侧面投影的大小两个三角形和一个梯形，结合水平投影中的梯形类似形，可知该屋面是一个三棱柱被两个侧平面和两个正垂面切割而成。像这样的屋面称为歇山屋面。该歇山屋面的前坡面 P 与小房屋的两坡面相交而得交线 AB 和 BC，P 面的水平投影 p 和其正面投影 p' 也成类似形，P 面的侧面投影 p'' 积聚为一条直线。

（3）综合起来想整体。

将前面分析的各形体对照图8－31a中形体的相对位置，可想象出组合体的形状，如图8－31b所示。

【复习思考题】

1. 选择主视图有哪些要求？
2. 画组合体视图的顺序是什么？
3. 组合体尺寸标注有哪几项基本要求？
4. 尺寸标注齐全的要求，除不遗漏、不重复外，还要标注出哪三种尺寸？
5. 组合体读图的基本知识有哪些？

6. 组合体读图的基本方法有哪几种？
7. 用形体分析法的读图方法是什么？试举例说明。
8. 如何利用切割法读图？试举例说明。
9. 组合体读图有哪些步骤？

第9章　视图、剖面图、断面图

9.1　视图

9.1.1　基本视图

工程制图中的投影图称为视图。如图9-1所示，若放在三面投影体系中的形体按箭头 A、B、C 所指方向分别向 V、H、W 三个投影面作正投影，所得的正面投影图、水平投影图、侧面投影图分别称为正立面图（主视图）、平面图（俯视图）、左侧立面图（左视图）。

主视图、俯视图和左视图主要表示形体前表面、上表面和左侧面的形状，为满足工程需要，按《建筑制图标准》GB/T50104-2001规定，在三面体系基础上，再增加三个与 V、H、W 面平行的新投影面 V_1、H_1、W_1，上述六个投影面称为六个基本投影面，它们组成一个平行六面体。如图9-1a所示，再按箭头 D、E、F 方向分别向投影面 V_1、H_1、W_1 作正投影，得右侧立面图（右视图）、底面图（仰视图）、背立面图（后视图），并将各投影面按图9-1b所示方法展开后摊平到一个平面上，即得形体的六个基本视图，如图9-2a所示。这种直接在各投影面上得到形体多面正投影图的方法称为第一角画法。房屋建筑图常用直接正投影法绘制。

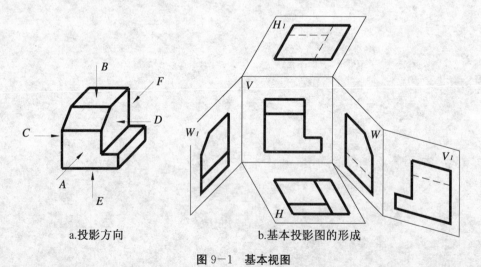

a.投影方向　　　　　　　　　　b.基本投影图的形成

图9-1　基本视图

9.1.2　图样的布置及标注

在一张图纸上绘制几个基本视图时，其图样可按图9-2a所示的展开摊平关系配置，也可按如图 9-2b 所示配置。图样顺序宜按主次关系从左至右依次排列，若仅画图 9-2b 中的 A、B、C 三个图样时，这三个视图之间应按投影关系配置。每个图样均应标注图名。图名按《建筑制图标准》GB/T50104-2001 规定，标注在图样下方或一侧（如详图图名），并在图名下画一粗横线，其长度应以图名所占长度为准。

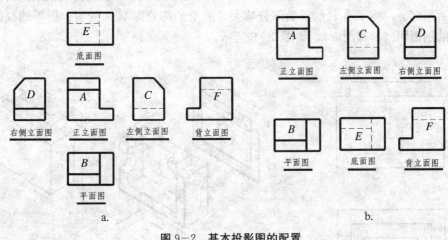

图 9-2　基本投影图的配置

9.1.3　镜像投影图

某些工程构造（如顶棚）用直接投影法不易表达清楚时，可用镜像投影图绘制。如图 9-3a 所示，若将形体放在镜面之上，用镜面代替投影面，按镜中反映的图像得到形体正投影图的方法称为镜像投影法。用此方法绘制的图样应在图名后面标注"镜像"二字，如图 9-3b 所示。镜像投影法是第一角画法的辅助方法。

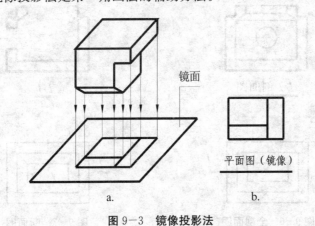

图 9-3　镜像投影法

9.2　剖面图

9.2.1　剖面图的形成

作形体的视图时，看不见的轮廓线用虚线表示，如图 9-4 所示。当物体内部构造较复杂时，图中会出现较多虚线，使图面虚、实线交错而混淆不清，给看图和标注尺寸增加了难度。为了解决这个问题，工程上常采用剖面的画法。

假想用剖切面（一般为平面）把物体分割成两部分，将处在观察者和剖切平面之间的部分移去，而将剩余部分向投影面投射，所得的图形称为剖面图。

如图 9−5 所示，假想用一个正平面 P 作为剖切平面，通过右圆孔的轴线把物体切开形成前后两部分，将平面 P 的前面部分移去，剩余的部分向 V 面投射，所得的投影称为该物体的剖面图（简称剖面），如图 9−6 所示。

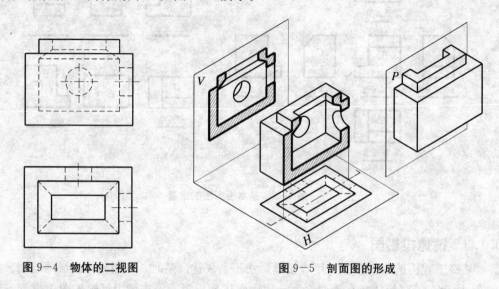

图 9−4　物体的二视图　　　　　　　　　图 9−5　剖面图的形成

若仅画出物体与剖切平面接触部分的图形（截交线围成的平面图形）称为断面图，如图 9−7 所示。

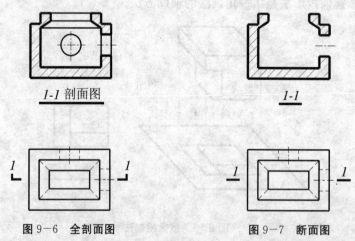

1-1 剖面图　　　　　　　　　　　　　*1-1*

图 9−6　全剖面图　　　　　　　　　　图 9−7　断面图

断面图与剖面图的主要区别在于：断面图只画出剖切面与物体接触部分（截口）的实形，而剖面图除画出截口实形外，还需画出沿投射方向物体余留部分的投影。实质上，断面图是"面"的投影，剖面图是"体"的投影，如图 9−8 所示。图 9−8c 为钢筋混凝土梁的断面图，而图 9−8d 则为该梁的剖面图。

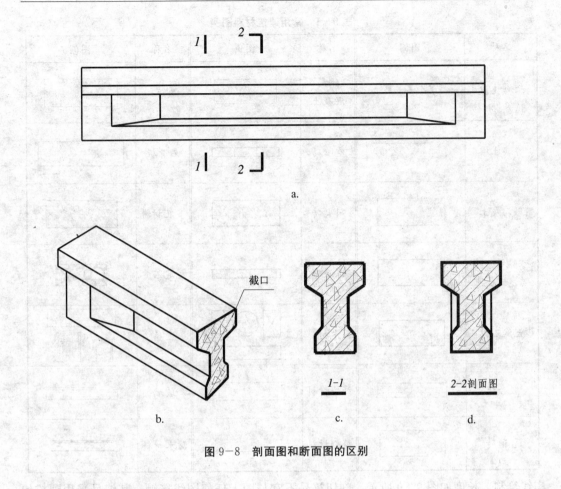

图 9-8　剖面图和断面图的区别

9.2.2　剖面图的画法

9.2.2.1　确定剖切位置和投射方向

剖面图的剖切平面位置和投射方向应根据需要来确定。在一般情况下，剖切平面应平行于基本投影面，使断面的投影反映实形。剖切平面要通过孔、槽等不可见部分的轴线或中心线，使内部形状得以表达清楚，如图 9-6 所示。如果物体有对称平面，一般将剖切平面选择在对称平面处，剖面图的投射方向基本上与视图的投射方向相同。

9.2.2.2　剖面图中的图例

在剖面图中要在断面上画出建筑材料图例，以区分断面（实体）和非断面（空腔）部分。建筑材料图例见表 9-1。在不指明建筑材料时，可以采用通用的剖面线（等间距、同方向的 45°的细斜线）来表示断面。

9.2.3　剖面图的标注

为了表明图样之间的关系，在画剖面图时，应用规定的剖切符号标明剖切位置、投射方向和编号，如图 9-9 所示。剖切符号由剖切位置线和投射方向线组成，它们均应以粗

表 9-1　常用建筑材料图例

名称	图例	名称	图例	名称	图例
自然土壤		钢筋混凝土	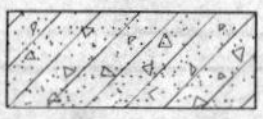	混凝土	
夯实土壤		空心砖	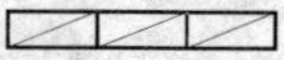	石膏板	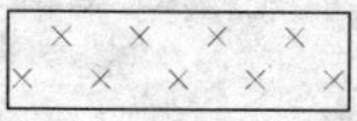
砂、灰土		耐火砖	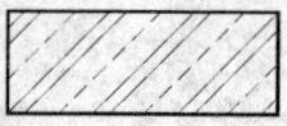	多孔材料	
砂砾石、碎砖、三合土	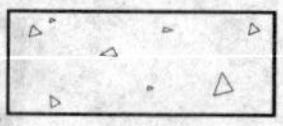	饰面砖		毛石	
天然石材		木材		金属	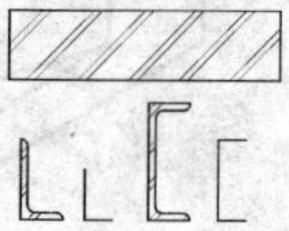
胶合板	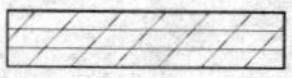	纤维材料		玻璃	
普通砖	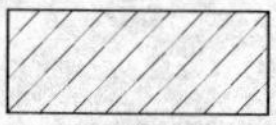	粉刷材料	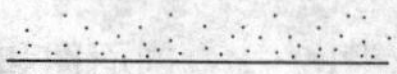	防水材料	

实线绘制，长度如图 9-9 所示。剖切符号不宜与图上任何图线接触，其编号采用阿拉伯数字，从左至右，或从上至下连续编排，并根据投射方向把数字注写在投射方向线的端部。剖面图名称用相同的编号表示，注写在相应图样的下方，名称下面画一道粗实线，如图 9-9 中的 1-1 剖面图、2-2 剖面图等。

9.2.4　画剖面图的注意事项

画剖面图还应注意以下几点：

（1）用剖切面剖切物体是假想的，因而物体的某视图画成剖面图时，其他未剖切的视图应按完整的物体画出。

（2）若剖面图和视图已表明物体的内部（或被遮挡部分）结构，则不必用虚线重复地画出其投影。如图 9-6 所示剖面图中，剖切后物体的上下两形体的接触面所形成的虚线省去不画。

（3）为了突出剖面图中的断面形状，建筑图中常将断面部分的轮廓线画成粗实线，不与剖切平面接触的可见轮廓线画成中实线。

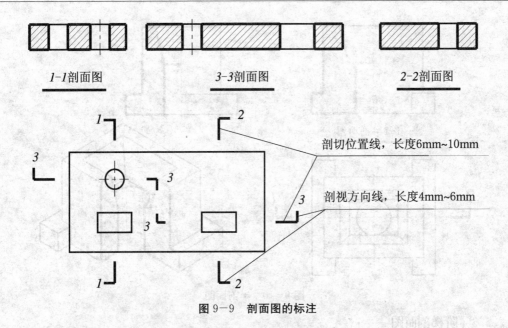

図 9-9　剖面图的标注

9.2.5　常用的几种剖面图

由于形体内部和外部的形状不同，在画剖面图时，应根据形体的特点和图示要求选用不同种类的剖面图。常用的剖面图有全剖面图、半剖面图、阶梯剖面图、旋转剖面图、局部剖面图。

9.2.5.1　全剖面图

假想用一个剖切平面将物体全部剖开后所画的剖面图，称为全剖面图，如图 9-6 所示。

当形体不对称且外形较简单，而内部结构较复杂，或形体不对称，其内外形状都较复杂，但其外形可由其他视图表达清楚时，常采用全剖面图。此外，对一些虽然对称但外形较简单的形体，如空心回转体等也常采用全剖面图。

9.2.5.2　半剖面图

当物体具有对称平面时，在垂直于对称平面的投影面上的视图，可以以对称中心线为分界线，一半画成表示外形的视图，另一半画成表示内形的剖面图。这种半个视图和半个剖面图的组合图形称为半剖面图。

半剖面图主要用于表达内外形状均较复杂且对称的物体，如图 9-10 所示。

画图时必须注意以下几点：

（1）在半剖面图中，半个外形视图和半个剖面图的分界线应画成细点画线，而不能画成其他图线。

（2）半剖面图中的剖面部分，一般画在图形垂直对称线的右侧或水平对称线的下侧。

（3）半剖面图中对称于粗实线的虚线省去不画。

另外，半剖面图的标注与全剖面图相同。

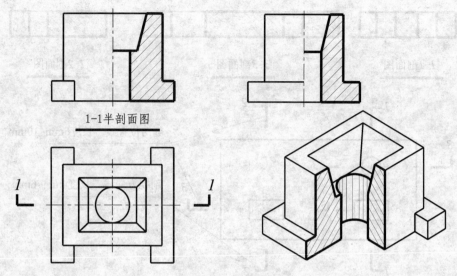

图 9-10 半剖面图

9.2.5.3 阶梯剖面图

用两个或两个以上相互平行的剖切平面剖切物体得到的剖面图称为阶梯剖面图，如图 9-11 所示。图中 1-1 剖面图就是假想用两个互相平行且平行于 V 面的平面 P 和 Q 剖开物体后，在 V 面上得到的阶梯剖面图。

当物体上有较多层次的内部孔、槽时，不能用一个既平行于基本投影面，又能通过孔、槽的轴线的剖切平面把各孔、槽都剖切到时，采用阶梯剖的方法就能解决上述问题。

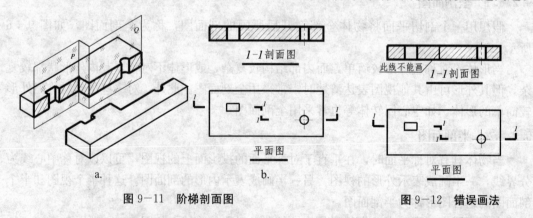

图 9-11 阶梯剖面图　　　　　　　　图 9-12 错误画法

画图时必须注意：因剖切是假想的，所以在画阶梯剖面图时，不画两个剖切平面直角转折处的分界线，如图 9-12 所示。剖切平面的转折处也不应与图中轮廓线重合。为使转折处的剖切位置线不与其他图线发生混淆，应在转角的外侧加注与剖切符号相同的编号，如图 9-11b 所示。

9.2.5.4 旋转剖面图

用两个相交且交线垂直于基本投影面的剖切面对物体进行剖切，物体被剖开后，以交线为轴，将其中倾斜部分旋转到与投影面平行的位置再进行投射，所得到的剖面图称为旋转剖面图。

图 9-13 所示为一块槽形弯板，底部两孔之间成一定的夹角，其中四棱柱孔所在的"b" 段与 V 面倾斜。为了反映该弯板的构造情况，采用旋转剖的方法，把弯板剖开后，再把倾斜的"b" 段旋转至与 V 面平行，然后向 V 面投射，就得到了旋转剖面图。

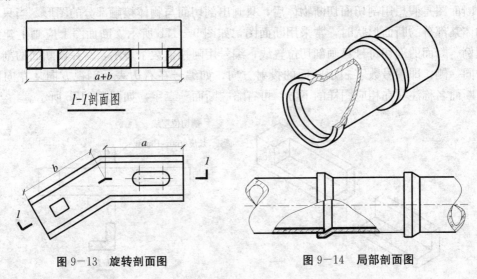

图 9-13　旋转剖面图　　　　图 9-14　局部剖面图

9.2.5.5　局部剖面图

假想用剖切面将物体局部剖开，所得的剖面图称为局部剖面图。当物体的外形比较复杂，而内部只有局部的构造需要表达时，常采用局部剖面图。图 9-14 所示为钢筋混凝土管的局部剖面图，在图中假想将管子的局部剖开，从而清楚地表达管壁的厚度和管孔与管内壁接头处的情况。

画局部剖面图时，形体被假想剖开的部分与未剖切的部分以波浪线（0.25b）为分界线，以表明剖切的范围。波浪线不能超出图形的轮廓线或穿过空洞，也不能与图上其他图线重合。

图 9-15 是杯形基础的局部剖面图，它清楚地表达了杯形基础的钢筋配置情况。

图 9-16 所示为板条抹灰隔墙分层材料和构造的做法。

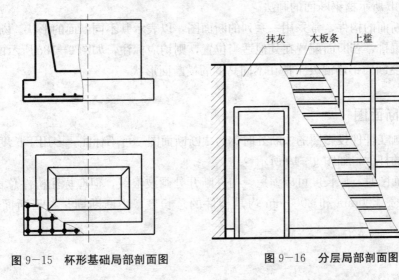

图 9-15　杯形基础局部剖面图　　　　图 9-16　分层局部剖面图

9.3 断面图

　　断面图是假想用剖切面切断物体后，只画出剖切面与物体接触部分的图形。当只需表示物体某部分的断面形状时，常采用断面图，如图 9-17b 所示。断面图上应画上建筑材料图例。断面的剖切符号只画剖切位置线，编号用阿拉伯数字表示，写在该断面的剖视方向的同一侧，即编号数字表示断面的投射方向，如编号在右边表示剖视方向从左向右投射。断面名称注写在相应图样的下方，可省略"断面"二字，如图 9-17b 所示。

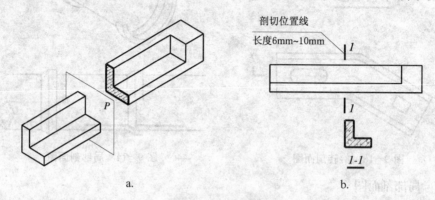

图 9-17　断面图

　　按断面图在图样中配置的不同，一般可分为移出断面图、中断断面图和重合断面图三种。

9.3.1　移出断面图

　　画在投影图形以外的断面图称为移出断面图，如图 9-18 所示。当移出断面配置在剖切位置的延长线上，且断面对称时，可不标注，如图 9-18a 所示，工字钢断面的画法用细点画线代替剖切位置。若断面形状不对称，则应画出剖切位置线和编号，写出断面名称，如图 9-18b 所示槽钢断面的画法。

　　对一些变断面的构件，常采用一系列的断面图，以表示其不同断面的形状。断面编号应按顺序连续编排，若断面配置在其他适当位置，则均应标注，如图 9-18c 所示的 1-1、2-2 断面表示变断面钢筋混凝土柱在不同高度的横断面形状。

9.3.2　中断断面图

　　当断面图画在杆件投影图的中断处时称为中断断面图，可不标注，多用于长度较长且断面形状相同的杆件，如图 9-19 所示。

　　画中断断面图时，原长度可以缩短，构件断开处画波浪线，但应标注构件总长尺寸，如图 9-19 中的 1500mm 和 2000mm 均是构件的总长度。中断断面是移出断面的特殊情况。

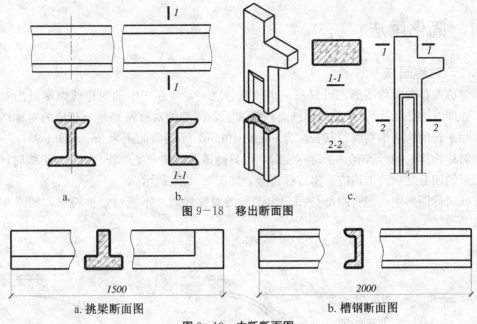

图 9-18　移出断面图

图 9-19　中断断面图

a.挑梁断面图　　　　　　　　　　b.槽钢断面图

9.3.3　重合断面图

　　将断面图画在投影图之内称为重合断面图。图 9-20 所示为梯板和挑梁的重合断面图的画法，可省略标注。当物体轮廓线为细实线时，重合断面的轮廓线用粗实线画出；当原投影图轮廓线与重合断面的轮廓线重合时，投影图的轮廓线仍应完整画出，不可间断，如图 9-20 所示。若物体的轮廓线为粗实线，则重合断面的轮廓线要用细实线画出。

图 9-20　重合断面图

　　在结构施工图中，常将梁板式结构的楼板或屋面板断面图画在结构布置图上，按习惯不加任何标注。如图 9-21 所示为屋面板重合断面图画法，它表示梁板式结构横断面的形状。

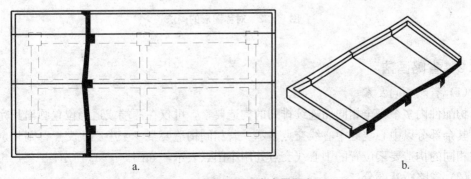

图 9-21　断面图画在布置图上

9.4 简化画法

9.4.1 对称画法

对称配件的对称图形，可只画一半或四分之一，并在图中的对称线两端画出对称符号，如图 9−22a 所示。对称线用细点画线表示，两端的对称符号是与相应的对称线垂直且互相平行的两条细实线，其长度为 6mm～10mm，平行线间距为 2mm～3mm。

对称物体的图形若有一条对称线时，可只画该图形的一半；若有两条对称线时，可只画图形的四分之一，但均应画出对称符号，如图 9−22b 所示。

在对称图形中，当所画部分稍超出图形的对称线时，不能画对称符号，如图 9−22c 所示。

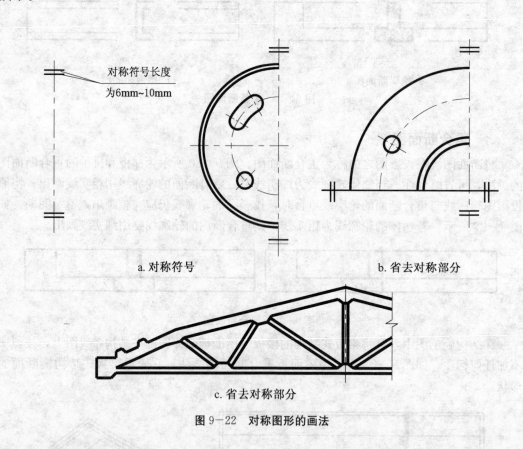

对称符号长度
为6mm~10mm

a. 对称符号   b. 省去对称部分

c. 省去对称部分

图 9−22　对称图形的画法

9.4.2 省略画法

（1）省略相同要素。

构配件内多个完全相同而连续排列的构造要素，可仅在两端或适当位置画出其完整形状，其余部分以中心线或中心线交点表示。若相同构造要素少于中心线交点，则其余部分应在相同的构造要素位置的中心线交点处用小圆点表示，如图 9−23a 所示。

（2）省略折断部分。

较长的构件，沿长度方向的形状相同或按一定规律变化，可断开省略绘制。断开处应以折断线表示，如图 9－23b 所示。

（3）省略局部相同部分。

一个构配件，若与另一构配件仅部分相同，该构件可只画不相同部分，但应在两个构配件的相同部分的分界线处，分别绘制连接符号，两个连接符号应对准在同一线上，如图 9－23c 所示。连接符号是用带相同字母的折断线表示的，字母应分别写在符号的左右两侧。

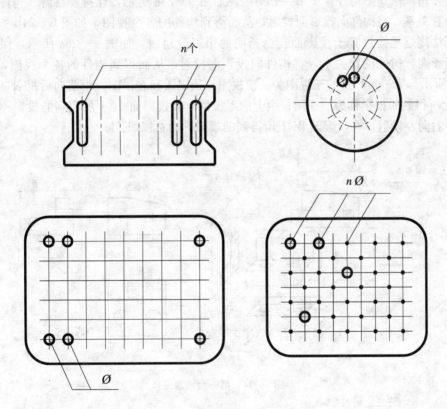

a. 相同要素省略画法

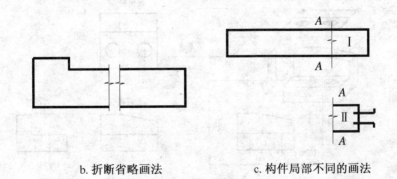

b. 折断省略画法　　　　　c. 构件局部不同的画法

图 9－23　省略画法

9.5　第三角投影法简介

前面介绍的是第一角投影，国际标准 ISO《技术制图——画法通则》规定，第一角和第三角投影等效使用。目前，我国和一些东欧国家都采用第一角投影法，日本和美国等国家采用第三角投影法，两种画法分别称为第一角画法和第三角画法。在日益发展的国际贸易和技术交流中，常会遇到一些采用第三角画法画出的图纸，故将第三角画法简介如下。

第一角画法是把构件置于第一分角内，如图 9-24a 所示，保持观察者-构件-投影面的位置关系，将构件向投影面投射，从而得到构件的各个视图，如图 9-24b 所示。第三角画法则是把构件置于投影面视为透明的第三分角内，如图 9-25a 所示，保持观察者-投影面-构件位置关系，将构件向投影面投射，从而得到构件的各个视图，如图 9-25b 所示。第三角画法的三视图为：前视图、顶视图和右视图。由前向后投射，在投影面 V 上所得到的投影称为前视图；由上向下投射，在投影面 H 上所得到的投影称为顶视图；由右向左投射，在投影面 W 上所得到的投影称为右视图。

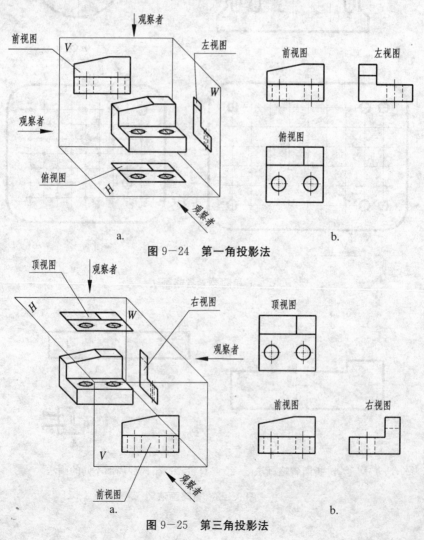

a.　　　　　　　　　　　　　　　b.

图 9-24　第一角投影法

a.　　　　　　　　　　　　　　　b.

图 9-25　第三角投影法

第三角画法中投影面的展开方法规定为：前面投影面 V 不动，水平投影面 H 和右侧投影面 W 分别向上和向右旋转 $90°$ 与前面投影面 V 共面。

前面介绍过，第一角画法的基本视图有六个，即：前视图、俯视图、左视图、右视图、顶视图和后视图。六个基本视图的形成及投影面的展开方法如图 9−26a 所示，六个基本视图的配置如图 9−26b 所示。

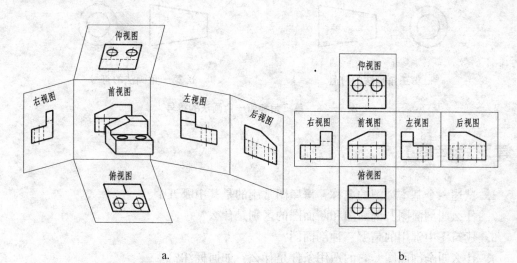

a.　　　　　　　　　　　　b.

图 9−26　第一角投影法中六个基本视图的展开及配置

第三角画法的基本视图也有六个，即：前视图、顶视图、右视图、左视图、底视图和后视图。六个基本视图的形成及投影面的展开方法如图 9−27a 所示，六个基本视图的配置如图 9−27b 所示。

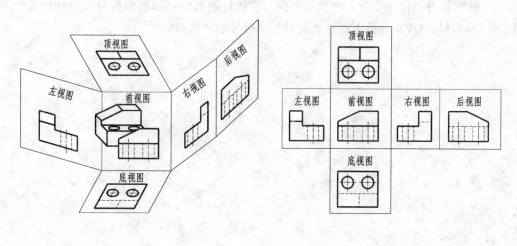

a.　　　　　　　　　　　　b.

图 9−27　第三角投影法中六个基本视图的展开及配置

在第三角画法的六个基本视图中，顶视图、右视图、左视图和底视图靠近前视图的一侧表示构件的前面，远离前视图的一侧表示构件的后面，这恰好与第一角画法相反。

由于第三角画法的视图也是按正投影法绘制的，所以六个基本视图之间长、宽、高三个方向的对应关系仍应符合正投影规律，这与第一角画法相同。

为了识别第三角画法与第一角画法，规定了相应的识别符号，如图 9-28 所示。该符号一般标在所画图纸标题栏的上方或左方。若采用第三角画法，必须在图样中画出第三角画法识别符号；若采用第一角画法，必要时也应画出其识别符号。

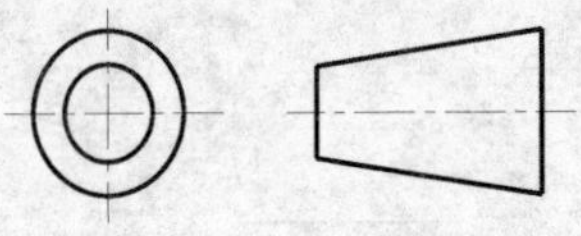

a.第三角画法的符号 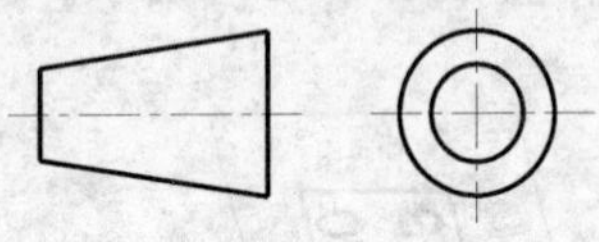   b.第一角画法的符号

图 9-28　第三角和第一角画法的符号

【复习思考题】

1. 试述六个基本视图的名称。房屋图常用的是其中哪五个？

2. 什么叫剖面图？剖面图和断面图的区别是什么？

3. 建筑图中常用的是哪三种剖面图？

4. 什么叫全剖面图？它的适用条件是什么？如何标注？

5. 在什么情况下采用半剖面图？其剖与不剖的分界线是什么线？半剖面图中对称于粗实线的虚线如何处理？

6. 在什么情况下使用阶梯剖？阶梯剖面图的标注有什么要求？在剖切转弯处的相关剖面图上画不画轮廓线？为什么？

7. 为了区分实体与空腔，在剖切平面与实体接触部分（即断面部分）应画什么？若遇不需指明材料时应在断面上画什么符号？该符号的画法如何？

第 10 章　房屋建筑图

10.1　概述

根据正投影原理并遵守《建筑制图标准》绘制的房屋建筑物的图样称为房屋建筑图，简称房屋图。

建造房屋一般包括设计和施工两个阶段。建筑工程的设计程序一般分为初步设计和施工图设计两个阶段，这两个阶段所绘制的图样分别为初步设计图和施工图。施工图是进行房屋建筑施工的依据。按照施工图的内容和作用，一般分为建筑施工图、结构施工图、设备施工图。

(1) 建筑施工图（简称建施）：包括施工总说明、总平面图、平面图、立面图、剖面图、建筑详图和门窗表等。

(2) 结构施工图（简称结施）：包括结构布置平面图（基础平面图、楼层结构平面图、屋面结构平面图等）和各构件的结构详图（基础、梁、板、柱、楼梯、屋面等的结构详图）。

(3) 设备施工图（简称设施）：包括排水、电气、采暖、通风等设备的布置图和详图。

为了绘制和看懂房屋建筑图，首先应了解房屋各组成部分的名称和作用。房屋的类别很多，其内部组合和外表形状各不相同，根据它们的用途，一般可分为工业建筑（如各种厂房、库房等）、农业建筑（如农机站、粮仓等）和民用建筑（如住宅、集体宿舍、学校、医院等）。但无论哪种房屋建筑，都是由许多构件、配件和装修构造组成的。图 10-1 所示为一幢四层楼的职工宿舍，该楼房的组成部分有：基础，内、外墙，楼板，门，窗和楼梯；屋顶设有屋面板。此外，还设有阳台、雨篷、保护墙身的勒脚和装饰性的花格等。

10.2　建筑施工图的有关规定

建筑施工图在绘图时应严格遵守建筑工程制图的国家标准。下面介绍国家标准中有关建筑施工图的一些规定和表示方法。

10.2.1　比例

在保证图样清晰的情况下，根据不同图样选用不同的比例。各种图样常用比例见表 10-1。

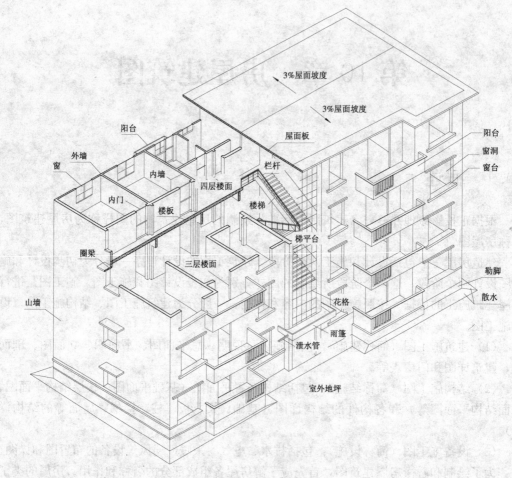

图 10-1　房屋的组成

表 10-1　常用比例

图名	常用比例
总平面图	1：500，1：1000，1：2000
平面图、立面图、剖面图	1：50，1：100，1：200
详图	1：1，1：5，1：10，1：20，1：50

10.2.2　图线

因房屋体积大，构造又比较复杂，图样比例小，图线多而密，所以在图样上往往只画可见轮廓线，很少画不可见轮廓线。

为了使房屋图中图线所表示的内容有区别、层次分明，需采用不同的图线来表达。

在绘图时，首先要按照所绘制的图样的具体情况选定粗实线的宽度"b"，其他相关图线的宽度随之确定。如粗实线为b、则中实线为$0.5b$、细实线为$0.25b$，详见表 1-5。线宽b通常取 0.7mm。若图形复杂或比例很小（1：100，1：200），则b可取为 0.5mm

或 0.35mm。

10.2.3　定位轴线及其编号

建筑施工图中的定位轴线是施工定位、放线的重要依据。凡是承重墙、柱子等主要承重构件都应画出轴线以便确定其位置。对于非承重的分隔墙、次要承重构件等，一般用分轴线。

定位轴线用细点画线绘制并予以编号。编号写在轴线端部的圆圈内，圆圈用细实线绘制，直径一般为 8mm，比例较大的图可增至 10mm。圆圈的圆心应在定位轴线的延长线上。

平面图上定位轴线的编号宜注在图的下方或左侧（有时上下、左右都标注轴线）。横向编号采用阿拉伯数字，按从左至右顺序编写；竖向编号采用大写拉丁字母，按从下至上顺序编写，如图 10-4 底层平面图所示。横向轴线间的尺寸称为开间尺寸，竖向轴线间的尺寸称为进深尺寸。

在两条轴线间，如需附加分轴时，则编号可用分数表示，分母表示前一轴线的编号，分子表示附加轴线的编号（按阿拉伯数字顺序编写），如图 10-4 中的 ⑴/Ⓐ、⑴/Ⓓ 轴线，表示 A 号和 D 号轴线后附加的第一条轴线。

大写拉丁字母中的 I、O、Z 不得用作轴线编号，以免与阿拉伯数字 1、0、2 混淆。

10.2.4　尺寸和标高

尺寸单位除标高和总平面图以米（m）为单位外，其余均以毫米（mm）为单位。标注尺寸的基本形式见第 1 章。

标高是标注建筑物高度的一种尺寸形式。单体建筑工程的施工图中标高注写到小数点后第三位，在总平面图中则注写到小数点后两位。在单体建筑工程中：零点标高写成 ±0.000，负数标高数字前必须加注 "-"；标高不到 1m 时，小数点前加写 "0"。

标高分为绝对标高和相对标高两种。

（1）绝对标高。

我国将青岛附近黄海海平面的平均高度定为绝对标高的零点，其他各地标高都以它为基准。总平面图中所标注的标高为绝对标高，如图 10-3 总平面图中的 "▼ 495.00" 就是绝对标高。

（2）相对标高。

在建筑物的施工图上要标注许多标高，如果全用绝对标高，不仅数字繁琐，而且不容易得出各部分的高差。因此除总平面图外，一般都采用相对标高，即把房屋底层室内主要地面的标高定为相对标高的零点，并在建筑工程的总说明书中说明相对标高和绝对标高的关系。标高用标高符号加数字表示。标高符号用细实线绘制，形式如图 10-2 所示。标高符号的三角形为等腰直角三角形，接触横线的角为 90°，二直角边与水平线成 45°，三角形的高约为 3mm，直角顶点应指到被标注的高度，直角的顶点可以向下，也可以向上。在图样的同一位置需标注几个不同标高时，标高数字可重叠放置，如图 10-2 所示。

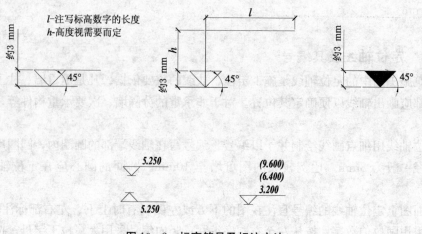

图 10−2　标高符号及标注方法

10.2.5　图例及代号

　　建筑物是按比例缩小后绘制在图纸上的，对于有些建筑细部形状往往不能如实画出，也难以用文字注释来表达清楚，所以都以统一规定的图例和代号来表示，以达到简单、明了的效果。因此建筑制图标准规定了各种图例。表 10−2 和表 10−3 分别列出了一些常用的建筑构造及配件图例和总平面图例。

表 10−2　常用建筑构造及配件图例

名称	图例	说明	名称	图例	说明
土墙		包括土筑墙、土坯墙、三合土墙等	栏杆		上图为非金属扶手，下图为金属扶手
隔断		1. 包括板条抹灰、木制、石膏板、金属材料等隔断 2. 适用于到顶与不到顶隔断	检查孔		右图为可见检查孔，左图为不可见检查孔
			孔洞		

名称	图例	说明	名称	图例	说明
楼梯	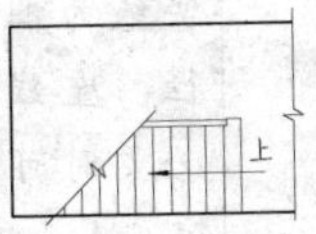	1. 上图为底层楼梯平面，中图为中间层楼梯平面，下图为顶层楼梯平面 2. 楼梯的形式和步数应按实际情况绘制	单扇门（包括平开或单面弹簧）		1. 门的名称代号用 M 表示 2. 剖面图上左为外，右为内，平面图上下为外，上为内 3. 立面图上开启方向线交角的一侧为安装合页的一侧，实线为外开，虚线为内开
			双扇门（包括平开或单面弹簧）		4. 平面图上的开启弧线及立面图上的开启方向线，在一般设计图上不需要表示，仅在制作图上表示 5. 立面形式应按实际情况绘制
空门洞			单层固定窗		1. 窗的名称代号用 C 表示 2. 立面图中的斜线表示窗的开关方向，实线为外开，虚线为内开；开启方向线交角的一侧为安装合页的一侧，一般设计图中不表示
墙预留洞	宽×高或∅ 				3. 剖面图上左为外，右为内，平面图上下为外，上为内
墙预留槽	宽×高×深或∅ 		单层外开平开窗		4. 平、剖面图上的虚线仅说明开关方式，在设计图中需表示 5. 窗的里面形式应按实际情况绘制
烟道					
通风道					

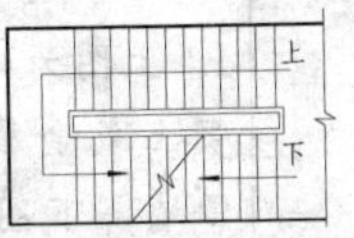

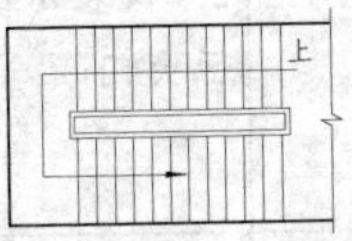

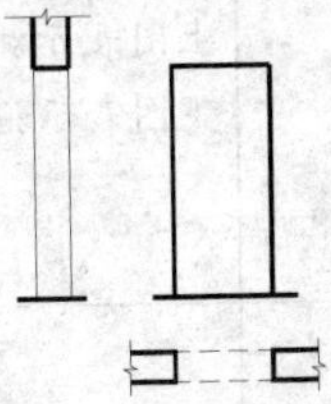

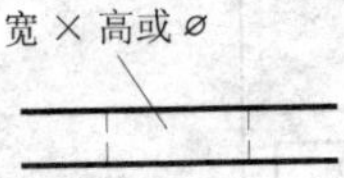

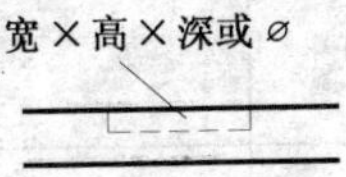

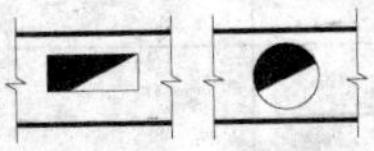

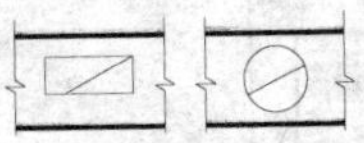

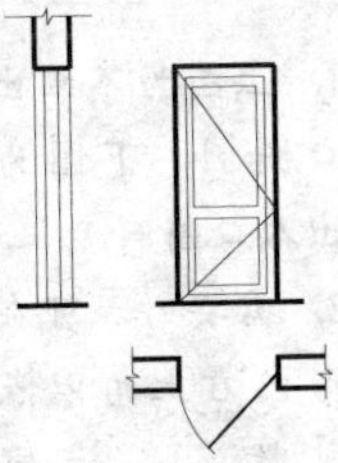

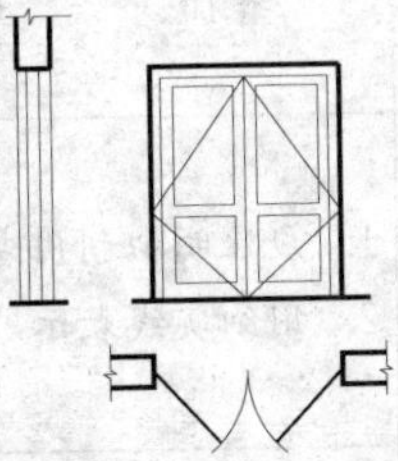

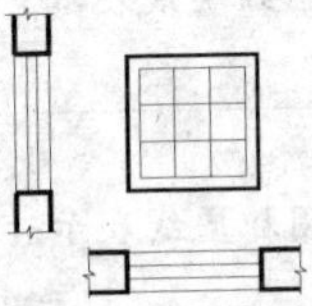

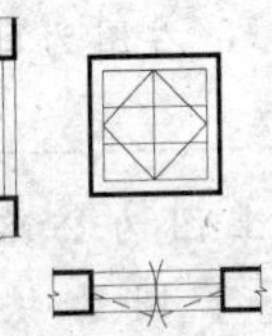

表 10-3　总平面图例

名称	图例	说明	名称	图例	说明
新建的建筑物	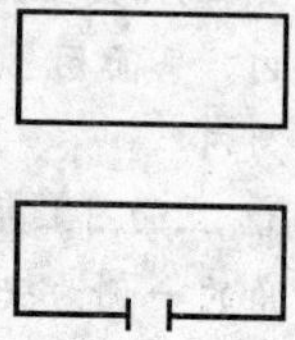	1. 上图为不画出入口图例，下图为画出入口图例 2. 需要时，可在图形内右上角以点数或数字表示层数（高层宜用数字） 3. 用粗实线表示	烟囱		实线为烟囱下部直径，虚线为基础，必要时可注写烟囱高度和上下口直径
原有的建筑物		1. 应注明拟利用者 2. 用细实线表示	围墙及大门	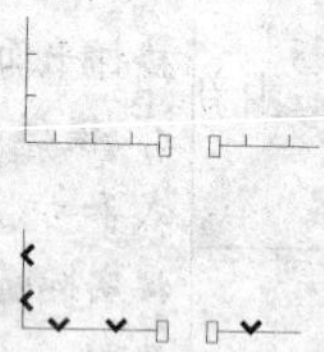	1. 上图为砖石、混凝土或金属材料的围墙，下图为镀锌铁丝网、篱笆等围墙 2. 仅表示围墙时不画大门
计划扩建的预留地或建筑物		用中虚线表示	坐标	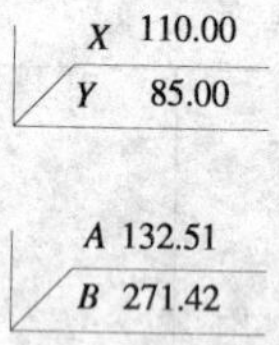 X 110.00 Y 85.00 A 132.51 B 271.42	上图表示测量坐标，下图表示施工坐标
拆除的建筑物		用细实线表示			
新建的地下建筑物或构筑物		用粗虚线表示	雨水井		
			消火栓井		
漏斗式贮仓		左、右图为底卸式，中图为拆卸式	室内标高	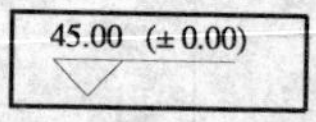 45.00 (±0.00)	
散装材料露天堆场		需要时可注明材料名称	室外标高	 80.00	
水塔、贮罐		左图为水塔或立式贮罐，右图为卧式贮罐	原有道路	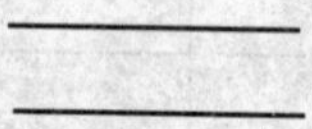	
桥梁		1. 上图为公路桥梁，下图为铁路桥梁 2. 用于焊桥时应说明	计划扩建道路	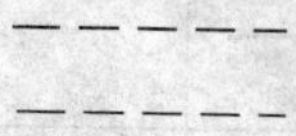	
			铺砌场地	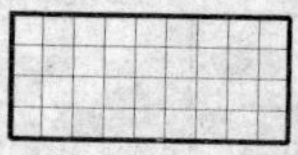	

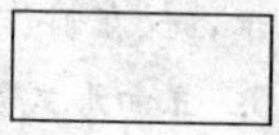

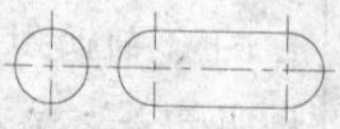

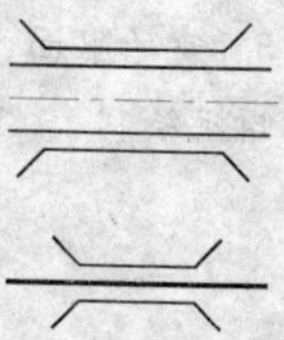

10.3　房屋建筑施工图的阅读

阅读房屋建筑施工图时，应先粗后细，先大后小。应先从施工总说明、总平面图中了解房屋的位置和周围环境的情况，再看平面图、立面图、剖面图、详图等。读图还要注意各图样间的关系，配合起来分析。

本节以一幢四层职工宿舍（轴测图见图 10-1）为例，说明建筑施工图的读图方法和步骤。

10.3.1　建筑总平面图

10.3.1.1　建筑总平面图的作用

建筑总平面图是由新建、拟建、原建、拆除的建筑物、构筑物在一定范围基地上总体布置的水平投影图，简称总平面图。图 10-3 是某校一个生活区的总平面图，它主要表示新建筑物的平面形状、位置、朝向、占地范围、相互间距、道路布置等。建筑总平面图是新建房屋施工定位、土方施工及施工总平面设计的重要依据。

10.3.1.2　建筑总平面图的基本内容

（1）比例。总平面图通常采用较小的比例，如 1∶500、1∶1000 等。图 10-3 采用的是 1∶500 的比例。

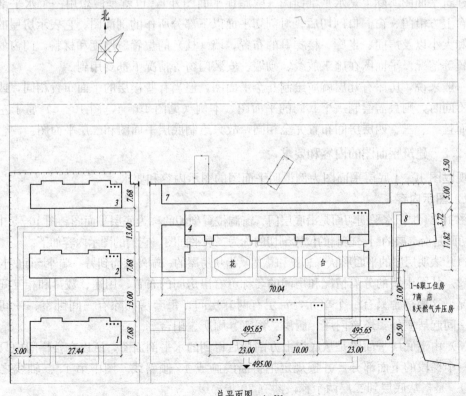

图 10-3　某校职工生活区总平面图

（2）图线。新建房屋的轮廓线用粗实线，其余如拆除房屋轮廓、道路等均用细实线，如图 10-3 所示。

（3）风向频率玫瑰图。在总平面图中，一般用风向频率玫瑰图表示常年主导风向频率和房屋的朝向，有时也用指北针表示房屋的朝向。

风向频率玫瑰图（简称风玫瑰图）是根据当地多年统计的各个方向吹风平均次数的百分数，按一定比例绘制的。离中心点最远的风向表示常年中该风向的刮风次数最多。例如，本例中常年以东北风最多。有箭头的方向为北向。图中实线表示全年风向频率。若在风玫瑰图中除实线外还有虚线，则虚线表示所统计的 6、7、8 三个月的夏季风向频率。

（4）图例。常用的总平面图的图例见表 10-2。

在图 10-3 的总平面图中，标注出了新房屋位置的尺寸，并在房屋平面图的右上角以点数表示房屋的层数。图中新建 5 号、6 号职工住房均为四层，形状大小相同，长 23.00m、宽 9.50m，这些数字说明总平面图的尺寸单位为米（m），小数点后要保留两位数字，表示尺寸准确到厘米（cm）。图中"▽ 495.65"为室内绝对标高，而"▼ 495.00"为室外绝对标高。

10.3.2 建筑平面图

10.3.2.1 建筑平面图的形成和作用

建筑平面图实际上是水平剖面图（除屋顶平面图外），也就是假想用一个水平剖切面在窗台上方沿门、窗洞口剖切后，对剖切平面以下部分所作的剖面图。它表示房屋的平面形状和大小以及房间、走廊、楼梯等的布置，墙（柱）的位置、厚度和材料，门窗的类别和位置等情况。平面图在施工放线、砌墙、安装门窗等情况下都要用到。

一般来说，房屋有几层就应绘制几个平面图，但当有些楼层的平面布置相同，或仅有局部不同时，则只需绘制一个共同的平面图。本例（见图 10-4，图 10-5）属于左右对称，而且二、三、四层房间布置完全相同，故只绘制底层平面图和二层平面图。

10.3.2.2 建筑平面图的内容和要求

现以图 10-4 底层平面图为例说明平面图的图示内容和要求。

1）图示内容

图 10-4 中，水平剖切面是沿底层门、窗洞位置剖切的称为底层平面图。图 10-5 中，水平剖切面是沿二层的门、窗洞的位置剖切的称为二层平面图。它们的图示内容如下：

（1）表明房屋的平面形状、总长和总宽（指从房屋的一端外墙面到另一端外墙面的长度）。

（2）从图中墙的分隔情况和房间的名称可看出房间的布置、用途、数量和相互间的联系情况。这幢宿舍只有一个单元，每层有两套房间，每套房间除有三间卧室、一间工作室、一间起居室外，还有门厅、厨房、浴室、厕所、阳台等。

（3）由于底层平面图是从底层上方剖切后得到的水平剖面图，所以在楼梯间中只画出了第一个梯段的下面部分，并按规定把折断线画成 45°倾斜线。图中第 4、5 轴线之间的"上 20"是指从底层到二层两个梯段共有 20 步梯级。

（4）底层的砖墙厚为 240mm，相当于一块标准砖（240m×115mm×53mm）的长度，通称一砖墙。

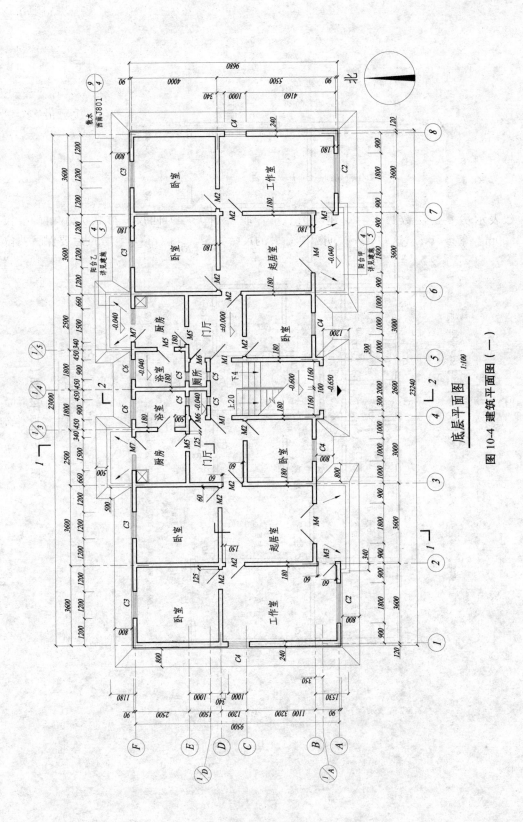

底层平面图 1:100

图 10-4 建筑平面图（一）

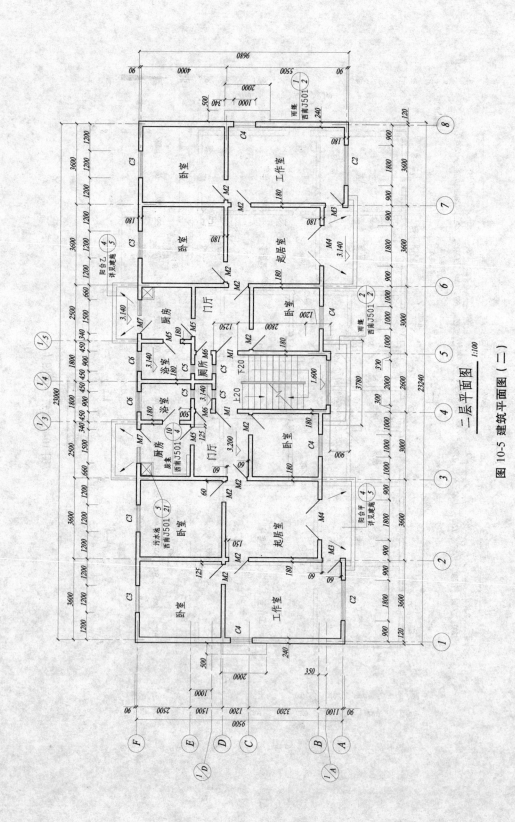

二层平面图 1:100

图 10-5 建筑平面图（二）

（5）根据图中定位轴线的编号了解墙（柱）的位置和数量。该楼房竖向有 6 根，横向有 8 根承重墙轴线，它们是竖、横方向内、外墙定位放线的基准线。另外还有 5 根附加轴线，它们分别是浴室、厕所的隔墙轴线。

（6）底层平面图中应绘出剖面图的剖切符号和表示朝向的指北针。

2）有关规定和要求

（1）定位轴线。定位轴线和分定位轴线的编号方法见 10.2.3。

（2）图线。建筑图中的图线粗细分明，被剖切的墙、柱的断面轮廓线及剖切符号用粗实线（b）画出；没有剖切到的可见轮廓线，如台阶、窗台、花池等用中实线（$0.5b$）画出；尺寸线、标高符号、图例线、定位轴线的圆圈、轴线等用细实线（$0.25b$）画出。

（3）图例。因平面图的比例较小，所以门窗等建筑配件均按规定的图例表示（见表 10－2）。门的开启线用 45°的中实线表示，该中实线的起点为墙轴线，长度为门洞的宽。

从图中的门、窗图例及其编号，可了解门窗的类型、数量和位置。《建筑制图标准》GB/T50104－2001 规定门的代号为 M、窗的代号为 C。代号后面的数字为编号，如 $M1$、$M2$、$C1$、$C2$ 等。同一编号表示同一类型的门、窗。一般在建筑施工总说明或建筑平面图上附有门窗表，其中列出了门、窗的编号、名称、尺寸、数量以及选用的标准图集的编号等，详见表 10－4。

表 10－4　门窗统计表

门或窗	编号	名称	洞口尺寸 $B \times H$	樘数	标准图代号	标准图集及页次
门	M1	全板镶板门	1000×2700	8	×－1027	西南 J601，3
	M2	半玻镶板门	900×2700	40	P×－0927	西南 J601，5
	M3	半玻镶板门	800×2700	8	仿 P×－0927	西南 J601，5
	M4	半玻镶板门	1800×2700	8	P×－1827	西南 J601，5
	M5	全板镶板门	800×2700	16	×－0824	西南 J601，3
	M6	百页镶板门	700×2000	8	Y×－0720	西南 J603，3
	M7	带窗半玻门	1500×2700	8	C×－1527	西南 J601，4
窗	C2	上幺玻纱窗	1800×1800	8	S. 1818	西南 J701，7
	C3	上幺玻纱窗	1200×1800	16	S. 1218	西南 J701，7
	C4	上幺玻纱窗	1000×1800	8	S. 1018	西南 J701，7
	C5	无幺玻窗	400×600	16	仿 S. 0610	西南 J701，3
	C6	中悬窗	900×700	8	F. 0907	西南 J701，6

在平面图中，凡是被剖切到的断面部分应画出材料图例，但在小比例（1：200 和 1：100）的平面图中，剖到的砖墙一般不画材料图例，在 1：50 的平面图中剖到的砖墙可画也可不画材料图例，但平面图比例大于 1：50 时，应当画上材料图例。当剖切到钢筋混凝土构件的断面，且比例小于 1：50 时（或断面较窄，不易画出图例时）可涂黑。

（4）平面图中的尺寸标注。平面图标注的尺寸有三种：外部尺寸、内部尺寸和标高。

外部尺寸一般应标注三道尺寸：第一道尺寸是距离图形较近的尺寸，是以定位轴线为基准，标注门、窗洞的定形和定位尺寸，如图 10－4 中的 C2 宽度为 1800，窗边距轴线为

900。第二道尺寸是定位轴线之间的尺寸，即开间和进深尺寸，如图10-4中，卧室的开间为3600。第三道尺寸是房屋的总长、总宽尺寸，即过去学的总体尺寸，如图10-4中的23240、9680等。

内部尺寸表示内墙上门、窗洞口等的定形和定位尺寸及墙厚等。

室内外地面的高度用标高表示，一般以底层主要房间的地面高度为零，标注为±0.000，如图10-4门厅的地面高度所示。另外，还应标注楼梯间地面、浴室地面以及室外地面等的标高，如图10-4中的室外地面标高为-0.650等。

（5）底层平面图的指北针。底层平面图应画指北针，指北针用细实线绘制，圆的直径为24mm，指北针尾部宽3mm，需用较大直径绘制时，指针尾部宽度宜为直径的1/8，指针尖端部位写上"北"或"N"。从图中指北针可以看出该楼房为坐北向南。

（6）剖面图的剖切位置要在底层平面图中画出，如图10-9中的1-1剖面和2-2剖面图。

10.3.3 建筑立面图

10.3.3.1 建筑立面图的形成和作用

建筑立面图是平行于投影面的房屋各立面的正投影图，简称立面图。立面图用来表示房屋体型、外貌和外墙面装饰要求等。

立面图的命名方法有三种：第一种，把反映房屋外貌特征或有主要出入口的一面称为正立面图，在正立面图背后的称为背立面图，其余两侧分别称为左、右侧立面图。第二种，当房屋为正朝向时，可按朝向称为南（北、西、东）立面图。第三种，当房屋有定位轴线时，可按立面图两端的轴线编号来定立面图的名称，如图10-6所示的南立面图，也可称为①～⑧立面图。图10-7所示的北立面图也可称为⑧～①立面图。

10.3.3.2 建筑立面图的图示内容和要求

现以图10-6、图10-8所示两立面图说明立面图应表达的图示内容和要求。

1）**图示内容**

图10-6所示的南立面图是房屋的主要立面图，它的中部有一个主要出入口（大门），上部设有雨篷。在南立面图上表明了南立面的门、窗、阳台的形式和布置，还表示出了大门进口踏步等的位置。屋顶表示出了女儿墙（又称压檐墙）。

图10-8所示为西立面图，也可称为$Ⓕ～Ⓐ$立面图，图中有四个窗子，窗上有雨篷和窗台。从西立面图中可看出屋顶面前后各有3%的坡度，外墙写着"清水砖墙"，即未加抹灰粉刷的砖墙面。

2）**有关规定和要求**

（1）定位轴线。在立面图中一般只画两端的定位轴线及其编号，以便与平面图对照读图。如图10-6中，只标注了①和⑧两条定位轴线便可确切地判明立面图的方向。

（2）图线。为了使立面图外形清晰，通常房屋立面的最外轮廓线（也称外包轮廓线）用粗实线（b）画出，室外地坪线用特粗实线（$1.4b$）画出，立面外包轮廓线内的主要轮廓线，如门、窗洞、檐口、阳台、雨篷、窗台、台阶等用中实线（$0.5b$）画出，门窗扇及其分格线、花饰、雨水管、墙面分格线、标高符号等用细实线（$0.25b$）画出。

（3）图例。由于立面图所用的比例较小，无法用其真实的投影去表现一切细节，所以立面图中的定形构配件在立面图中的投影，如门、窗扇等也按规定图例绘制（见表10-2）。

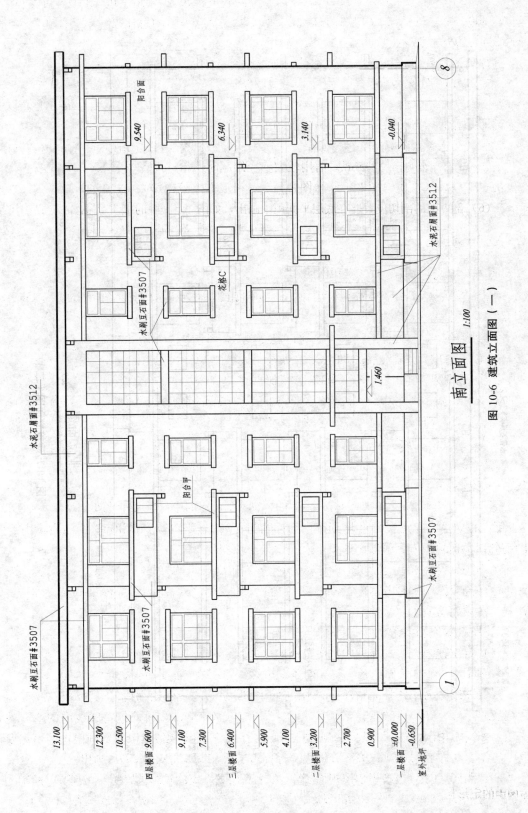

南 立 面 图　1:100

图 10-6　建筑立面图（一）

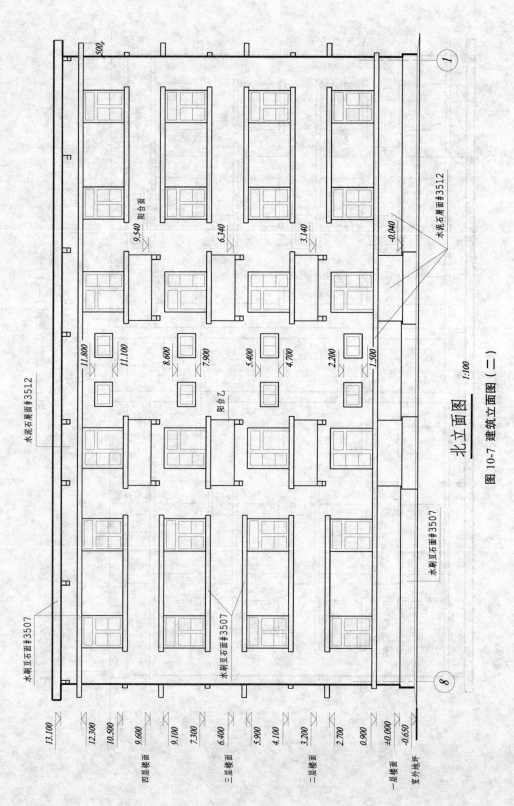

北立面图

1:100

图 10-7 建筑立面图（二）

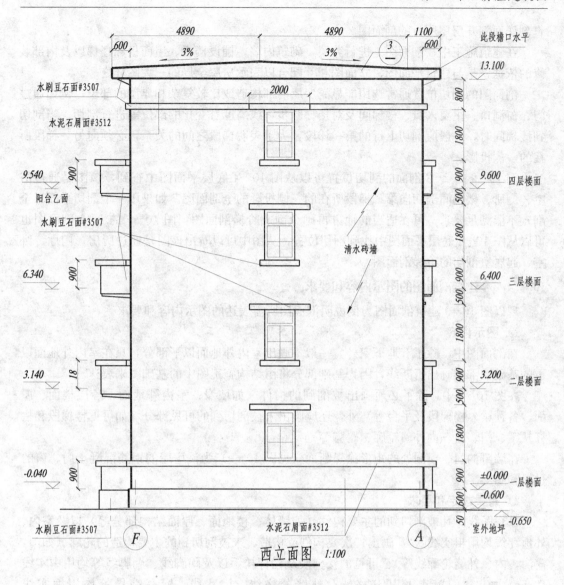

西立面图　*1:100*

图 10-8　建筑立面图（三）

（4）尺寸标注。在立面图上所标注的尺寸均指建筑的表面装修工作结束后的表面尺寸（即完成面的尺寸）。

立面图上的高度尺寸主要用标高的形式标注。各层楼面、底层室内地面、室外地坪、屋顶、女儿墙、门、窗洞口的上下口、雨篷和阳台底面等标高均要标注出。标高一般标注在图形外，并做到符号上下对齐、大小一致。

除了标高外，有时还标注出一些并无详图的局部尺寸。

10.3.4　建筑剖面图

10.3.4.1　建筑剖面图的形成和作用

建筑剖面图就是房屋的竖直剖面图，也就是用一个或多个假想的平行于房屋墙面的竖直剖切面剖开房屋所得的剖面图。

在建筑施工中，剖面图是进行分层，砌筑内墙，铺设楼板、屋面板和楼梯以及内部装修的依据，是与建筑平面图、立面图相互配合以表示房屋全局的三大图样之一。

剖面图的剖切位置通常选用能显露房屋内部构造或比较复杂和典型的部位，例如通过门、窗洞口、主要入口、楼梯间及对楼梯踏步，或高度有变化的部位等进行剖切。当剖切到楼梯间时，一般应剖切上行的第一梯段，为了表明梯段之间的关系，必须向另一梯段所在的一侧投影。

图 10-9 的 2-2 剖面的剖切位置可以从图 10-4 底层平面图中查到，该图是通过浴室、厕所、楼梯间剖切向第二梯段所在的一侧投影的全剖面图。如果用一个剖切平面（全剖）不能满足要求，可在适当的地方再画全剖或阶梯剖面图。图 10-9 的 1-1 剖面图也可以从图 10-4 底层平面图中找到剖切位置，从图中可以看出该图是通过厨房、门厅、卧室、起居室剖切的阶梯剖面图。

10.3.4.2 建筑剖面图的图示内容和要求

现以图 10-9 建筑剖面图为例说明剖面图所需表达的图示内容和要求。

1）图示内容

在剖面图中，除了有地下室外，一般不画出室内外地面以下部分，只在室内外地面以下的基础墙部位画出折断线，因为基础部分将由结构施工图中的基础图来表达。

在图 10-9 中，除了必须画出被剖到的构件（如墙身、室内外地面、各层楼面、屋面、各种梁、楼梯段及平台等）外，还应画出未被剖切到的可见部分（如可见楼梯段和栏杆扶手、门、窗、内外墙轮廓、踢脚等）。

在墙身的门、窗洞处的矩形涂黑断面（见图 10-9）为该房屋的钢筋混凝土门、窗的过梁和圈梁。

2）有关规定和要求

（1）图线。凡被剖切到的主要构件（如墙体、楼地面、屋面结构部分等）以及室内、外地坪线均用粗实线（b）画出；次要构件或构造、未被剖切到的主要构造的轮廓（如门，窗洞，内、外墙轮廓线等）、可见的楼梯段及栏杆扶手以及踢脚线、勒脚线等均用中实线（$0.5b$）画出；门窗扇及其分格线、外墙分格线、尺寸线、标高符号等均用细实线（$0.25b$）画出。

（2）图例。门窗均按表 10-2 建筑图例表中的规定绘制。

（3）尺寸标注。建筑剖面图中应标注必要尺寸，即垂直方向尺寸和标高以及外墙在水平方向的轴线间尺寸，一般只标注剖到部分的尺寸。

外墙的竖直尺寸，一般标注三道尺寸：第一道为洞口尺寸，包括门、窗洞口及洞间墙的高度尺寸；第二道为层间尺寸，即底层地面至二层楼面，各层楼面至上一层楼面，同时还需标注出室内、外地面的高差尺寸；第三道为总高尺寸，指由室外地面至檐口或女儿墙顶的高度。

建筑剖面图还需标注室内、外各部分的地面、楼面、楼梯休息平台面、屋顶檐口顶面等的标高和某些梁底面等处的标高。

在建筑剖面上，标高所标注的高度位置与立面图一样，有建筑标高（也称完成面标高）

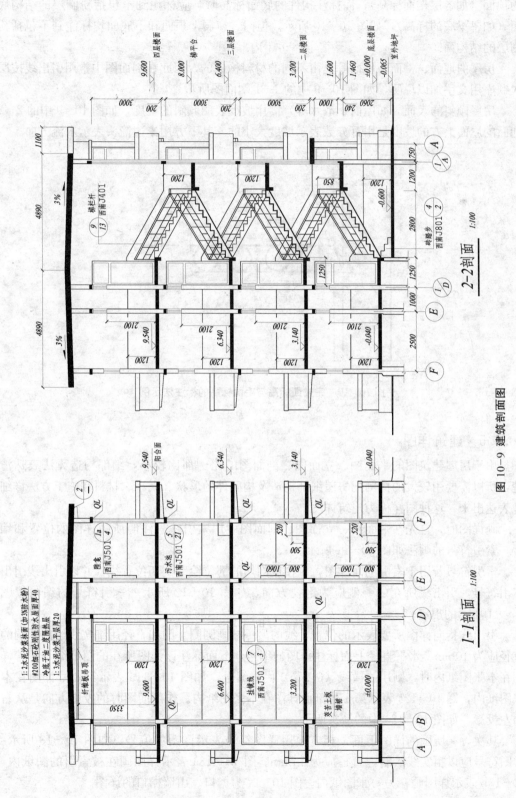

图 10-9 建筑剖面图

和结构标高（也称毛面标高）之分，即当标注构件的上顶面标高时，应标注到粉刷完成后的顶面（如各层楼面标高），而标注构件的底面标高时，应标注到不包括粉刷层的结构底面（如各梁底的标高），如图 10—10 所示。但门、窗洞上顶面和下底面均标注到不包括粉刷层的结构面。

房屋的地面、楼面、屋面等是由不同的材料构成的，因此在剖面图中常用引出线按层次顺序用文字加以说明，如图 10—9 中的 1—1 剖面图所示。

房屋倾斜的表面（如屋面、散水等）需用坡度表明倾斜的程度，如图 10—9 中的 2—2 剖面的屋面上方的坡度是用百分数表示坡度大小的，其下方用半边箭头表示水流方向。

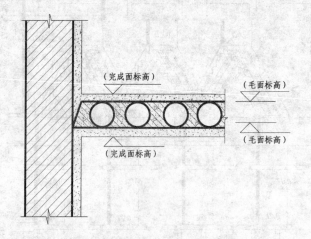

图 10—10　完成面标高与毛面标高的标注法示例

10.3.5　建筑详图

由于房屋建筑图的平面图、立面图、剖面图的比例都比较小，细部构造无法表达清楚，所以需要用较大的比例把房屋细部构造及构配件的形状、大小、材料和施工方法详细地表达出来，这种图样称为建筑详图。

画详图时，首先在平面图、立面图、剖面图中用索引符号注明所画详图的位置和编号，索引符号的画法如图 10—11 所示。

索引符号若用于索引剖面详图，应在被剖切的部位绘制剖切位置线，并以引出线引出索引符号，引出线所在的一侧应为剖视方向，如图 10—12 所示。索引符号的编写按图 10—11 所示的规定。

引出线指向详图所要表示的位置，线的另一端画圆圈。圆和直径用细实线绘制，圆的直径应为 10mm。水平直径上面标注详图的编号，下面标注该详图所在的图纸编号。若详图在本张图纸内时，则用一横线（0.25b）代替编号，如图 10—11a 表示第 3 号详图在本张图纸内，图 10—12a 表示第 1 号剖面详图在本张图纸内。作剖面图时的投影方向是从右向左投影，如图 10—12a 中的箭头所示。

其次，在所画的详图下面，相应地用详图符号表示详图的编号，如图 10—13 所示。详图符号应以粗实线绘制，直径应为 14mm。图 10—13a 表示详图画在被索引的图纸内，10—13b 表示详图画在另一张图纸内。图 10—14 为檐口、山墙檐口的详图。

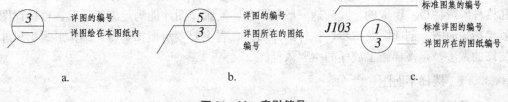

图 10—11 索引符号

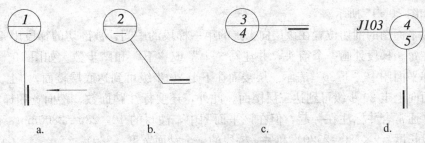

图 10—12 用于索引剖面详图的索引符号

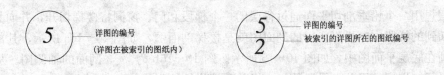

图 10—13 详图符号

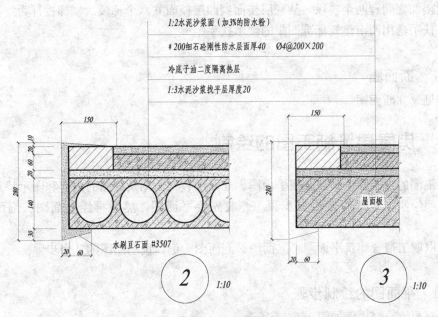

1:2水泥沙浆面（加3%的防水粉）

200细石砼刚性防水层面厚40   Ø4@200×200

冷底子油二度隔离热层

1:3水泥沙浆找平层厚度20

水刷豆石面 #3507

屋面板

图 10—14 檐口、山墙檐口的详图

下面仅介绍楼梯详图的内容和阅读方法。

楼梯是楼房上下交通的主要设施，是由楼梯段（简称梯段，包括踏步和斜梁）、平台和栏杆（或栏板）组成的。其构造一般较复杂，需画详图才能满足施工要求。楼梯详图一般包括平面图、剖面图及踏步、栏杆的详图等，它主要表示楼梯类型、结构形式、尺寸和装修的做法，是楼梯施工放样的主要依据。

10.3.5.1 楼梯平面图

一般每层楼梯都要画一个平面图。若中间各层楼梯的梯段数、踏步数和大小尺寸等都相同时，通常只画底层、中间层和顶层三个平面图。本例画了底层、二层和顶层的楼梯平面图，如图 10－15 所示。

楼梯平面图的剖切位置在该层向上走的第一梯段的中间，被剖切的梯段用 45°折断线表示，在每一梯段处画一个箭头，并注写"上"或"下"和踏步数。如图 10－15 所示，二层楼梯平面图中"下 20"表示二层楼面往下走 20 步级可到达底层楼面，"上 20"表示二层楼面向上走 20 步级可到达三层楼面。此外，还要标注踏面数、踏面宽和梯段长，这几个尺寸通常合并标注在一起，但在该平面图中，注写的 $10 \times 280 = 2800$ mm，包括一个真实梯段长度（$9 \times 280 = 2520$）和另一梯段的一个踏面宽度（280）。

10.3.5.2 楼梯剖面图

假想用一个铅垂剖切平面通过各层的一个梯段和门、窗洞将楼梯切开，并向另一个没有被切到的梯段方向投影所得的剖面图就是楼梯剖面图，如图 10－16a 所示，其剖切位置规定画在底层平面图中，如图 10－15 所示。图 10－16b 为 3－3 剖面的轴侧图。从剖面图中可以了解楼房的层数、梯段数、步级数和楼梯构造形式。

剖面图中注有地面、平台、楼面的标高以及各梯段的高度尺寸。在高度尺寸中，如 $10 \times 160 = 1600$ mm，其中 10 是步级数，160mm 指每步级高度，1600mm 为梯段高。该楼房每层楼面之间有两个梯段，从底层楼面到四层楼面共六个梯段。楼梯栏杆为空花式钢木结构，扶手选用西南建筑标准图集的硬木扶手。

10.3.6 断面图

详见 9.3 断面图。

10.4 房屋建筑施工图的绘制

施工图的绘制除了必须掌握平面图、立面图、剖面图及详图的内容和图示特点外，还必须遵照绘制施工图的方法和步骤。一般先绘平面图，然后再绘立面图、剖面图、详图等。

现以职工宿舍建筑平面图、立面图、剖面图为例，说明绘图的几个步骤。

10.4.1 平面图的绘制步骤

平面图的绘制步骤如图 10－17 所示。

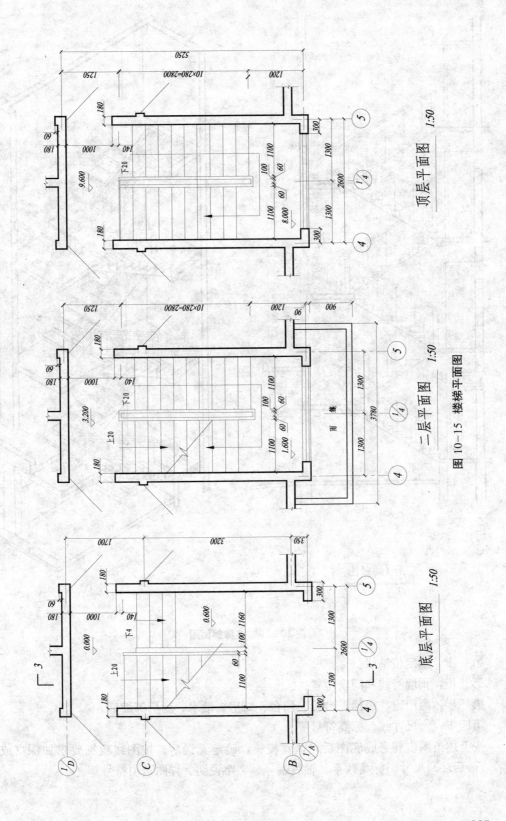

顶层平面图　1:50

二层平面图　1:50

底层平面图　1:50

图 10-15　楼梯平面图

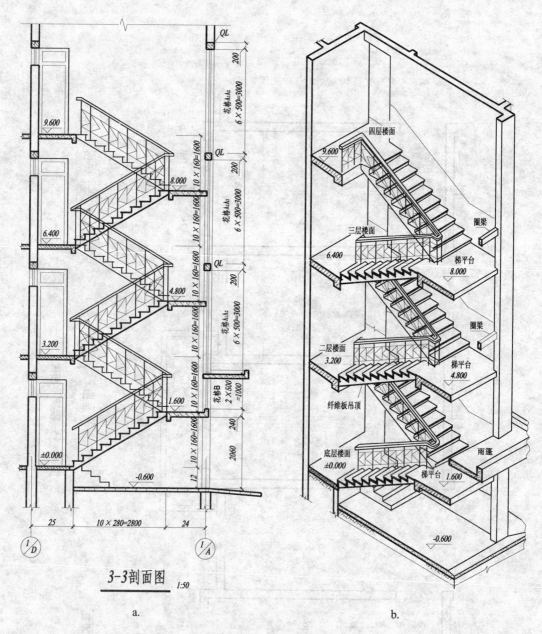

图 10—16 楼梯剖面图

第一步，画定位轴线。

第二步，画墙身线和门窗位置。

第三步，画门窗、楼梯、台阶、阳台、厨房、散水、厕所等细部。

第四步，画尺寸线、标高符号等。

按上述绘图步骤完成底图后，认真校核，确定无误后，按图线粗细要求加深（或上墨），最后注写尺寸、标高数字、轴线编号、文字说明、详图索引符号等。

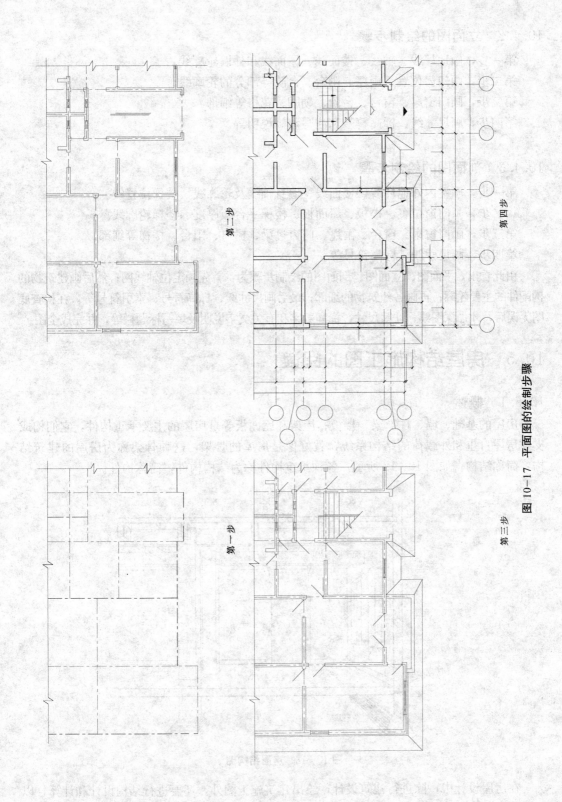

第一步　　　第二步

第三步　　　第四步

图 10—17　平面图的绘制步骤

10.4.2 立面图的绘制步骤

第一步，画地坪线、轴线、楼面线、屋面线和外墙轮廓线。

第二步，画门窗位置、雨篷、阳台、台阶等部分的轮廓线。

第三步，画门窗扇、窗台、台阶、勒脚、花格等细部。

第四步，画尺寸线、标高符号和注写装修说明等。

10.4.3 剖面图的绘制步骤

第一步，画室内外地坪线、楼面线、墙身轴线及轮廓线、楼梯位置线。

第二步，画门窗位置、楼板、屋面板、楼梯平台板厚度、楼梯轮廓线。

第三步，画门窗扇、窗台、雨篷、门窗过梁、檐口、阳台、楼梯等细部。

第四步，画尺寸线、标高符号等。

由此看出，平面图、立面图、剖面图的绘制步骤为：首先画定位轴线网；然后画建筑物的构配件的主要轮廓；再画各建筑物的细部；最后画尺寸线、标高符号、索引符号等。在检查底图无误后，才加深图线，注写尺寸、标高数字和有关文字说明及填写标题栏等，并完成全图。

10.5 房屋结构施工图的阅读

10.5.1 概述

房屋的基础、墙、柱、梁、楼板、屋架和屋面板等是房屋的主要承重构件，它们构成支撑房屋自重和外载荷的结构系统，就好像是房屋的骨架，这种骨架称为房屋的建筑结构，简称结构，如图 10—18 所示。各种承重构件称为结构构件，简称构件。

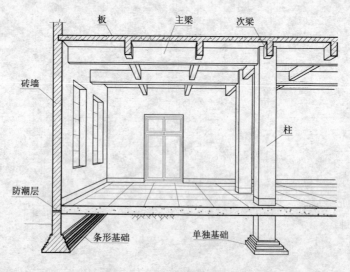

图 10—18 房屋结构图

在房屋设计中，除进行建筑设计，绘出建筑施工图外，还要进行结构设计和计算，以决定房屋的各种构件形状、大小、材料及内部构造等，并绘制图样，这种图样称为房屋结构施工图，简称"结施"。

结构施工图主要作为施工放线，挖基坑，安装木版，绑扎钢筋，浇制混凝土，安装梁、板、柱等构件以及编制施工预算、施工组织、计划等的依据。结构施工图包括以下三方面的内容：

（1）结构设计说明。

（2）结构平面图，包括基础平面图、楼层结构平面图、房屋结构平面图。

（3）构件详图，包括梁、板、柱及基础结构详图，楼梯结构详图，屋架结构详图和其他详图等。

房屋结构的基本构件（如梁、板、柱等）品种繁多，布置复杂，为了图示简单明确，便于施工查阅，《建筑结构制图标准》GB/T50105−2001 规定，常用构件名称用代号表示，见表 10−5。

表 10−5 常用构件代号表

序号	名称	代号	序号	名称	代号	序号	名称	代号
1	板	B	15	吊车梁	DL	29	基础	J
2	屋面板	WB	16	圈梁	QL	30	设备基础	SJ
3	空心板	KB	17	过梁	GL	31	桩	ZH
4	槽形板	CB	18	连系梁	LL	32	柱间支撑	ZC
5	折板	ZB	19	基础梁	JL	33	垂直支撑	CC
6	密肋板	MB	20	楼梯梁	TL	34	水平支撑	SC
7	楼梯板	TB	21	檩条	LT	35	梯	T
8	盖板或沟盖板	GB	22	屋架	WJ	36	雨篷	YP
9	挡雨板或檐口板	YB	23	托架	TJ	37	阳台	YT
10	吊车安全走道板	DB	24	天窗架	CJ	38	梁垫	LD
11	墙板	QB	25	框架	KJ	39	预埋件	M
12	天沟板	TGB	26	刚架	GJ	40	天窗端壁	TD
13	梁	L	27	支架	ZJ	41	钢筋网	W
14	屋面梁	WL	28	柱	Z	42	钢筋骨架	G

预应力钢筋混凝土构件代号，应在上列构件代号前加注"Y"，如 Y−KB 表示预应力钢筋混凝土空心板。

承重构件所用材料有钢筋混凝土、钢、木、砖石等，所以按材料不同可分为钢筋混凝土构件、钢构件、木构件等。

本节仍以前节建筑施工图的职工宿舍为例，说明结构施工图的图示内容和阅读方法。该四层楼房的主要承重构件除砖墙外都采用钢筋混凝土构件。砖墙的布置、尺寸已在建筑施工图中标明，所以不需再画砖墙施工图，只要在施工总说明中写明砖和砌筑砂浆的规格和标号。在该楼房的结构施工图中需画出基础平面图和详图，楼层结构平面图，屋面结构平面图，楼梯结构详图，阳台结构详图，各种梁、板的结构详图及各构件的配筋表等。

对于钢结构图、木结构图和构件详图等，均有各自的图示方法和特点，本节从略。下面仅以结构施工图中的基础图、楼层结构平面图和部分钢筋混凝土构件详图为例，说明其图示特点和读图方法。

10.5.2　基础图

基础图是显示房屋内地面以下基础部分的平面布置和详细构造的图样，通常包括基础平面图和基础断面详图。它是房屋建筑施工时，在地面上放灰线、开挖基坑和砌筑基础的依据。

基础是在建筑物地面以下承受房屋全部载荷的构件，由它把载荷传给地基。地基是基础下面的土层，基坑是为基础施工开挖的坑槽，基底就是基础底面。砖基础由基础墙、大放脚（基础墙与垫层之间做成阶梯形的砌体）和垫层组成，如图 10-19a 所示。基础的形式一般取决于上部承重结构的形式，常用的形式有条形基础（见图 10-19b）和单独基础（见图 10-19c）。现以职工宿舍的条形基础为例进行介绍。

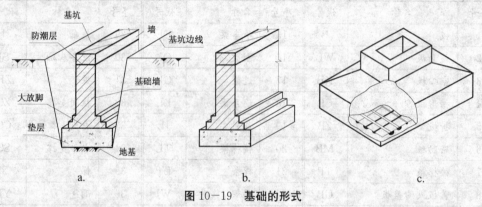

图 10-19　基础的形式

10.5.2.1　基础平面图

基础平面图是假想用一个水平剖切面沿房屋的室内地面与基础之间把整幢房屋剖开后，移开上层房屋和基坑回填土后绘出的水平剖面图，如图 10-20 所示。它表示回填土时基础平面布置的情况。

在基础平面图中，要求只用粗实线画出墙（或柱）的边线，用细实线画出基础边线（指垫层底面边线），习惯上不画大放脚的水平投影，基础的细部形状将具体在基础详图中得到反映。基础平面图常用比例为 1∶100 或 1∶200。纵、横向轴线编号应与相应的建筑平面图一致，剖到的基础墙或柱的材料图例应与建筑剖面图相同。尺寸标注主要注出纵、横向各轴线之间的距离以及基础宽和墙厚等。

图 10-20 是图 10-1 所示的职工宿舍的基础平面图，比例为 1∶100，该房屋的基础全部是条形基础。该图中纵、横向轴线两侧的粗实线是基础墙边线，细实线是基础底面边线。如①号轴线，图中注出的基础宽度为 1400，基础山墙厚为 370，左右墙边到①号轴线的定位尺寸为 185，基础边线到轴线的定位尺寸为 700。总的看来，①、②、③、⑥、⑦、⑧轴线的墙基宽度都是 1400，④、⑤轴线的墙基宽度为 1200；Ⓐ、Ⓑ、Ⓓ、Ⓕ轴线的墙基宽度为 900，其他Ⓒ、Ⓔ、Ⓐ⁄①、①⁄Ⓓ轴线墙基宽度为多少由读者分析。对于南北阳台基础平面布置图，本图中未表示。

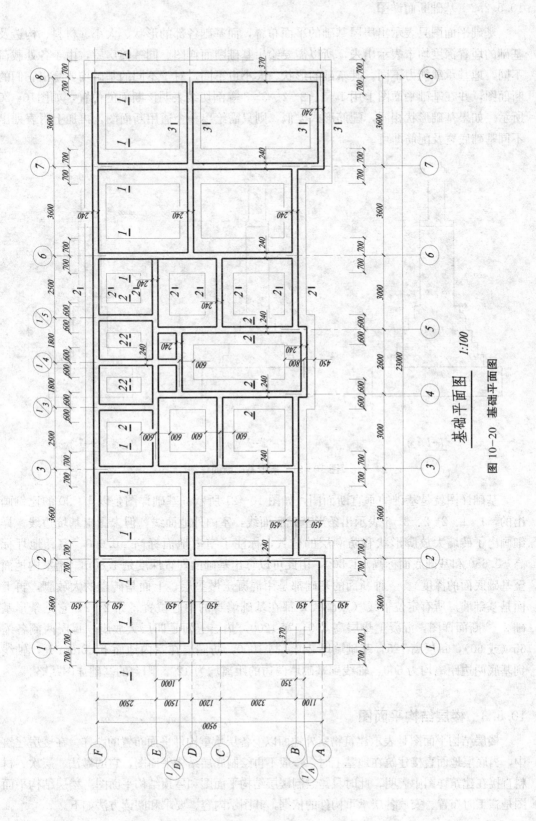

基础平面图 1:100

图 10-20 基础平面图

10.5.2.2 基础断面详图

　　基础平面图只表示出房屋基础的平面布置，而基础各部的形状、大小、材料、构造及基础的埋置深度均未表示出来，所以需要绘出基础断面详图。同一幢房屋，由于各处载荷不同，地基承载能力不同，其基础的形状、大小也不同。对于不同的基础均要绘出它们的断面图，并在基础平面图上用 1—1、2—2、3—3 等剖切线表明该断面的位置，如图10—20所示。如果基础形状相同，配筋形式类似，则只需绘出一个通用断面图，再加上附表列出不同基础底宽及配筋即可。

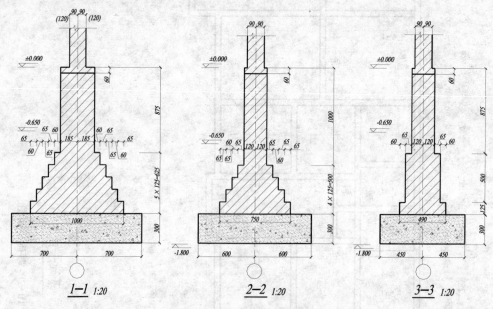

图 10—21　条形基础断面详图

　　基础详图就是基础的垂直断面图，如图 10—21 所示。基础详图是以 1∶20 的比例画出的，1—1、2—2、3—3 表示出条形基础底面线，室内外地面线，但未画出基坑边线。详细画出了砖墙大放脚形状和防潮层的位置，标注了室内地面标高±0.000，室外地坪标高−0.650 和基础底面标高−1.800，由此可以算出基础的埋置深度是 1.80m（指室内地面至基础底面的深度）。三种断面的基础都是用混凝土做垫层，上面是砖砌的大放脚，再上面是基础墙。所有定位轴线（点画线）都在基础墙身的中心位置。如 2—2，它是条形基础 2—2 断面详图，混凝土垫层高 300，宽 1200，垫层上面是四层大放脚，每层两侧各缩 65（或 60），每层高 125，基础墙厚 240，高 1000，防潮层在室内地面下 60mm 处，轴线到基底两边距离均为 600，轴线到基础墙两边的距离均为 120。阳台的基础详图从略。

10.5.3　楼层结构平面图

　　楼层结构平面图是表示建筑物室外地面以上各层承重构件平面布置的图样。在楼房建筑中，当底层地面直接建筑在地基上时，一般不再绘制底层结构平面图，它的做法、层次、材料直接在建筑详图中表明，此时只需绘制楼层结构平面图和屋顶结构平面图。楼层结构平面图是施工时布置、安放各层承重构件的依据，其图示内容、要求和阅读方法如下。

10.5.3.1　图示内容和要求

楼层结构平面图用来表示每层楼的梁、板、柱、墙的平面布置，现浇楼板的构造和配筋以及它们之间的结构关系，一般采用 1∶100 或 1∶200 的比例绘制。对楼层上各种梁、板、构件（一般有预制构件和现浇构件两种），在图中都用《建筑结构制图标准》GB/T50105-2001 规定的代号和编号标记。定位轴线及其编号必须与相应的建筑平面图一致。绘图时，可见的墙身、柱轮廓线用中实线表示，楼板下不可见的墙身线和柱的轮廓线用中虚线表示。各种构件（如楼面梁、雨篷梁、阳台梁、圈梁和门窗过梁等）也用中虚线表示它们的外形轮廓，若能用单位表示清楚时也可用单位表示，并注明各自的名称、代号和规格。预制楼板的布置可用一条对角线（细实线）表示楼板的布置范围，并沿着对角线方向写出预制楼板的块数和型号，还可用细实线将预制板全部或部分分块画出，显示铺设方向。构件布置相同的房间可用代号表明，如甲、乙、丙等。

楼梯间的结构布置较复杂，一般在楼层结构平面图中难以表明的，常用较大的比例（如 1∶50）单独绘出楼梯结构平面图。

10.5.3.2　阅读楼层结构布置平面图

现以职工宿舍的二层结构平面图（见图 10-22）为例说明楼层平面图的阅读方法。

二层结构平面图是假设沿二层楼面将房屋水平剖切后绘制的水平剖面图，比例为 1∶100。楼板下被挡住的 ①～⑧轴线、Ⓐ～Ⓕ轴线的内、外墙和阳台梁都用中虚线画出。门、窗过梁 GL_1、GL_2，圈梁 QL，阳台梁 YTL_{04}、YTL_{12}、YTL_{15} 等用粗点画线表示它们的中心位置。楼层上所有的楼板（如 3KB3662、5B3061、B02、2KB2 等）、各种梁（如 GL_1、GL_2、YTL_{12}、QL 等）都是用规定代号和编号标记的。查看这些代号、编号和定位轴线就可以了解各构件的位置和数量。从这张结构平面图可以看出，这幢四层楼房属于混合结构，用砖墙承重。楼面荷载通过楼板传递给墙（或楼面梁、柱）。①～⑧轴线，Ⓐ～Ⓕ轴线之间的楼面以下，用砖墙分隔成卧室、工作室、起居室、门厅、厕所、厨房等。楼板放置在 ①～⑧轴线间的横（或纵）墙上。出入口雨篷、山墙窗口上方雨篷由雨篷板 YPM、YPC 构成。阳台由阳台挑梁 YTL_{12}、YTL_{15}、YTL_{04} 等支撑。此外，为了加强楼房整体的刚度，在门、窗口上方设有圈梁 QL，过梁 GL_1、GL_2 等以及轴线①～④、⑤～⑧部分铺设的预制钢筋混凝土空心板 KB。空心板的编号各地不同，没有统一规定，本图用的是西南地区的编法。如工作室的二层楼面板由 3KB3662 和 7KB3652 铺设。3KB3662 中的第一个"3"表示构件块数，KB 是钢筋混凝土多孔板代号，"36"表示板的跨度为 3600，第二个"6"表示板的宽度为 600，2 表示活荷重等级。3KB3662 表示 3 块跨度为 3600、宽度为 600、活荷重为 2 级的钢筋混凝土多孔板。

10.5.4　钢筋混凝土构件详图

10.5.4.1　概述

楼层结构平面图只表示建筑物各承重构件的平面布置及它们的相互位置关系，构件的形状、大小、材料、构造等还需要以构件详图来表达。职工宿舍的承重构件除砖墙外，主要为钢筋混凝土结构。钢筋混凝土构件有定型构件和非定型构件两种。定型构件不用绘制详图，根据选用构件所在的标准图集或通用图集的名称、代号，便可直接查到相应的结构详图。

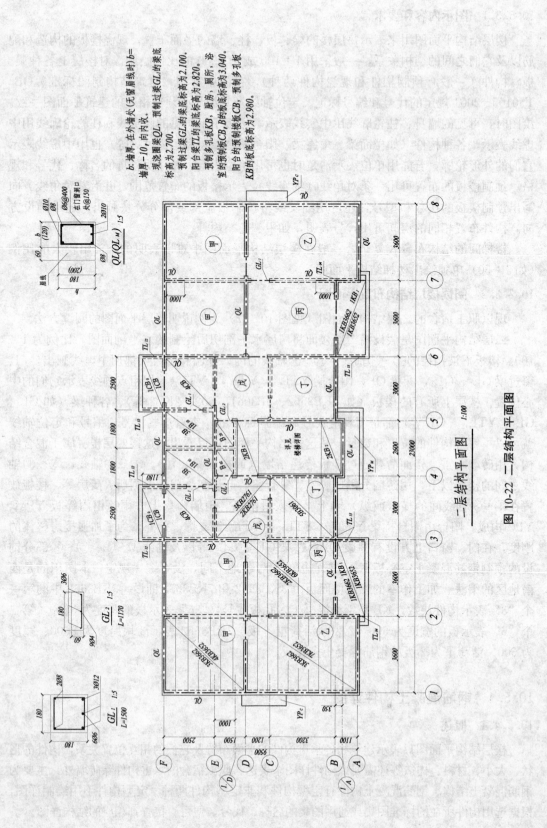

图 10-22 二层结构平面图

为了正确绘制和阅读钢筋混凝土构件详图，应对钢筋混凝土有一个初步的了解。

混凝土是由水泥、砂子、小石块和水按一定比例拌和而成的，其凝固后坚硬如石，受压能力好，但受拉能力差。为此可在混凝土受拉区域内加入一定数量的钢筋，并使两种材料粘结成一整体，共同承受外力。这种配有钢筋的混凝土称为钢筋混凝土，用钢筋混凝土制成的梁、板、柱等结构构件称为钢筋混凝土构件。

根据钢筋在结构中的作用，可分为下列五种类型（见图 10—23）。

(1) 受力钢筋（主筋），是主要承受拉应力的钢筋，用于梁、板、柱等各种钢筋混凝土构件中。

(2) 箍筋，用以固定受力钢筋或纵筋的位置，并承受一部分斜向拉应力，多用于梁和柱内。

(3) 架立钢筋，用以固定钢筋和受力钢筋的位置，构成梁、柱内的钢筋骨架。

(4) 分布钢筋，用以固定受力钢筋的位置，并将承受的外力均匀分布给受力钢筋，一般用于钢筋混凝土板内。

(5) 其他钢筋，有吊环、腰筋和预埋锚固筋等。

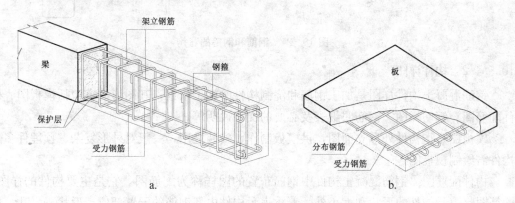

图 10—23　钢筋混凝土梁、板的配筋图

国产建筑用钢筋种类很多，为了便于标注与识别，不同种类和级别的钢筋在结构施工图中用不同的符号表示，见表 10—6。

表 10—6　钢筋的种类和符号

钢筋种类	曾用符号	强度设计值 (N/mm^2)	钢筋种类	曾用符号	强度设计值 (N/mm^2)
Ⅰ级（A3、AY3）	ϕ	210	冷拉Ⅱ级钢	ϕ^l	380 360
Ⅱ级（20MnSi） $d \leqslant 25$ $d = 28 \sim 40$	ϕ	310 290	冷拉Ⅲ级钢	ϕ^l	420
			冷拉Ⅳ级钢	ϕ^l	580
Ⅲ级（25MnSi）	ϕ	340	d 钢 =9 d 绞 =12.0 d 线 =15.0	ϕ^j	1130 1070 1000
Ⅳ级（40MnSiV）	ϕ	500			
冷拉Ⅰ级钢	ϕ^l	250			

由钢筋边缘到混凝土表面的一层混凝土保护层（见图 10－23），用以保护钢筋，防止其锈蚀。梁、柱的保护层一般厚 25mm，板和墙的保护层可薄到 10mm～15mm。

对于光面（表面未做凸形螺纹或节纹）的受力钢筋，为了增加其与混凝土的粘结及抗滑力，在钢筋的两端要做成弯钩。钢筋端部的弯钩常用的两种类型为：半圆钩和直弯钩，如图 10－24 所示。

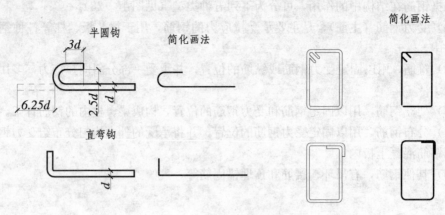

图 10－24　钢筋和钢箍的弯钩

10.5.4.2　构件详图

钢筋混凝土构件详图是加工钢筋和浇制构件的施工依据，其图形内容包括模板图、构件配筋图、钢筋详图、钢筋明细表及必要的文字说明等。

模板图是指构件外形立面图，供模板制作、安装之用，一般对外形复杂、预埋件多的构件需绘制模板图。

构件配筋图。钢筋混凝土构件中钢筋布置的图样称为配筋图，它是主要构件的详图。配筋图除表示构件的形状和大小外，着重表示构件内部钢筋的配置部位、形状、尺寸、规格和数量等，因此需要用较大的比例将各构件单独绘制出来。绘制配筋图，不画混凝土图例。钢筋用粗实线表示，钢筋的断面用小黑圆点表示，构件轮廓用细实线表示。同时，要对钢筋的类别、数量、直径、长度及间距等加以标注。

下面以图 10－25 所示的钢筋混凝土梁为例，说明配筋图的内容和表达方法。梁的配筋图包括立面图、钢筋详图、断面图和钢箍详图。

（1）立面图。立面图（假设混凝土为透明体）反映梁的轮廓和梁内钢筋总的配置情况。图中①、②、③、④四个编号表示该梁内有四种不同类型的钢筋：①、②号都是受力钢筋；②号是弯起钢筋；③号是架立钢筋；④号是钢箍，其引出线上写的 $\frac{\varnothing 6}{@200}$ 表示直径为 6mm 的Ⅰ级光面钢箍，每隔 200mm 放一根，@是相等中心距的代号。为使图面清晰和简化作图，配置在全梁的等距钢箍，一般只画出三或四个，并注明其间距。

绘制立面图时，先画梁的外形轮廓，后画各类钢筋，要注意留出保护层厚度。为了分清主次，钢筋用粗实线表示，梁的外形轮廓用细实线表示。纵钢筋、钢箍的引出线应尽量采用 45°斜细实线或转折成 90°的细实线。各种钢筋编号圆用细实线绘制，圆的直径为 4mm～6mm。

（2）钢筋详图。对于配筋较复杂的钢筋混凝土构件，应把每种钢筋抽出，另绘钢筋详图以表示钢筋的形状、大小、长度、弯折点位置等，以便加工。

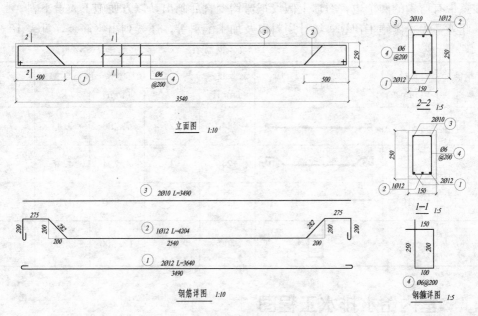

图 10-25　钢筋混凝土梁详图

钢筋详图应按钢筋在梁中的位置由上向下逐类抽出，用粗实线在相应的梁（柱）的立面图下方或旁边表示出来，并用相同的比例，其长度与梁中相应的钢筋一致。同一编号的钢筋只需画一根。依次画好各类钢筋的详图后，应在每一类钢筋的图形上注明有关数据与符号，例如②号钢筋是弯起钢筋，从标注"1∅12"可知这种钢筋只配有一根Ⅰ级钢筋，直径为12mm，总长 L 为4204mm，每分段的形状和长度直接注明在各段处，不必画尺寸线，如282、275、200等。有斜段的弯折处，用直接注写两直角边尺寸数字的方式来表示斜度，如图中的水平和竖向的200。对于③、①号直筋，除同样给以编号，注出根数2、直径和型号∅、总长 L 外，还要注出平直部分（①号钢筋是算到弯钩外缘的顶端）的长度为3490。

（3）断面图。梁的断面图是表示梁的横断面形状、尺寸和钢筋的分布情况。下面以1-1断面为例加以说明。1-1断面是一个矩形，高250、宽150，图中黑圆点表示钢筋的横断面。梁下部有三个黑圆点，其编号是①和②，①号钢筋共2根，分居梁的两侧，直径均为12mm；②号钢筋在两根①号钢筋的中间，只有一根，其直径为12mm。断面的上部有两个黑圆点，编号为③，是架立钢筋，直径为10mm。围住5个黑圆点的矩形粗实线是④号钢箍，直径是6mm。显然，横断面图是配合立面图进一步说明梁中配筋构造的。

由于梁的两端都有钢筋弯起，所以在靠近梁的左端面处，再截取2-2断面，以表示该处的钢筋布置情况。一般在钢筋排列位置有变化的区域都应取断面，但不要在弯起段内（如②号钢筋的两个斜段）取断面。

绘制立面图的比例可用1∶50或1∶40，断面图的比例也可比立面图的比例放大一倍，即用1∶25或1∶20。

（4）钢箍详图。钢箍详图一般画在断面图的旁边，如图 10−25 画在断面图的下方，以与断面图相同的比例画出，并注明钢箍四个边的长度，如 250、200、150、100。这里要注意带有弯钩的两个边，习惯上假设把弯钩变直后画出，以方便施工人员下料。

此外，为了做施工预算、统计用料以及加工配料等，还要列出钢筋表，见表 10−7。

表 10−7　钢筋表

钢筋编号	直径（mm）	简图	长度（mm）	根数	总长（mm）	总重（kg）	备注
1	φ12		3640	2	7.280	7.41	
2	φ12		4240	1	4.204	4.45	
3	φ10		3490	2	6.980	4.31	
4	φ6		700	18	12.600	2.80	

10.6　室内给水排水工程图

10.6.1　概述

给水排水工程包括给水工程和排水工程两个部分。给水工程是指水源取水、水质净化、净水输送、配水使用等工程；排水工程是指污水（生活、粪便、生产等污水）排除、污水处理、处理后的符合排放标准的水进入江湖等工程。给水排水工程都是由各种管道及其配件、水的处理和存储设备等组成的。

给水排水工程的设计图样，按其工程内容的性质大至可分为三类：室内给水排水工程图；室外给水排水工程图；净水设备工艺图。室内给水排水工程图一般由管道平面图、管道系统图、安装图及施工说明等组成。

本节只介绍室内给水排水工程图的表达和图示特点。

在用水房间的建筑平面图上，采用直接正投影法绘出卫生设备、盥洗用具和给排水管道布置的图样，这种图称为室内给排水管道布置平面图。

为了说明管道的空间联系和相对位置，通常将室内管道布置绘制成正面斜轴测图，这种图称为室内给排水系统图。管道平面图是室内给排水工程图的基本图样，是绘制管道轴测图的重要依据。

由于管道的断面尺寸比长度尺寸小得多，所以在小比例的施工图中均以单线条表示管道，用图例表示管道配件，这些图线和图例符号应按《给排水制图标准》GB/T50106−2001 绘制，常用的给排水图例见表 10−8。

表 10-8　给排水图例

名称	图例	名称	图例
水盆水池	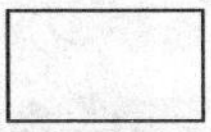	管道	
洗脸盆	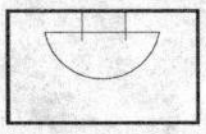	管道	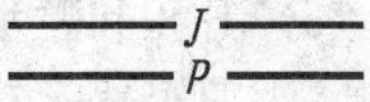 J / P
立式洗脸盆	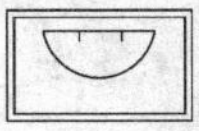	管道	
浴盆	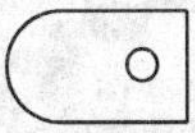	交叉管道	
化验盆、洗涤盆	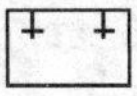	三通管道	
漱洗槽	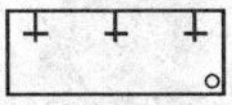	四通管道	
污水池		坡向	
蹲式大便器	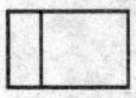	管道立管	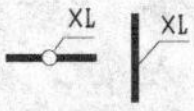 XL　XL
坐式大便器	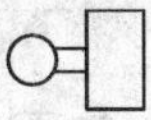	存水弯	
小便槽		检查口	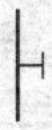
水表井		清扫口	
沐浴喷头		通气帽	
排水漏斗		旋塞阀	
圆形地漏		止回阀	
截止阀		延时自闭冲洗阀	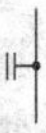
放水龙头		室内消火栓（单口）	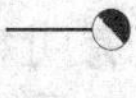

10.6.2　室内给水工程图

10.6.2.1　室内给水管道的组成

图 10-26 所示为三层楼房中给水系统的实际布置情况。给水管道的组成如下：

（1）引入管，是自室外（厂区、校区等）给水管网引入房屋内部的一段水管。每条引入管都装有阀门或泄水装置。

（2）水表节点，用以记录用水量，根据用水情况可在每个用户、每个单元、每幢建筑物或在一个居住区设置一个水表。

（3）室内配水管道，包括水平干管、立管、支管。

（4）配水器具，包括各种配水龙头、闸阀等。

（5）升压和贮水设备，当用水量大而水量不足时，需要设置水箱和水泵等设备。

（6）室内消防设备，包括消防水管和消火栓等。

10.6.2.2　布置室内管道的原则

（1）管道系统选择应使管道最短，并便于检修。

（2）根据室外给水情况（水量和水压等）和用水对象以及消防要求等，室内给水管道可布置成水平环形下行上给式或树枝形上行下给式两种。图10-27a所示的布置为水平干管首尾相接，两根引入管，一般应用于生产性建筑；图10-27b所示的布置为水平干管首尾不相接，只有一根引入管，一般用于民用建筑。

10.6.2.3　室内给水工程图

1）平面图

平面图主要为给水管道和卫生器具的平面布置图。图10-28是本章介绍的职工宿舍给水管道布置平面图，其图示特点如下：

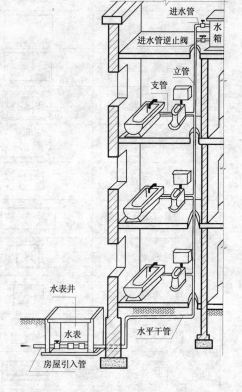

图10-26　室内给水系统的组成

（1）用1∶50或1∶100的比例画出简化后的用水房间（如厕所、厨房、盥洗间等）的平面图，墙身和其他建筑物的轮廓用细实线绘制。轴线编号和主要尺寸与建筑平面图相同。

（2）卫生设备的平面图以中实线（也用细实线）按比例用图例画出大便器、小便斗、洗脸盆、浴盆、污水池等卫生设备的平面位置。

（3）管道的平面布置图通常用单线条粗实线表示管道，底层平面图应画出引入管、水平干管、立管、支管和放水龙头。

管道有明装和暗装敷设方式，暗装时要有施工说明，而且管道应画在墙断面内。

从图10-28可知，给水管自房屋轴线③～⑥之间北面入户，通过四路水平干管进入厨房、浴室等用水房间，再由4条给水立管分别送到二、三、四层楼，通过支管送入用水设备，图中 JL 为给水立管的代号，1、2为立管编号，$DN50$ 表示管道公称直径，给水管标高-0.850是指管中心线标高。

2）管道系统图

图10-29是45°正面斜等测绘制的给水系统图，为了表示管道、用水器具及管道附件的空间关系，绘图时应注意以下三点：

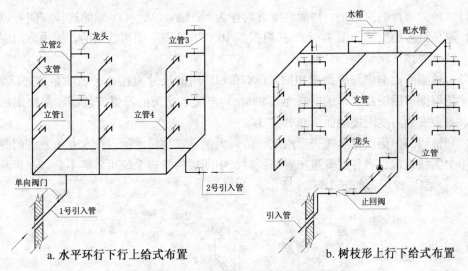

a. 水平环行下行上给式布置   b. 树枝形上行下给式布置

图 10—27 室内给水系统管道图

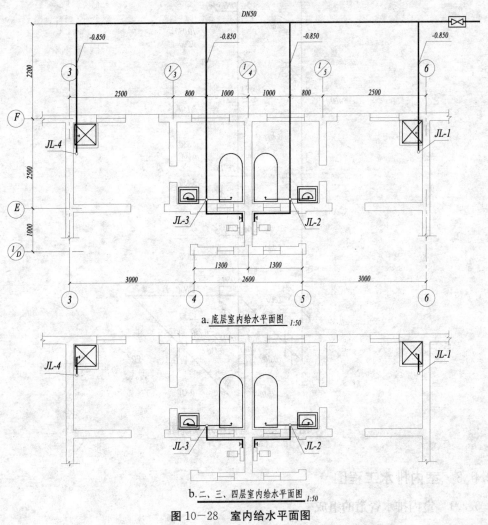

a. 底层室内给水平面图 1:50

b. 二、三、四层室内给水平面图 1:50

图 10—28 室内给水平面图

（1）轴向选择的原则是：房屋高度方向作为 OZ 轴，OX、OY 轴的选择应使管道简单明了，避免过多的交错。图 10-29 是根据图 10-28 管道平面图绘制的，图中方向应与平面图一致，并按比例绘制。

（2）轴测图比例应与平面图相同，OX 和 OY 向的尺寸直接由平面图量取，OZ 方向的尺寸是根据房屋层高（本例层高为 3.200m）与配水龙头的习惯安装高度来决定的。该图配水龙头安装高度距楼地面 1.00m 左右。

（3）轴测图中仍以粗实线表示给水管道，大便器、高位水箱、配水龙头、阀门等图例符号用中实线表示。当各层管道布置相同时，中间层的管道系统可省略不画，在折断处上标注"同×层"即可，如图 10-29 所示。

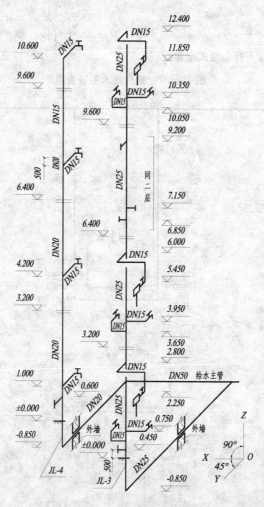

图 10-29　室内给水系统图

10.6.3　室内排水工程图

10.6.3.1　室内排水管道的组成

图 10-30 所示为室内排水系统的布置情况，排水系统的组成如下：

（1）排水横管。连接卫生器具和大便器的水平管段称为排水横管，管径不小于100mm，且倾向立管的坡度为 2%。当大便器多于一个或卫生器具多于两个时，排水横管应设清扫口。

（2）排水立管。管径一般为 100mm，但不能小于 50mm 或所连接的横管管径。立管在顶层和底层应有检查口，在多层建筑中每隔一层应有一个检查口，检查口距地面高度为 1.00m。

（3）排出管。将室内排水立管的污水排入检查井（或化粪池）的水平管段称为排出管，管径应大于或等于 100mm。倾向检查井方向的坡度应为 1%~3%。

（4）通气管。在顶层检查口以上的一段立管称为通气管，通气管应高出屋面 0.3m（平顶屋）至 0.7m（坡屋顶）。

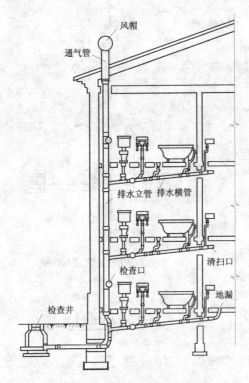

图 10-30　室内排水系统的组成

10.6.3.2　布置室内排水管道应注意的问题

（1）立管布置要便于安装和检修。

（2）立管应尽量靠近处理污物、杂质最多的卫生设备（如大便器、污水池等），横管应以一定坡度倾向立管。

（3）排水管应选择最短途径与室外管道相接，连接处应设检查井或化粪池。

10.6.3.3　室内排水工程图

（1）平面图，主要表示排水管、卫生器具的平面布置。图 10-31 是本章介绍的职工宿舍用水房间排水管道平面图。其中排水横管和排出管均用粗虚线绘制，排水立管用小圆圈表示，卫生器具等按图例用中实线绘制。$\dfrac{P}{1}$ 等为排水管出口符号，P 为排水横管代号，

PL 为排水立管代号，1、2、3 等分别为立管和横管的编号。通常将给、排水管道平面布置绘成一个平面图，但必须注意图中管道的清晰性。

（2）管道系统图。排水管道同样需要用系统图表示其空间连接和布置情况。排水管道系统图仍选用 45°正面斜等测图表示，在同一幢房屋中给排水系统图的轴向选择应一致。由图 10－32 可知，一个单元的用水房间分四路排水管将污水排出室外，由于每两路排水管道布置均相同，所以只画出从底层至顶层四个用户的两路排水系统图即可。图 10－32a 是用户厨房的污水排水系统图，采用直径为 100mm 的排出管将污水排入窨井。

10－32b 是用户的厕所、盥洗间等排水系统图，采用直径为 100mm 的排出管将污水排入化粪池。排水横管标高是管内底标高。

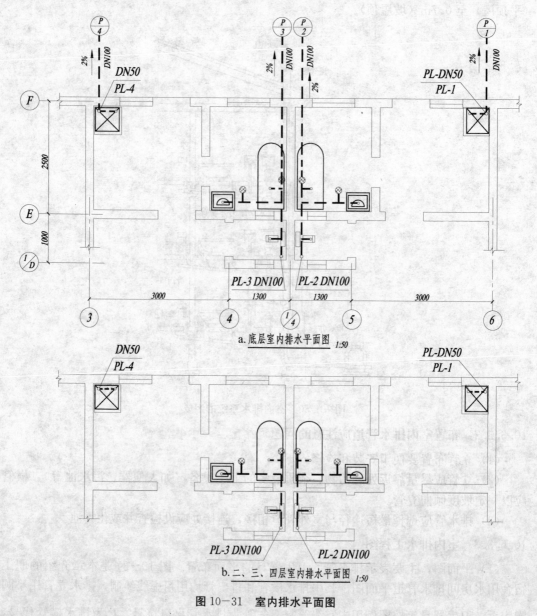

a. 底层室内排水平面图 1:50

b. 二、三、四层室内排水平面图 1:50

图 10－31　室内排水平面图

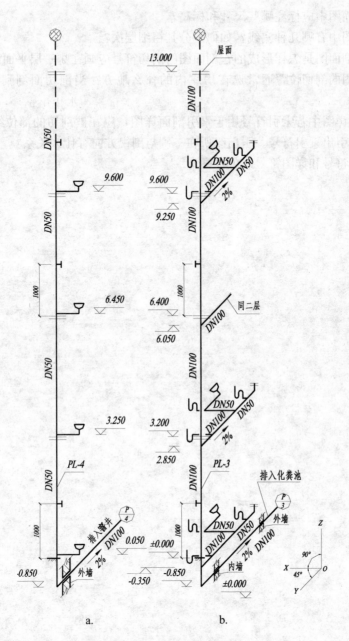

图 10-32　室内排水系统图

【复习思考题】

1. 建筑施工图包括哪些图表?
2. 建筑平面图是怎样形成的?
3. 平面图有哪三道尺寸? 各道尺寸有什么特点?
4. 底层平面图中应标注哪些标高? 标高符号应如何画?
5. 平面图中有几种实线? 如何区别其粗细层次?

6. 正立面图中应标注哪些尺寸和标高？

7. 立面图中有哪几种实线？如何区分其粗细层次？

8. 建筑剖面图是怎样形成的？剖面图的剖切符号应画在哪一层平面图中？

9. 剖面图的剖切位置通常选在房屋内的什么地方？当剖切面剖到楼梯间时应注意什么？

10. 建筑详图中若索引符号用于索引剖面详图，应在被剖切的部位绘制剖切位置线，并应以引出线引出索引符号。引出线所在一侧与剖视方向有什么关系？

11. 索引符号和详图符号应怎样画？

第 11 章 装饰施工图

11.1 概述

20 世纪 90 年代以来，随着社会的进步和物质的丰富，人们对居住环境的要求越来越高，我国室内装饰业迅猛发展。无论是公共建筑还是居住建筑，其室内外空间设计、装饰材料的种类、施工工艺及其做法、灯光音响、设备布置等都日新月异。而这些复杂的装饰设计内容依然要靠图纸来表达，从而使"装饰施工图"从建筑施工图中分离出来，成为建筑装修的指导性文件。

11.1.1 装饰施工图的形成与特点

装饰施工图是设计人员根据投影原理并遵照建筑及装饰设计规范所编制的用于指导装饰施工、生产的技术文件。它既是用来表达设计构思、空间布置、构造做法、材料选用、施工工艺等的技术文件，也是进行工程造价、工程监理等工作的主要技术依据。

由于装饰设计通常都是在建筑设计的基础上进行的，所以装饰施工图和建筑施工图密切相关，两者既有联系又有区别。装饰施工图和建筑施工图都是用正投影原理绘制的用于指导施工的图样，都遵守《房屋建筑制图统一标准》（GB/T50001—2001）的要求。装饰施工图主要反映的是建筑表面的装饰内容，其构成和内容复杂，多用文字和符号作辅助说明。其在图样的组成、施工工艺以及细部做法的表达等方面都与建筑施工图有所不同。

装饰施工图的主要特点有：

（1）装饰施工图采用了和建筑施工图相同的制图标准。

（2）装饰施工图表达的内容很细腻、材料种类繁多，所以采用的比例一般都较大。

（3）装饰施工图中采用的图例符号尚未完全规范。

（4）装饰施工图中常采用文字注写来补充图的不足。

11.1.2 装饰施工图的组成

装饰施工图一般由下列图样组成：

（1）装饰平面图。

（2）装饰立面图。

（3）装饰详图。

（4）家具图。

11.1.3 装饰施工图中常用的图例和符号

装饰施工图的图例符号应遵守《房屋建筑制图统一标准》（GB/T50001—2001）的有关规定，除此之外还可以采用表11-1所示的常用图例。

表 11-1 装饰施工图常用图例

图例	名称	图例	名称	图例	名称
	单扇门		其他家具		盆花
	双扇门	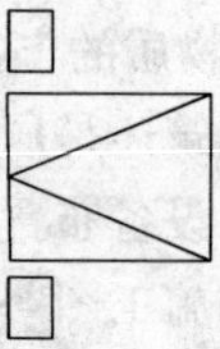	双人床及床头柜		地毯
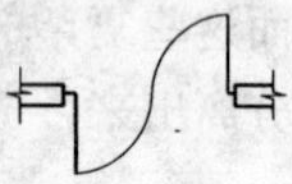	双扇内外开弹簧门				筒灯
					台灯或落地灯
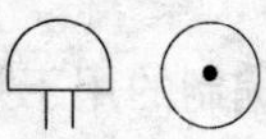	门铃、门铃按钮	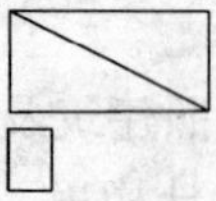	单人床及床头柜	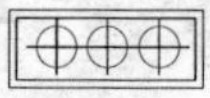	斗胆灯
					转向射灯
				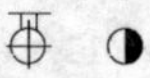	壁灯
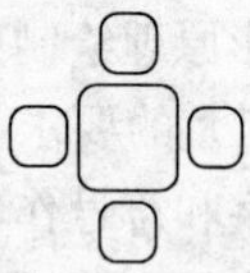	四人桌椅	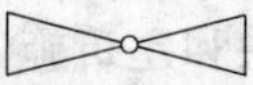	电风扇	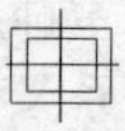	吸顶灯
			电风扇		吊灯
					镜前灯
	沙发		电视机		消防喷淋器
					长条形格栅灯
	各类椅凳		窗布		浴霸
			消防烟感器	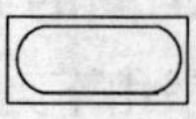	浴缸
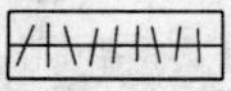	衣柜	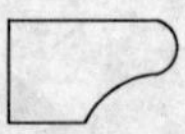	钢琴		洗面台
					座便器

11.2　装饰平面图

装饰平面图是装饰施工图的基本图样，其他图样均是以平面图为依据而设计绘制的。装饰平面图包括平面布置图、地面平面图和顶棚平面图。

11.2.1　平面布置图

11.2.1.1　平面布置图的形成与表达

平面布置图和建筑平面图一样，是一种水平剖面图，主要反映建筑平面布局、装饰空间及功能区域的划分、家具设备的布置、绿化及陈设的布局等内容。平面布置图常用的比例为 1：50、1：100 和 1：150。

平面布置图中剖切到的墙、柱的断面轮廓线用粗实线表示；未剖切到但可见形体的轮廓线用细实线表示，如家具、地面分格、楼梯台阶等。剖切到的钢筋混凝土柱子断面较小时，可用涂黑的方式表示。

11.2.1.2　平面布置图的图示内容

图 11-1 所示为某别墅的底层平面布置图。该底层空间的划分主要有门廊、门厅、娱乐室、储藏间、工人房、车库、卫生间和楼梯间。门廊布置有休闲桌椅，门厅对称布置有 4 张椅子和 2 个茶几；娱乐室有棋牌桌和长条台桌以及凳子；卫生间有洗衣机、水槽、洗面盆、小便器和蹲便器等；车库为两车位车库。平面布置图主要反映的内容有：

(1) 建筑平面图的基本内容，如墙柱与定位轴线、房间布局与名称、门窗位置及编号、门的开启线等。

(2) 室内楼（地）面标高（如门厅的地面标高为 ±0.000，门廊的地面标高为 -0.020m 等）。

(3) 室内固定家具（如工具柜、洁具等）、活动家具（如棋牌桌、椅子等）、家用电器等的位置。

(4) 装饰陈设、绿化美化等位置及图例符号（如窗帘、盆花等）。

(5) 室内立面图的投影符号。

如图 11-2 所示，投影符号用以表明与此平面图相关的立面图的投影关系，常按顺时针方向从上至下在 8mm~12mm 的细实线圆圈内用拉丁字母或阿拉伯数字进行编号。该符号在室内的位置即是站点，分别以 A、B、C、D 四个方向（四个黑色尖角代表视向）观看所指的墙面。该符号的位置可以平移至各室内空间，也可以放置在视图外。

(6) 房屋外围尺寸及轴线编号等。

(7) 索引符号、图名及必要的说明等。

11.2.2　地面平面图

11.2.2.1　地面平面图的形成与表达

地面平面图同平面布置图的形成一样，所不同的是地面平面图不画活动家具及绿化等

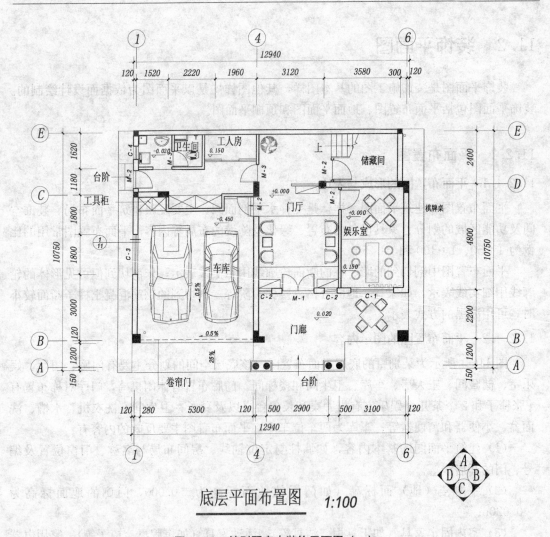

底层平面布置图 1:100

图 11-1 某别墅室内装饰平面图（一）

图 11-2 投影符号

布置，只画出地面的装饰分格，标注地面材质、尺寸和颜色以及地面标高等，如图 11-3 所示。

其常用比例为 1:50、1:100、1:150。图中的地面分格线采用细实线表示，其他内容按平面布置图要求绘制。

11.2.2.2 地面平面图的图示内容

图 11-3 为别墅的底层地面平面图。该底层地面的通道部分如门廊、门厅、楼梯间等均采用耐磨的地砖或石材装饰；车库采用美观耐磨的广场砖；卫生间由于水多较潮湿，采

用了防滑地砖；工人房和娱乐室为人们活动的主要场所，采用了脚感舒适的实木地板。地面平面图一般图示的内容有：

（1）建筑平面图的基本内容，如图中的墙柱断面、门窗位置及编号等。

（2）室内楼、地面的材料选用、颜色与分格尺寸以及地面标高等（如门厅地面为深色石材，车库地面为 500×500 的广场砖、卫生间地面为 400×400 的防滑砖，各部分的标高也已标注出）。

（3）索引符号、图名及必要的说明。

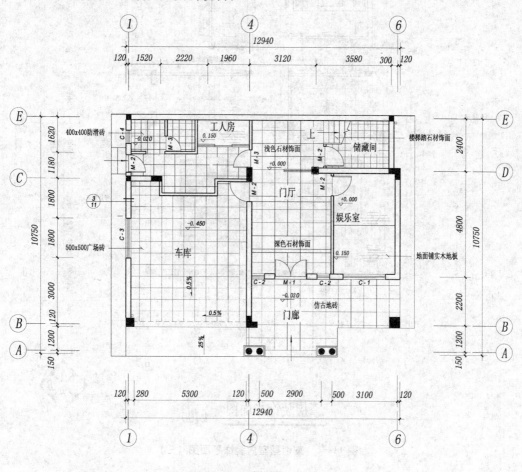

底层地面平面图 *1:100*

图 11-3　某别墅室内装饰平面图（二）

在实际装修应用中，地面平面图往往和平面布置图组合在一起，形成楼、地面装饰平面图，如图 11-4 所示为该别墅的二层楼、地面装饰平面图。

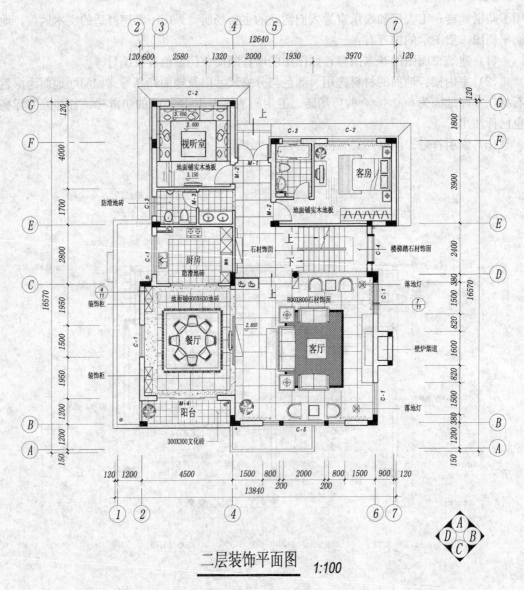

二层装饰平面图 *1:100*

图 11-4　某别墅室内装饰平面图（三）

11.2.3　顶棚平面图

11.2.3.1　顶棚平面图的形成与表达

顶棚平面图是以镜像投影法画出的反映顶棚平面形状、灯具位置、材料选用、标高及构造做法等内容的水平镜像投影图。它是假想以一个水平剖切平面沿顶棚下方门窗洞口位置进行剖切，移去下面部分后对上面墙体、顶棚所作的镜像投影图。顶棚平面图是装饰施工的主要图样之一。

顶棚平面图的常用比例为 1：50、1：100、1：150。在顶棚平面图中剖切到的墙柱用粗实线表示，未剖切到但能看到的顶棚、灯具、风口等用细实线表示。

11.2.3.2 顶棚平面图的图示内容

图 11-5 为别墅的二层顶棚平面图,从图中可以看到客厅的大部分空间为中空,和三楼的空间融合在一起,局部有吊顶设计,安装了筒灯和转向射灯,角落有一盏斗胆灯;餐厅顶部全部有吊顶,中间有一圆形造型,并安装了一盏大型吊灯,周边分布小筒灯;厨房、过道和楼梯间有简单吊顶,灯具以筒灯为主,楼梯间安装了长条形格栅灯和一个吸顶灯;客房和视听室顶部有实木造型,选材和做法通过文字进行了说明。顶棚平面图的主要内容包括:

(1) 顶棚装饰造型的平面形状(如客房顶部的实木造型、餐厅的圆形吊顶等)。

(2) 顶棚装饰所用的装饰材料及规格(如视听室、客房顶部用的实木造型,卫生间顶部采用 200mm 宽长条铝扣板等)。

(3) 灯具的种类(如图中的筒灯、转向射灯、斗胆灯、吊灯、镜前灯、壁灯等)、规格及布置形式和安装位置,以及顶棚的完成面标高。

(4) 空调送风口位置、消防自动报警系统与吊顶有关的音响设施的平面布置形式和安装位置(如图中厨房顶部的通风口等)。

(5) 索引符号、说明文字、图名及比例等。

11.2.4 装饰平面图的识读要点

装饰平面图是装饰施工图中最主要的图样,其表现的内容主要有三大类:第一类是建筑结构及尺寸;第二类是装饰布局和装饰结构以及尺寸关系;第三类是设施、家具的安放位置。在识读装饰平面图的过程中要注意以下几个要点:

(1) 首先识读标题栏,认清为何种平面图,进而了解整个装饰空间的各房间功能划分及其开间和进深,了解门窗和走道位置。

(2) 识读各房间所设置的家具与设施的种类、数量、大小及位置尺寸,应熟悉各种图例符号,如图 11-1。

(3) 识读平面图中的文字说明,明确各装饰面的结构材料及装饰面材料的种类、品牌和色彩要求,了解装饰面材料间的衔接关系,如图 11-3。

(4) 通过平面图上的投影符号,明确投影图的编号和投影方向,进一步查阅各投影方向的立面图,如图 11-4。

(5) 通过平面图上的索引符号(或剖切符号),明确剖切位置及剖切后的投影方向,进一步查阅装饰详图。

(6) 识读顶棚平面图,需要明确面积、功能、装饰造型尺寸、装饰面的特点及顶面的各种设施的位置等关系尺寸,未标注部分进一步查阅装饰详图。此外,要注意顶棚的构造方式,应同时结合对施工现场的勘察,如图 11-5。

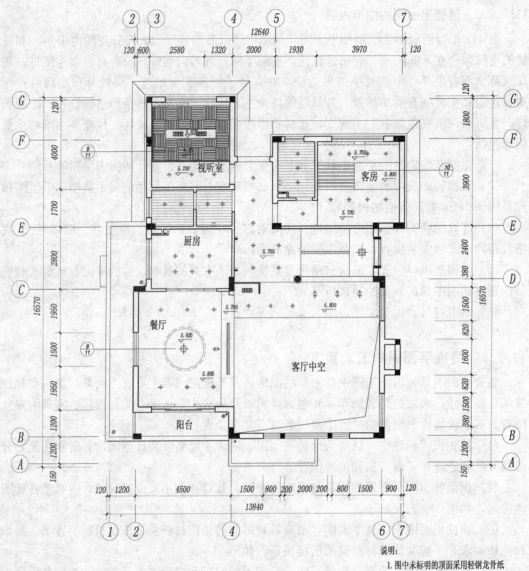

二层顶棚平面图 _1:100_

图 11-5 某别墅室内装饰平面图（四）

说明：
1. 图中未标明的顶面采用轻钢龙骨纸面石膏板吊顶（表面刮瓷粉乳胶漆），木龙骨辅助格架，部分造型采用细木工板制作（刷防火防腐涂料）。
2. 视听室、客房顶面局部用作实木造型。
3. 卫生间顶面采用200宽长条铝扣板。

11.3 装饰立面图

11.3.1 装饰立面图的形成与表达

装饰立面图以室内装饰立面图最为常见，它是将房屋的内墙面按投影符号的指向，向直立投影面所作的正投影图，用于反映房屋内墙面垂直方向的装饰设计形式、尺寸与做法、材料与色彩的选用等内容，是装饰施工图中的主要图样之一，是确定墙面做法的主要依据。房屋装饰立面图的名称，应根据平面布置图中投影符号的编号或字母确定。

室内装饰立面图多表现单一的室内空间，以粗实线绘出这一空间的周边断面轮廓线（即楼板、地面、相邻墙交线），以中实线绘制墙面上的门窗及凸凹于墙面的造型，其他图示内容、尺寸标注、引出线等用细实线表示。室内立面图一般不画虚线。

装饰立面图的常用比例为 1∶50，可用比例为 1∶30、1∶40 等。

11.3.2　装饰立面图的内容

图 11-6 所示为别墅的二层客厅 B 立面图，是人站在客厅往 B 方向（如图 11-4 中投影符号所示）看到的墙面。该墙面主体装饰为一壁炉，壁炉的台面为黑金沙石材；壁炉的背景墙由彩陶砖造型，上面挂有壁画；壁炉两侧用硅钙板造型，用乳胶漆刷面，无造型的墙面用布艺纱帘装饰。另外室内有两个落地灯、两盏羊皮吊灯，壁炉台面上有烛台。总的来说装饰立面图主要有以下几项内容：

（1）室内立面轮廓线。

（2）墙面装饰造型及陈设、门窗造型及分格、墙面灯具、暖气罩等装饰内容。

（3）装饰选材、立面的尺寸、标高及做法说明。图外一般标注一至两道竖向及水平尺寸，以及楼地面、顶棚等的装饰标高。

（4）附墙的固定家具及造型。

（5）索引符号、说明文字、图名及比例等。

11.3.3　装饰立面图的识读要点

（1）首先查看装饰平面图，了解室内装饰设施及家具的平面布置位置，由投影符号查看立面图。

（2）明确地面标高、楼面标高、楼梯平台等与装饰工程有关的标高尺寸。

（3）识读每个立面的装饰面，清楚了解每个装饰面的范围、选材、颜色及相应做法。

（4）立面上各装饰面之间的衔接收口较多，应注意收口的方式、工艺和所用材料。这些收口的方法一般按图中的索引符号去查找节点详图。

（5）注意有关装饰设施在墙体的安装位置，如电源开关、插座的安装位置和安装方式。

（6）根据装饰工程的规模，一项工程往往需要多幅立面图才可以满足施工要求，这些立面图的投影符号均在楼、地面装饰平面图中标出。因此，识读装饰立面图时，必须结合平面图查对，细心地进行相应的分析研究，再结合其他图纸逐项审核，掌握装饰立面的具体施工要求。

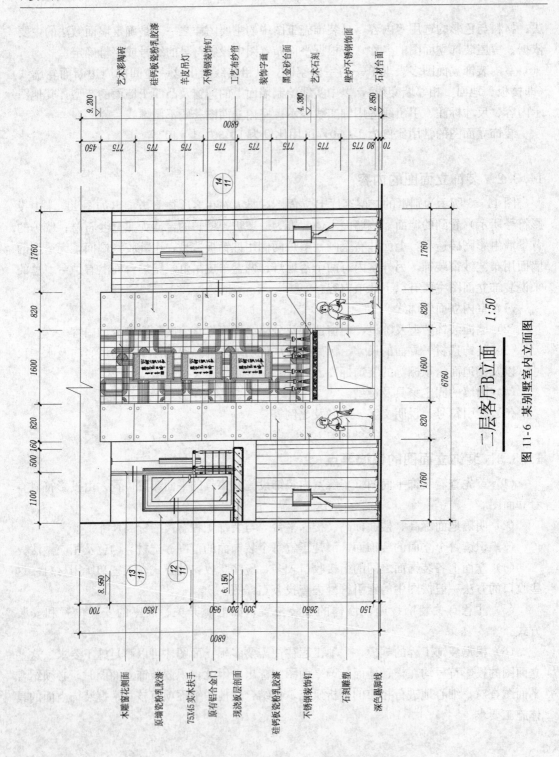

二层客厅B立面 1:50

图 11-6 某别墅室内立面图

艺术彩陶砖
硅钙板瓷粉乳胶漆
羊皮吊灯
不锈钢装饰钉
工艺布纱帘
装饰字面
黑金砂台面
艺术石刻
壁炉不锈钢饰面
石材台面

木雕窗花侧面
顶墙瓷粉乳胶漆
75X45实木扶手
原有铝合金门
现浇板底面
硅钙板瓷粉乳胶漆
不锈钢装饰钉
石刻雕塑
深色踢脚线

11.4　装饰详图

11.4.1　装饰详图的形成与表达

由于装饰平面图、装饰立面图的比例一般较小，很多装饰造型、构造做法、材料选用、细部尺寸等难以表达清楚，满足不了装饰施工、制作的需要，故需放大比例画出详细图样，形成装饰详图，又称大样图。装饰详图是对装饰平面图和装饰立面图的深化和补充，是装饰施工以及细部施工的依据。

装饰详图一般采用的比例为 1：1～1：20。在装饰详图中剖切到的装饰体轮廓用粗实线绘制，未剖切到但能看得到的部分用细实线绘制。

装饰详图包括装饰剖面详图和构造节点详图。装饰剖面详图是将装饰面整个或者局部剖切，并按比例放大后画出剖面图（或断面图），以精确表达其内部构造做法及详细尺寸。构造节点大样图则是将装饰构造的重要连接部分，以垂直或水平方向切开，或把局部立面按一定放大比例画出的图样。图 11-7 所示为窗帘盒大样图。

11.4.2　装饰详图的图示内容

装饰详图的图示内容一般有：

（1）装饰形体的建筑做法。

（2）造型样式、材料选用、尺寸标高。

（3）装饰结构与建筑主体结构之间的连接方式及衔接尺寸；如钢筋混凝土与木龙骨、轻钢及型钢龙骨等内部骨架的连接图示，选用标准图时应加索引符号。

（4）装饰体基层板材的图示（剖面或者断面图），如石膏板、木工板、多层夹板、密度板、水泥压力板等用于找平的构造层次（通常固定在骨架上）。

（5）装饰面层、胶缝及线角的图示（剖面或断面图）、复杂线及造型等还应绘制大样图。

（6）色彩及做法说明、工艺要求等。

11.4.3　装饰详图的识读要点

（1）结合装饰平面图和装饰立面图，了解装饰详图源自何部位的剖切，找出与之相对应的剖切符号或索引符号。

（2）熟悉和研究装饰详图所示内容，进一步明确装饰工程各组成部位或其他图纸难以表明的关键性细部的做法。

（3）由于装饰工程的工程特点和施工特点，表示细部做法的图纸往往比较复杂，不能像土建和安装工程图纸那样广泛运用国标、省标及市标等标准图册，所以读图时要反复查阅图纸，特别注意剖面详图和节点图中各种材料的组合方式以及工艺要求等。

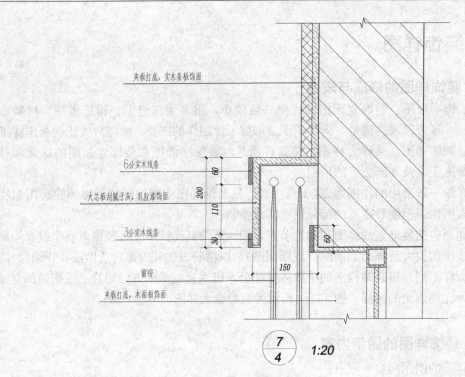

夹板打底，实木条板饰面

6分实木线条

大芯板刮腻子灰，乳胶漆饰面

3分实木线条

窗帘

夹板打底，木面板饰面

60

200

110

30

150

60

7
4   **1:20**

图 11-7　窗帘盒大样图

11.5　家具图

　　家具是室内环境设计中不可缺少的组成部分。家具具有使用、观赏和分割空间关系的功能，有着特定的空间含义。它们与其他装饰形体一起，构成室内装饰的风格，表达出特有的艺术效果和提供相应的使用功能。在室内装饰工程中，为了与装饰风格和色彩协调配套，室内的配套家具往往需要在装修时一并做出，如电视柜、椅子、酒柜等。这时就需要家具图来指导施工。

11.5.1　家具图的组成与表达

　　家具图通常由家具立面图、平面图、剖面图和节点详图组成。图示比例与线宽选用同前述的装饰详图。

11.5.2　家具图的内容与识读

　　图 11-8 为一佛龛的详图。家具图的图示内容一般有：

　　（1）家具的材料选用、结合方式（榫结合、钉结合或者胶结合）。

　　（2）家具的饰面材料、线脚镶嵌装饰、装饰要求和色彩要求。

　　（3）装配工序所需用的尺寸。

　　在装饰施工图中，家具图以详图的形式予以重点说明有利于单独制作和处理。家具图的识读与装饰详图、平面图和立面图等相同。

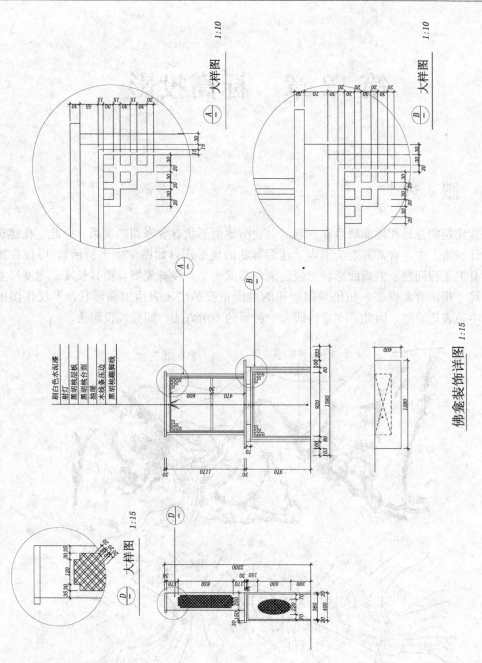

图11-8 家具图

【复习思考题】

1. 装饰施工图有什么特点？包括哪些图样？
2. 楼、地面装饰平面图与建筑平面图有什么区别？
3. 顶棚平面图采用什么投影法绘制？试述顶棚平面图的内容。
4. 试述装饰立面图的内容。装饰立面图的投影符号在哪个图样上查找？
5. 装饰详图有哪些图示方法？试述装饰详图的内容。
6. 试述家具图由哪些图样组成？试述家具图的内容。

第12章 标高投影

12.1 概 述

工程建筑物总是和地面联系在一起的，它与地面形状有着密切的关系，因此，在建筑物的设计和施工中，常常需要绘出表达地面形状的地形图（如图12-1所示），以便在图上解决有关工程问题。但地面形状比较复杂，高低不平，没有规则，而且长度、宽度尺寸与高度尺寸相比要大得多，如仍采用前述的多面正投影法来表达地面形状，不仅作图困难，也不易表达清楚。因此，本章将研究一种新的图示方法，即标高投影法。

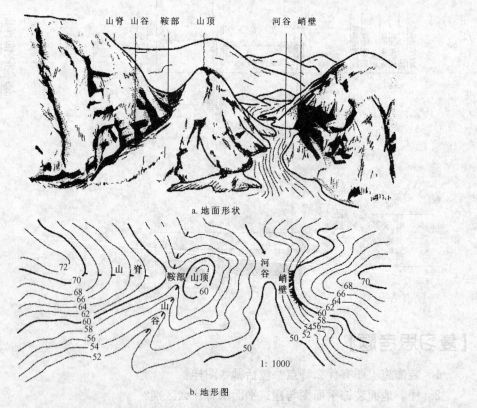

a. 地面形状

b. 地形图

图12-1 地形面和地形图

在图12-2a中，设水平面 H 为基准面，A 点高出 H 面3个单位，B 点高出 H 面5个单位，C 点低于 H 面4个单位，D 点在 H 面内，分别作出它们在 H 面内的正投影，并在投影旁边注明其距离 H 面的高度，即 a_3、b_5、c_{-4}、d_0，这就得到了 A、B、C、D 四点的标高投影。图 12-2b 就是它们的标高投影图。点的高度是以 H 面的高度为 0 来确定的，高出 H 面的为正值，低于 H 面的为负值。

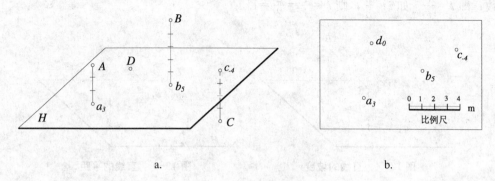

图 12-2　点的标高投影

像这样用一个水平投影图加注其高度数值表示空间形体的方法称为标高投影法。在标高投影图中，必须标明比例或画出比例尺，通常以米（m）为单位。

在实际工作中，通常用青岛附近某处黄海的平均海平面作为基准面，所得标高称为绝对标高，常称高程或海拔。在房屋建筑中，以底层地面作为基准面，所得标高称为相对标高。

12.2　直线和平面的标高投影

12.2.1　直线的标高投影

直线的标高投影可由直线上任意两点的标高投影连接而成，如图 12-3 所示。

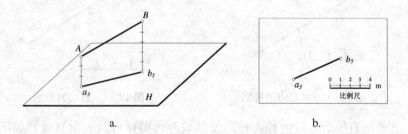

图 12-3　直线的标高投影

12.2.1.1　直线的坡度和平距

直线上任意两点的高差与该两点的水平距离之比称为该直线的坡度，用 i 表示。图 12-4 中，A、B 两点的高差为 H，其水平距离为 L，AB 对 H 面的倾角为 α，则得出

$$坡度\ i=\frac{高差}{水平距离}=\frac{H}{L}=\tan\alpha$$

上式表明，坡度 i 就是当直线上两点间的水平距离为 1 个单位时两点的高差，如图 12-4 所示。

当直线上两点的高差为 1 个单位时的水平距离称为该直线的平距，用 l 表示。这时坡

度 $i=\dfrac{1}{l}$。从图 12-5 中也可以得出 $l=\dfrac{水平距离}{高差}=\dfrac{1}{H}=\cot\alpha$。由此可知，平距和坡度互为

倒数，即 $l=\dfrac{1}{i}$。如 $i=\dfrac{2}{3}$，则 $l=\dfrac{1}{i}=\dfrac{3}{2}=1.5$。

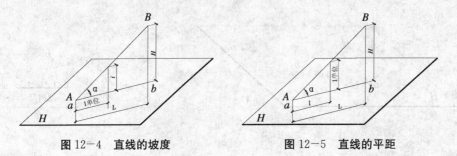

图 12-4　直线的坡度　　　　　　　　图 12-5　直线的平距

　　因为一直线上任意两点间的坡度是相等的，即任意两点的高差与其水平距离之比是一个常数，所以在已知直线上任取一点都能计算出它的标高。或者，已知直线上任意一点的标高，也可以确定它的投影位置。

　　【例 12-2-1】如图 12-6 所示，已知直线 AB 的标高投影 a_6b_2，求直线上 C 点的标高。

　　解：先求直线 AB 的坡度，由图中比例尺量得 $L_{AB}=8$，而 $H_{AB}=6-2=4$，因此坡度

$i=\dfrac{H_{AB}}{L_{AB}}=\dfrac{4}{8}=\dfrac{1}{2}$。根据坡度 $i_{AC}=i_{AB}$，即 $\dfrac{H_{AC}}{L_{AC}}=\dfrac{H_{AB}}{L_{AB}}$，由比例尺量得 $L_{AC}=2$，故得 $\dfrac{H_{AC}}{2}=$

$\dfrac{1}{2}$，$H_{AC}=1$，C 点的标高为 $6-1=5$，其标高投影为 c_5。

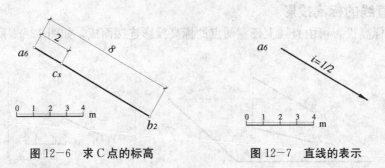

图 12-6　求 C 点的标高　　　　　　图 12-7　直线的表示

　　显然，若给出直线上一点的标高投影及其坡度，同样可以表示直线，如图 12-7 所示，图中箭头指向下坡。

12.2.1.2　直线上整数标高点的求法

　　在实际工作中，有时遇到线段的两端点并非整数，需要在直线上作出各整数标高点。

　　【例 12-2-2】如图 12-8 所示，已知直线 AB 的标高投影 $a_{2.3}b_{5.5}$，求直线上各整数标高点。

　　方法一：图解法。

　　根据换面法的概念，过 AB 作一铅垂面 P，将 P 面以 $a_{2.3}b_{5.5}$ 为轴旋转，使其与 H 面重合，即可求出直线 AB 的实长。在 AB 上确定出整数标高点，则它们的投影便可求解。

　　作图方法：在适当位置按比例尺作一组与 $a_{2.3}b_{5.5}$ 平行的等距整数标高直线，它们的标

高顺次为 2、3、···、6。然后，自点 $a_{2.3}$、$b_{5.5}$ 作标
高的垂线，根据标高定出点 A 和 B；连接 AB，与
整数标高线的交点 C、D、E 就是 AB 上的整数标
高点；再过 C、D、E 各点向 $a_{2.3}b_{5.5}$ 作垂线，即得
整数标高点投影 c_3、d_4、e_5。

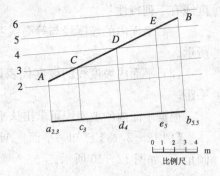

图 12-8 求直线上整数标高点

显然，各相邻整数标高点间的水平距离（即直
线的平距）应该相等。这时 AB 反映实长，它与整
数标高线的夹角反映其对 H 面的倾角。在 P 面上
作一组等距平行直线也可不按图中的比例尺画出，
根据定比关系，其结果相同。

方法二：数解法。

按例 12-2-1 的方法，先求出直线 AB 的坡度，定出平距 l。然后算出距端点的第一
个整数标高点。如求 c_3，则根据 $a_{2.3}$，算出 A、C 两点的水平距离 $L_{AC} = H_{AC} \cdot l = (3 - 2.3) l = 0.7l$。自 $a_{2.3}$ 沿 ab 方向量取 $0.7l$，得 c_3 点。再依次量取两个 l，就得 d_4、e_5
两点。

12.2.2 平面的标高投影

12.2.2.1 平面内的等高线

平面内的水平线就是平面内的等高线，也可看作是水平面与该平面的交线，如图
12-9a 所示，平面与基准面 H_0 的交线就是平面内标高为零的等高线。在生产实际中，常
取整数标高（或高程）的等高线。图 12-9a 为平面 P 内等高线的空间情况，图 12-9b
为平面 P 内等高线的标高投影。

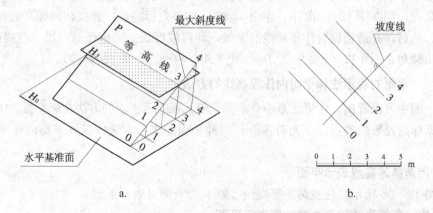

a.   b.

图 12-9 平面内的等高线和坡度线

从图中可以看出，平面内的等高线有下列特性：等高线是直线；等高线互相平行；等
高线的高差相等时，其水平间距也相等。

12.2.2.2 平面内的坡度线

平面内对水平面的最大斜度线就是平面内的坡度线，如图 12-9a 所示。平面内的坡

度线有下列特性：

（1）平面内的坡度线与等高线互相垂直，它们的水平投影也互相垂直，如图 12−9b 所示。

（2）平面内坡度线的坡度代表该平面的坡度，坡度线的平距就是平面内等高线间的平距。

根据平面内的坡度线可求出该平面对水平面的倾角 α。

【例 12−2−3】已知一平面 $\triangle ABC$，其标高投影为 $\triangle a_0 b_{3.3} c_{6.6}$，试求该平面与 H 面的倾角 α，如图 12−10 所示。

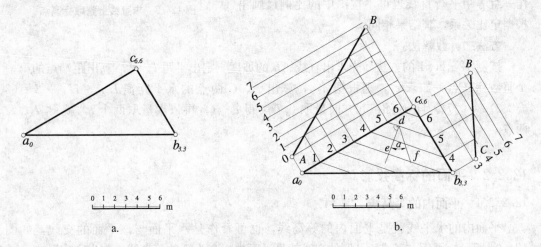

a.　　　　　　　　　　　　　　　b.

图 12−10　求平面与 H 面的倾角 α

解：因平面内的坡度线就表示该平面的坡度，而坡度线又垂直于平面内的等高线，因此只要定出平面内的等高线，问题就易于解决了。为此，先在 $\triangle ABC$ 的任意两边上定出整数标高点，如在图 12−10b 中，定出 ac 和 bc 的整数标高点，连接相同标高的点，就是等高线。然后，在适当位置作等高线的垂线，即得坡度线。求出任意一段坡度线的实长，即可求出倾角 α（图 12−10b 中取 $de=2$ 个平距，$ef=2$ 个单位的高差）。

12.2.2.3　平面的表示法和平面内作等高线的方法

从上例中可以看出，在第二章中介绍的几何元素表示平面的方法在标高投影中仍然适用。根据标高投影的特点，下面着重介绍三种平面的表示方法以及在平面内作等高线的方法。

1）用两条等高线表示平面

如图 12−9b 所示，任意两条等高线（如 4、3）即可表示平面 P。

2）用一条等高线和平面的坡度表示平面

图 12−11a 是一岸堤，堤顶标高为 8，斜坡面的坡度为 1：2，这个斜坡面可以用它的一条等高线和坡度来表示，如图 12−11b 所示。

如图 12−11b 所示，已知平面内一条等高线 8 和坡度 $i=1：2$，可作出该平面内其他等高线，如标高为 7、6、5 等。其作图方法如下：

（1）根据坡度 $i=1：2$，求出平距 $l=2$。

（2）垂直于等高线 8 的坡度线，在坡度线上自等高线 8 的交点起，顺箭头方向按比例连续量取 3 个平距，得 3 个截点，如图 12－11c 所示。

（3）过各截点作等高线 8 的平行线，即为所求。

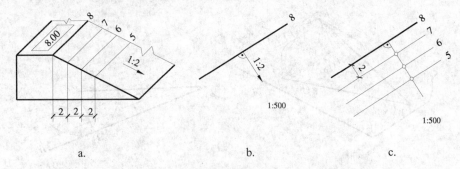

图 12－11　用一条等高线和坡度表示平面

3）用一条倾斜直线和平面的坡度表示平面

图 12－12a 所示是一标高为 4 的水平场地，其斜坡引道两侧的斜面 ABC 和 DEF 的坡度均为 1∶1，这种斜面可由面内一倾斜直线的标高投影和平面的坡度来表示。例如，斜面 ABC 可由倾斜直线 AB 的标高投影 a_4b_0 及坡度 1∶1 来表示，如图 12－12b 所示。图中 a_4b_0 旁边的箭头只说明该平面在直线 AB 的一侧为倾斜，它不代表平面的坡度方向，所以用虚线表示。那么，如何求出图 12－12b 所示平面内的等高线呢？

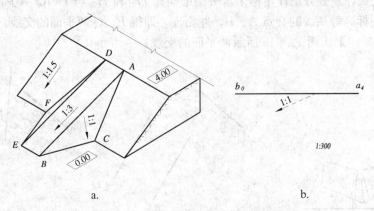

图 12－12　用一条倾斜直线和坡度表示平面（一）

分析：从图 12－13a 中可知，过倾斜直线 AB 作坡度为 1∶1 的平面，可以理解为过 AB 作一平面与锥顶为 A、素线坡度为 1∶1 的正圆锥相切，切线 AK 就是该平面的坡度线。已知 A、B 两点的高差 $H=4-0=4$，平面坡度 $i=1∶1$，那么水平距离 $L=H/i=4/1=4$。如果所作正圆锥面的高度 $H=4$，锥底圆半径 $R=L=4$，则过标高为 0 的 B 点作锥底圆的切线 BK，便是平面内标高为 0 的等高线。知道了平面内的一条等高线和坡度线的方向，就可按图 12－11 的作图方法作出平面内的其他等高线。

作图：如图 12－13b 所示。

（1）以 a_4 为圆心，$R=4$ 为半径作圆弧。

（2）自 b_0 作圆弧的切线 b_0k_0，即得标高为 0 的等高线。

（3）自 a_4 点作切线 b_0k_0 的垂线 a_4k_0，即得平面的坡度线。四等分 a_4k_0，过分点即可作出标高为 1、2、3、4 的等高线。

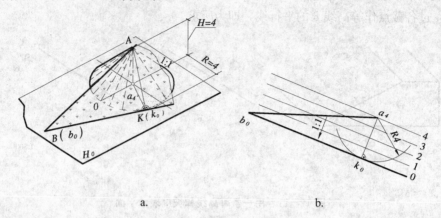

a. b.

图 12-13 用一条倾斜直线和坡度表示平面（二）

12.2.2.4 平面与平面相交

在标高投影中，求两平面的交线的原理和依法与第三章中用辅助平面法求两平面的交线相同，不过标高投影中的辅助面一般采用水平面。通常是利用两平面内同标高（或高程）的等高线相交，分别找出两个共有点并连接起来求得交线。如图 12-14 所示，作 P、Q 两平面的交线，就是分别作出两个水平辅助面如 H_{25} 和 H_{20} 与 P、Q 两平面相交，再分别求得两组同标高等高线的交点 A、B，并相连，即得 P、Q 两平面的交线。

【例 12-2-4】求图 12-15 所示两平面的交线。

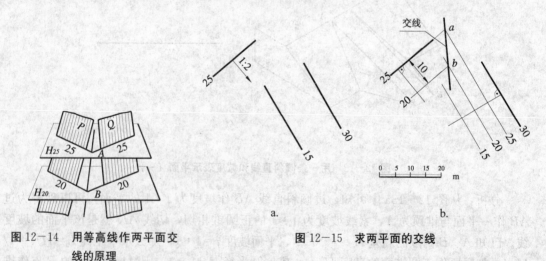

a. b.

图 12-14 用等高线作两平面交 图 12-15 求两平面的交线
线的原理

作图：

（1）作出两平面相同标高的等高线，如标高为 20 和 25 的等高线，如图 12-15b 所示。

（2）两条标高为 25 的等高线相交得 a 点，两条标高为 20 的等高线相交得 b 点。

（3）连 a、b 两点，ab 即为所求两平面交线的标高投影，如图 12-15b 所示。

【例 12-2-5】已知主堤和支堤相交，顶面标高分别为 3 和 2，地面标高为 0，各坡面坡度如图 12-16a 所示，试作相交两堤的标高投影图。

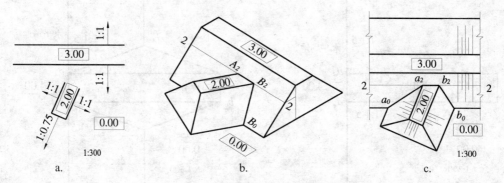

图 12-16　求主堤与支堤相交的标高投影图

分析：本题需求三种交线，一为坡脚线，即各坡面与地面的交线；二为支堤堤顶与主堤边坡面的交线，即 A_2B_2；三为主堤坡面与支堤坡面的交线 A_2A_0、B_2B_0，如图 12-16b 所示。

作图：如图 12-16c 所示。

（1）求坡脚线。以主堤为例，说明作图方法。求出堤顶边缘到坡脚线的水平距离 $L = H/i = 3/1 = 3$，沿两侧坡面的坡度线按比例量取三个单位得截点，过该点作出顶面边线的平行线，即得两侧坡面的坡脚线。同法作出支堤的坡脚线。

（2）求支堤堤顶与主堤坡面的交线。支堤堤顶标高为 2，它与主堤坡面的交线就是主堤坡面上标高为 2 的等高线中 a_2b_2 一段。

（3）求主堤与支堤坡面间的交线。主堤和支堤的坡脚线交于 a_0 和 b_0，连 a_2、a_0 和 b_2、b_0，即得主堤与支堤坡面间的交线 a_2a_0 和 b_2b_0。

（4）画出各坡面的示坡线。

【例 12-2-6】求图 12-17a 所示水平场地和斜坡引道两侧的坡脚线及其坡面间的交线。设地面标高为 0，斜坡引道两侧坡面坡度及水平场地坡面坡度如图 12-17a 所示，轴测图如图 12-12a 所示。

分析：从图 12-12a 中可知，水平场地和斜坡引道两侧的坡脚线就是各坡面与地面的交线，即各坡面上标高为 0 的等高线。两坡脚线之交点 C 或 F 为两坡面的一个共有点，连 AC、DF 即为各坡面之交线。

作图：如图 12-17b 所示。

（1）作水平场地的坡脚线。算出水平场地坡面的水平距离 $L = \dfrac{H}{i} = \dfrac{4}{1/1.5} = 6\text{m}$，即可作出坡脚线。

（2）作斜坡引道两侧的坡脚线。作图原理和方法与图 12-13 所示的相同，即以 a_4 为圆心，$R = 4$ 为半径画圆弧，自 b_0 点作圆弧的切线 b_0c_0，即为所求坡脚线。同理可求另一侧坡脚线 e_0f_0。

（3）a_4 点是水平场地坡面和斜坡引道坡面的一个共有点，两坡脚线的交点 c_0 是两坡面的另一个共有点，连接 a_4、c_0，即得两坡面的交线 a_4c_0。同理可得另一交线 d_4f_0。

（4）画出各坡面的示坡线。注意斜坡引道两侧坡面的示坡线应分别垂直于坡面上的等

高线 $b_0 c_0$ 和 $e_0 f_0$。

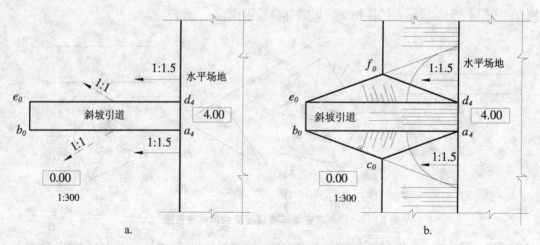

图 12-17　斜坡引道与水平场地的标高投影图

12.3　曲面的标高投影

在标高投影中，用一系列的水平面与曲面相截，画出这些截交线的标高投影就是曲面的标高投影。

12.3.1　正圆锥面

当正圆锥面的轴线垂直于水平面时，假如用一组高差相等的水平面截割正圆锥面，其截交线皆为水平圆，在这些水平圆的水平投影上注明高度数值，即得正圆锥面的标高投影（见图 12-18）。它具有下列特性：

（1）等高线都是同心圆。

（2）等高线间的水平距离相等。

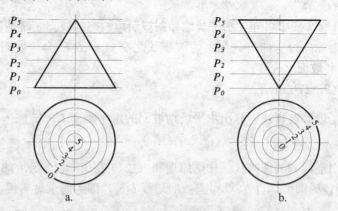

图 12-18　正圆锥面的标高投影

（3）当圆锥面正立时，等高线越靠近圆心，其标高数值越大，如图 12-18a 所示；当圆锥面倒立时，等高线越靠近圆心，其标高数值越小，如图 12-18b 所示。

显然，正圆锥面的素线就是锥面上的坡度线，所有素线的坡度都是相等的。

【例 12-3-1】在土坝和河岸的连接处，用圆锥面护坡，河底标高为 118.00m，河岸、土坝、圆锥台顶面标高及各坡面坡度如图 12-19a 所示。试求坡脚线和各坡面间的交线。

分析：本题有两条坡面交线，一条是椭圆曲线，另一条是双曲线。作出曲线上适当数量的点，依次连接即得。但应注意，圆锥面的等高线是圆弧而不是直线。因此，圆锥面的坡脚线也是一段圆弧，如图 12-19c 所示。

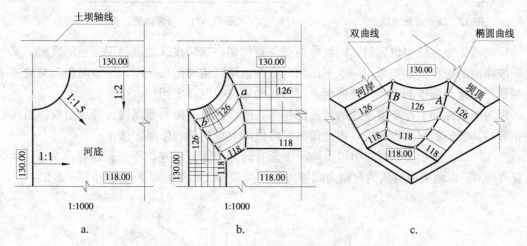

图 12-19　土坝与河岸连接处的标高投影图

作图：如图 12-19b 所示。

(1) 作坡脚线。各坡面的水平距离为：$L_{坝坡} = \dfrac{H}{i} = \dfrac{130-118}{1/2} = 24\text{m}$；$L_{河坡} = \dfrac{H}{i} = \dfrac{130-118}{1/1} = 12\text{m}$；$L_{锥坡} = \dfrac{H}{i} = \dfrac{130-118}{1/1.5} = 18\text{m}$，根据各坡面的水平距离，即可作出它们的坡脚线。必须注意，圆锥面的坡脚线是圆锥台顶圆的同心圆，其半径为锥台顶圆的半径与其水平距离（18m）之和。

(2) 作坡面交线。在各坡面上作出同标高的等高线，它们的交点（如同标高等高线 126 的交点 a、b）即坡面交线上的点。依次光滑地连接各点，即得交线。

(3) 画出各坡面的示坡线，即完成作图。必须注意，不论是平面还是锥面上的示坡线，都应垂直于坡面上的等高线。

12.3.2　同坡曲面

图 12-20 所示是一段倾斜的弯曲道路，两侧曲面上任何地方的坡度都相同，这种曲面称为同坡曲面。显然，正圆锥面上每一条素线的坡度均相等，所以正圆锥面是同坡曲面的特殊情况。

同坡曲面的形成如图 12-21 所示。一正圆锥面顶点沿一空间曲导线（MN）运动，运动时圆锥的轴线始终垂直于水平面，则所有的正圆锥面的外公切面（包络曲面）即为同坡曲面。曲面的坡度就等于运动正圆锥的坡度。

图 12-20　弯曲道路

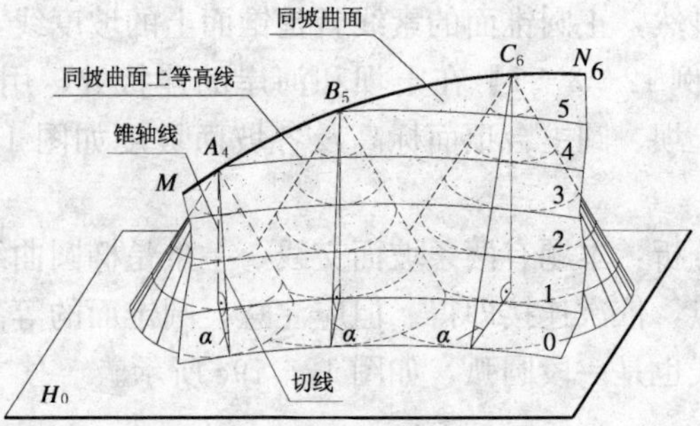

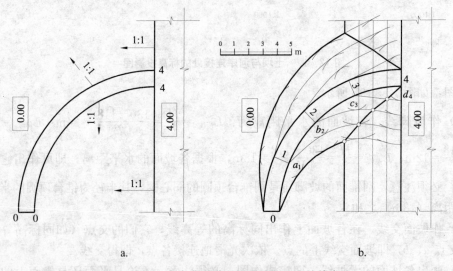

图 12-21　同坡曲面的形成

运动正圆锥在任何位置时，同坡曲面都与它相切，其切线既是运动正圆锥的素线，又是同坡曲面的坡度线。如果用一水平面同时截割运动圆锥和同坡曲面，所得两条截交线一定相切，即运动圆锥面上和同坡曲面上同标高的等高线也一定相切。

因为同坡曲面上每条坡度线的坡度都相等，所以同坡曲面的等高线为等距曲线。当高差相等时，它们的间距也相等，由此得出同坡曲面上等高线的作图方法。

图 12-22a 所示为一弯曲引道由地面逐渐升高并与干道相连，干道顶面标高为 4，地面标高为 0。弯曲引道两侧的坡面为同坡曲面，其等高线的作法如下（见图 12-22b）：

图 12-22　求弯曲引道两侧同坡曲面上的等高线

（1）定出曲导线上的整数标高点。分别以弯曲道路两边线为导线，在导线上取整数标高点（如 a_1、b_2、c_3、d_4）作为运动正圆锥的锥顶位置。

（2）根据 $i=1:1$，得出平距 $l=1$m。

（3）作各正圆锥面的等高线。以锥顶 a_1、b_2、c_3、d_4 为圆心，分别以 $R=l$、$2l$、$3l$、$4l$ 为半径画同心圆，即得各圆锥面的等高线。

（4）作各正圆锥面上同标高等高线的公切曲线（包络线），即为同坡曲面上的等高线。

同法可作出另一侧同坡曲面上的等高线。

图中还需作出两侧同坡曲面与干道坡面的交线，连接两坡面上同标高等高线的交点，即为两坡面的交线。

12.3.3　地形面

12.3.3.1　地形面

地形面是用地面上的等高线来表示的。假想用一组高差相等的水平面截割地面，得到一组高程不同的等高线，如图 12−23 所示。实际上当我们看到水库水面的涨落，形成不同高程的周界线就是地面上不同高程的等高线。画出地面等高线的水平投影并标明其高程，即得地形面的标高投影，如图 12−24 和 12−1b 所示。工程上把这种图形称为地形图。在生产实践中，地形图的等高线是用测量的方法得到的，且等高线的表示高程数字的的字头朝向，按规定指向上坡方向。

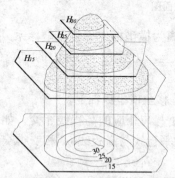

图 12−23　地形面表示法

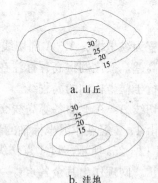

a. 山丘

b. 洼地

图 12−24　山丘和洼地的地形图

地形图上的等高线有下列特性：

（1）在一般情况下，等高线是封闭的曲线。在封闭的等高线图形中，如果等高线的高程中间高，外面低，则表示山丘，如图 12−24a 所示；如果等高线的高程中间低，外面高，则表示洼地，如图 12−24b 所示。

（2）在同一张地形图中，若等高线越密，则表示地面坡度越陡；若等高线越稀，则表示坡度越平缓。如图 12−24a 中的山丘，左右两边比较平缓。

（3）除悬岩、峭壁外，不同高程的等高线不能相交。

为了便于看图，除了解等高线的特性外，还应懂得一些常见地形等高线的特征：

（1）山脊和山谷。山脊和山谷的等高线都是朝一个方向凸出的曲线。顺着等高线的凸出方向看，若等高线的高程数值越来越小，则为山脊地形；若等高线的高程数值越来越大，则为山谷地形，如图 12−1b 所示。

（2）鞍部。相邻两山峰之间，地面形状像马鞍的区域称为鞍部。在鞍部两侧同高程的等高线，其排列接近对称形，如图 12−1b 所示。

在图 12−1b 中的等高线，每隔 4 条有一粗线，该线称为计曲线，可便于看图。

12.3.3.2　地形断面图

用一铅垂平面剖切地形面，画出剖切平面与地形面的交线及材料图例就是地形断面图，如图 12−25b 所示。铅垂平面与地面相交，在平面图上积聚成一直线，用剖切线 A−A 表示，它与地面等高线交于 1、2 等点。如图 12−25a 所示，这些点的高程与所在的等高线的高程相同。据此，可以作出地形断面图，作法如下：

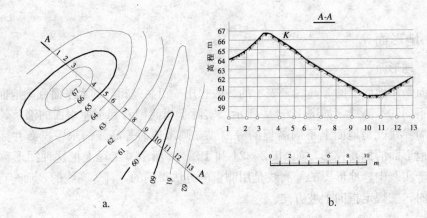

图 12-25　地形坡面图

（1）以高程为纵坐标、$A-A$ 剖切线的水平距离为横坐标作一直角坐标系。根据地形图上等高线的高差，按比例将高程标注在纵坐标轴上，如图 12-25b 中的 59、60 等，过各高程点作平行于横坐标轴的高程线。

（2）将剖切线 $A-A$ 上的各等高线交点 1、2 等移至横坐标轴上。

（3）分别由 1、2 等点作纵坐标轴的平行线，使其与相应的高程线相交。如 4 点的高程为 66，如图 12-25a 所示。过 4 点作纵坐标轴的平行线与高程线 66 相交得交点 K，如图 12-25b 所示。同理作出其余各点。

（4）徒手将各点连成曲线，加上自然土壤图例，即得地形断面图，如图 12-25b 所示。

【例 12-3-2】如图 12-26a 所示，已知地形图和直线 AB 的标高投影，求出直线 AB 与地面的交点。

分析：从地形图中不能直接找到直线 AB 与地面的交点，若通过 AB 作铅垂辅助面剖切地面，画出地形面的断面图和在剖切面上直线 AB 的实形，即可找到直线 AB 与地面的交点。

作图：如图 12-26b 所示。

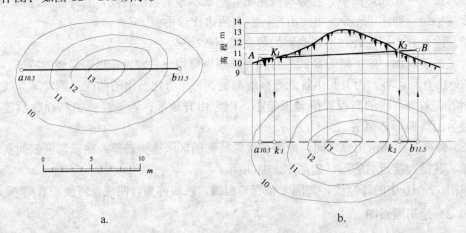

图 12-26　求直线与地面的交点

（1）包含直线 AB 作铅垂辅助面，画出地形断面图。

（2）由 AB 两端点的 $a_{10.5}$、$b_{11.5}$ 用相同比例在断面图中作出直线 AB（实形）。

（3）直线 AB 与地形断面图的交点 K_1、K_2，就是 AB 与地面的交点。

（4）由 K_1、K_2 返回到 ab 上，即可求出直线 AB 与地面交点的水平投影 k_1 和 k_2。线段 k_1k_2 为不可见，应画成虚线。

12.4 工程实例

根据标高投影的基本原理和作图方法，就可以解决工程建筑物表面上的交线问题。求解这些交线的基本方法仍是根据三面共点的原理，以水平面作为辅助面求两个表面的共有点。如所求交线为直线，则只需求出两个共有点相连即得；如所求交线是曲线，则必须求出一系列的共有点，然后依次连接成光滑曲线。下面举例说明求交线的方法。

【例 12-4-1】如图 12-27a 所示，在所给的地形图上修筑水平广场，广场高程为30，填方坡度为 1：2，挖方坡度为 1：1.5，求填、挖方坡面的边界线和各坡面间的交线。

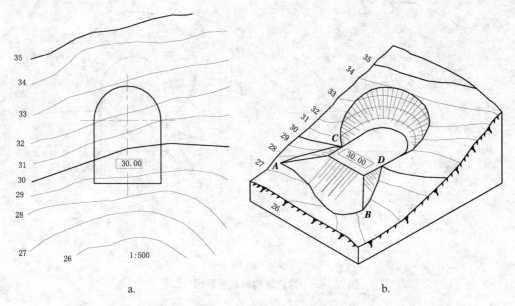

a. b.

图 12-27　求广场的标高投影图（一）

分析：如图 12-27b 所示。

（1）因为水平广场高程为 30，所以高程为 30 的等高线就是挖方和填方的分界线，它与水平广场边线的交点 C、D，就是填、挖边界线的分界点。

（2）广场北边挖方部分包括一个倒圆锥面和两个与倒圆锥面相切的平面。倒圆锥面的等高线为一组同心圆，圆的半径越大，其高程越高。由于倒圆锥面和它两侧的平面坡度相同，所以它们的同高程等高线相切。

（3）填、挖分界线以南都是填方，广场平面轮廓为矩形，所以边坡面为三个平面，其坡度皆为 1：2。填方坡面上的等高线越往外其高程越低。不仅每个坡面与地面相交，而且相邻两个坡面也相交。因此，广场左下角和右下角都有三面（两个坡面和地面）共点的问题，即三条交线必交于一点，如 A、B 两点。由于相邻两坡面的坡度相等，故此两坡面的交线是两坡面同高程等高线相交的角平分线（即 45°线）。

作图：如图 12-28 所示。

（1）求挖方边界线。过圆心 o 任画一坡度线，现利用 oe 的延长线自 e 点起，用挖方平距 $l=1.5$ 来截取若干等高线的定位点，过截点画出广场北端圆弧的同心圆，即得圆锥面上的等高线 31、32、33 等。两侧坡面上的等高线（直线）与锥面上同高程等高线相切。作出填、挖分界线以北坡面与地面同高程等高线的交点 1、2、3、4、5、6、7，即边界线上的点，依次连接各点，即得挖方边界线。

（2）求填方边界线。首先画出两邻坡面的交线，过广场顶角 f、g 画广场边角的角平分线，即为坡面间的交线。然后作出各坡面的坡度线，在此线上按填方平距 $l=2$ 截取等分点，分别作出各坡面上的等高线 29、28 等，找出同高程等高线的交点 8、9 等，顺次连接各点，即得填方边界线。

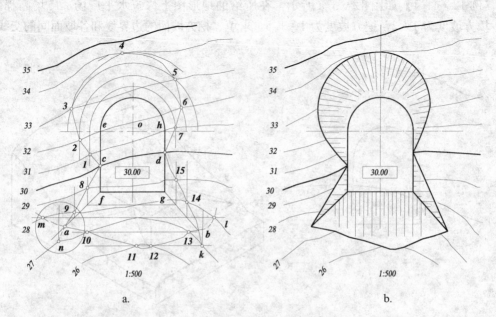

图 12-28 求广场的标高投影图（二）

从图 12-28a 中左下角圆圈部分可以看出，西面坡脚线 $c-8-9-n$ 与南面坡脚线 $13-12-11-10-m$ 一定交于 a 点（三面共点）。am、an 已到了两坡面交线 fa 的另一侧，因此画成虚线。图中右下角的 b 点也用同样的方法求出。

（3）画出各坡面的示坡线。注意填、挖方示坡线有别，长、短的细实线都是从高端引出，如图 12-28b 所示。

【例 12-4-2】在图 12-29 所示的地形面上，修有弯曲段的倾斜道路，道路顶面示出了整数高程线 22、24 等。道路两侧的填方坡度为 1∶1.5，挖方坡度为 1∶1，求填、挖边界线。

分析：道路中间一段为弯曲段，两侧边坡面为同坡曲面，其他两段是直道，边坡面为平面。从图 12-29 中可以看出，道路南边地面等高线 28 与路面高程线 28 恰好交于路边的 n 点，即为南坡面填、挖分界点；道路北坡面的填、挖分界点是在路面高程线 26 和 28 之间，确切的分界点要通过作图求得。道路南北两侧坡面的填、挖边界线求法相同，下面仅就北坡面的填、挖边界线的求法加以叙述。

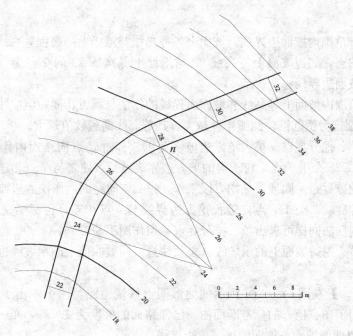

图 12—29 同坡曲面与地面的交线（一）

作图：如图 12—30 所示。

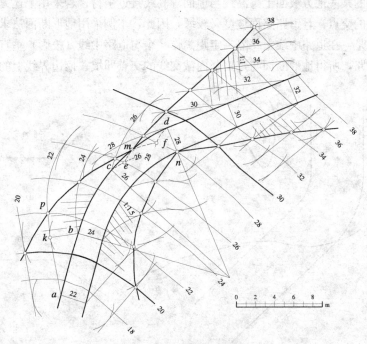

图 12—30 同坡曲面与地面的交线（二）

（1）作填方范围内坡面上的等高线。以路边线上的高程点 22、24、26 即 a、b、c 为圆心，分别以 R（即平距 $l=1.5$m）、$2R$、$3R$ 为半径画圆弧，作同高程圆弧的公切线，即为坡面上的等高线。其中同坡曲面范围内的等高线为曲线，平坡面范围内的等高线为直线，其同高程的等高线直线与曲线应相切。例如过 a 点的高程为 22 的等高线直线和曲线

相切于 k 点。

(2) 作填方范围内坡面边界线。坡面上各等高线与地面上同高程等高线相交，其交点即为边界线上的点，如边坡面上等高线 22 与地面上等高线 22 的交点为 p，顺次连接各点，即得填方坡面边界线。

(3) 挖方范围内坡面上等高线和坡面边界线的作法与填方相同，但应注意，挖方坡度为 1：1；辅助圆锥为倒圆锥，圆弧半径越大，其等高线高程数值越大。

(4) 定出填、挖分界点。扩大填方边坡面范围，如过 d 点向路面内作一条虚等高线 28 与地面等高线 28 交于 f 点，将求得的填方边界线延长，使之与 f 点相连交路边线于 m 点，即得填、挖分界点。同理，从挖方段来作，过 c 点向路面内作挖方边坡面上的虚等高线 26 与地面等高线 26 交于 e 点，延长挖方边界线与 e 点相连，也必然交于路边线的 m 点。此外，用内插法同样可求出填、挖分界点，但作图不易准确。

(5) 画出填、挖边坡面上的示坡线。必须注意，同坡曲面上的示坡线也应垂直于坡面上的等高线。

【例 12-4-3】在图 12-31a 所示的地形图上修筑道路，图中示出了路面位置。图 12-31b、c 示出了填、挖方的标准断面图。已知路面的坡度为 1：20，$A-A$ 断面处的高程为 70，求道路两侧坡面与地面的填、挖边界线。

分析：求道路坡面与地面的交线，常用坡面与地面同高程等高线相交求交点的方法来解决。本例道路的某些地方坡面上等高线与地面等高线接近平行，若采用上述方法则不易求出同高程等高线的交点，且道路路面坡度又较缓，因此，本例采用地形断面法求填、挖边界线上的点。作法是：在道路中线上每隔一定距离作一个与道路中线（投影）垂直的铅垂面同时剖切地面和道路，所得地形断面与道路断面截交线的交点即填、挖边界线上的点。

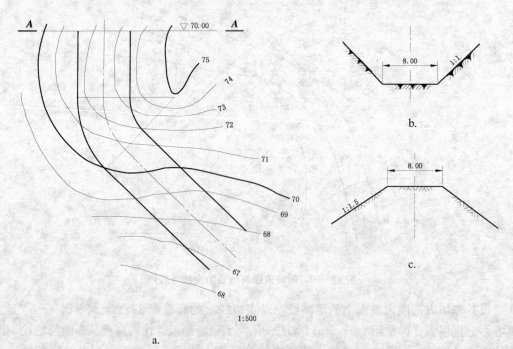

图 12-31 求道路两侧坡面与地面的交线（一）

作图：如图 12-32 所示。

(1) 从 $A-A$ 断面开始，在道路中线上每隔 10m 作横断面 $B-B$、$C-C$、$D-D$、$E-E$。根据路面坡度 1：20，算出各断面处的路面高程分别为 69.50、69.00、68.50、68.00。

(2) 作 $A-A$ 断面，如图 12-32a 所示。为了作图方便，将 $A-A$ 断面作在与 $A-A$ 剖切线投影相对应的位置。首先，按图 12-25 所示的作图法作出 $A-A$ 地形断面图，并定出道路中心线。然后，把 $A-A$ 断面与道路断面两边的交点 a、b 垂直地投影到高程线 70 上，得 $a_0 b_0$。从图中可知，此处路面低于地面，应按挖方坡度 1：1 作出道路断面。最后，把道路断面两边坡线与地形断面的交点 1_0、2_0 按箭头方向返回到 $A-A$ 剖切线上，得 1、2 两点，即挖方边界线上的点。

(3) 作 $B-B$ 断面，如图 12-32b 所示。在适当位置作道路断面的中心线，并以此为准，作地形断面图，将 $B-B$ 与路面的交线对应地作到高程线 69.50 上，因路面低于地面，应按挖方坡度 1：1 作出道路断面；然后，从套作的两个断面中，得出交点 3_0、4_0，返回 $B-B$ 剖切线上得 3、4 两点，即挖方边界线上的点。

(4) 作 $C-C$、$D-D$、$E-E$ 断面，如图 12-32b 所示。作图方法与 $B-B$ 断面相同。必须注意，$D-D$ 断面中，东边为挖方，西边为填方，应分别按不同坡度作出道路断面的边坡线。$E-E$ 断面全是填方。

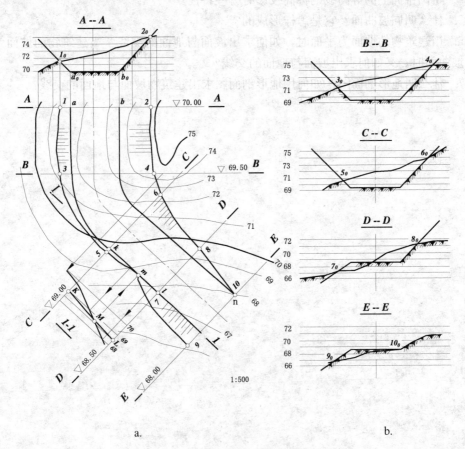

图 12-32　求道路两侧坡面与地面的交线（二）

（5）求填、挖分界点。道路东侧的填、挖分界点 n 可直接从图中求得。西侧的填、挖分界点不能直接求出，但从图 12-32b 中可以看出，这个分界点一定在 $C-C$、$D-D$ 两剖切面之间，它是此两断面间路面边线与该处地形断面的交点。其作法如下：通过边线 kl 作铅垂断面 1-1，在 1-1 断面中求出直线 KL 与地面的交点 M，将 M 点返回 kl 上得 m 点，即填、挖分界点。在图 12-32a 的左下方 1-1 断面中，为了作图清楚，高度方向的比例尺适当放大了，但并不影响交点的位置。

（6）用曲线依次连接所求同侧各点，即得填、挖边界线。画出边坡面的示坡线，即完成全图。

必须指出，用断面法求交点只有在路面坡度较小，即路面比较平缓的情况下适用。如路面坡度较大时，断面图上的边坡线和实际相差较大，则不宜采用断面法。

【复习思考题】

1. 什么叫标高投影？

2. 直线的坡度和平距的意义如何？两者有什么关系？

3. 平面内的等高线有哪些特性？平面内的坡度线有哪些特性？如何求两平面的交线？

4. 正圆锥面上的等高线的标高投影有哪些特性？

5. 什么叫同坡曲面？它是怎样形成的？

6. 当建筑物的坡面为平面时，如何求出坡面与地面的交线？当建筑物的坡面为锥面或同坡曲面时，又如何求出坡面与地面的交线？

7. 什么叫地形剖面图？如何用地形剖面图求出建筑物坡面与地面的交线？

附录

单层工业厂房建筑施工图的阅读

工业厂房施工图的图示原理与民用房屋施工图一样，因此，其阅读方法也按先文字说明后图样、先整体后局部、先图形后尺寸，或先粗后细、先大后小的顺序依次阅读。即先从施工总说明、总平面图中了解房屋的位置和周围环境的情况，再读平面图、立面图、剖面图、详图等图样，读图时还必须注意各图样间的关系，配合起来仔细分析。

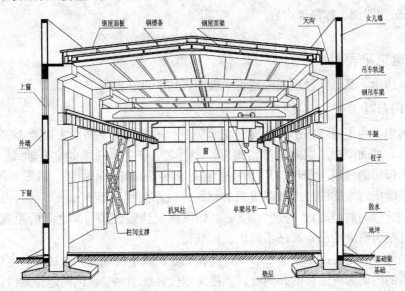

图 1 单层工业厂房的组成与名称

根据不同的生产工艺要求，工业厂房通常分为单层厂房和多层厂房两大类。单层厂房多采用装配式钢筋混凝土结构，其主要构件有基础、柱子、屋盖结构、吊车梁、支撑、围护结构等部分，如图 1 所示。

（1）基础。用以支承柱子和基础梁，并将荷载传给地基。单层厂房的基础多采用杯形基础。

（2）柱子。用以支承屋架和吊车梁，是厂房的主要承重构件。柱子安装在基础的杯口内。

（3）屋盖结构。屋盖结构起承重和围护作用，其主要构件有屋面板、檩条、屋面梁（或屋架）等，屋面板安装在檩条上，檩条安装在屋面梁（或屋架）上，屋面梁（或屋架）安装在柱子上。

（4）吊车梁。有吊车的厂房，为了吊车的运行要设置吊车梁。吊车梁用来支撑吊车，两端安装在柱子的牛腿上。

(5) 支撑。包括屋盖结构的水平和垂直支撑，以及柱子之间的支撑。其作用是加强厂房整体的稳定性和抗震性。

(6) 围护结构。主要指厂房的外墙及与外墙连在一起的加强外墙整体稳定性圈梁、抗风柱等。

现以某厂 5 号车间为例，如图 1、图 2 和图 3 所示，着重介绍单层单跨工业厂房建筑施工图中主要图样的阅读方法。

一、总平面图

总平面图主要表示新建筑物的平面形状、位置、朝向、占地范围、相互间距、道路布置等内容。建筑总平面图是新建厂房施工定位、土方施工及施工总平面设计的重要依据。在读总平面图时，重点要了解总平面图中的比例、图线（如新建房屋的轮廓线用粗实线，其余如拆除房屋轮廓、道路等均用细实线等）、建筑物朝向（由指北针或风向频率玫瑰图确定）、建筑物图例、标高等内容。

二、建筑平面图

如图 2 所示，某厂 5 号车间的建筑平面图表达了以下内容：

1. 柱网布置

在厂房中，为了确定柱子的位置以支承屋顶和吊车，在平面图上需要布置定位轴线。如图 2 所示，平面图中的横向定位轴线①、②、③、…、⑩和纵向定位轴线Ⓐ、Ⓑ构成柱网，表示厂房的柱距与跨度。厂房的柱距决定屋架的间距和檩条、吊车梁等构件的长度；车间跨度决定屋架的跨度和起重机的轨距。该车间柱距是 6 m（即横向定位轴线①、②、③、…、⑩间的距离），跨度为 12 m（即纵向定位轴线Ⓐ与Ⓑ之间的距离）。我国单层厂房的柱距与跨度的尺寸都已系列化、标准化。

定位轴线一般是柱或承重墙中心线，而在工业建筑中的端墙和边柱处的定位轴线，常常设在端墙的内墙面或边柱的外侧处，如横向定位轴线①和⑩，纵向定位轴线Ⓐ和Ⓑ。

在两个定位轴线间，必要时可增设附加定位轴线。如图 2 所示，平面图中⑩轴线表示在①轴线后附加的第一根轴线，⑩轴线表示在⑨轴线后附加的第 1 根轴线。

2. 吊车布置

车间内设有梁式吊车两台，如图 2 所示，平面图中吊车用 ⊏⊐ 表示，上面标注了所选用吊车的吊起重量（$Q_n = 1$ t）和吊车的跨度（$S = 10.5$ m），即吊车的起重量为 1 t，吊车跨度为 10.5 m。

3. 墙体、门窗布置

在平面图中应表明墙体和门窗的位置、型号及数量。该例图中的外墙为 240 砖墙；在表示门窗的图例旁边注写代号，门的代号是 M，窗的代号是 C，在代号后面要注写序号（如 M4245、C5624 等），同一序号表示同一类型门窗，它们的构造和尺寸相同。在建筑施工图中还需列出门窗明细表（见表 1），以表示门窗的大小、型式和数量。为减少篇幅，此例中未将该部分图示出。

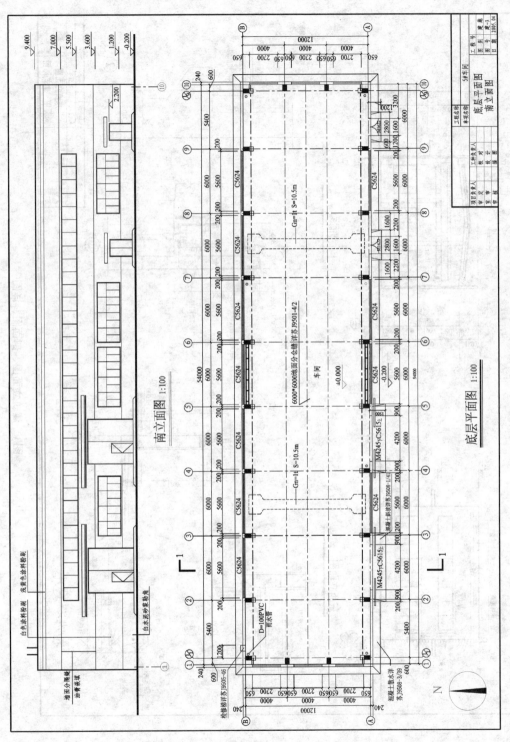

南立面图 1:100

底层平面图 1:100

图2　建筑平面图、立面图

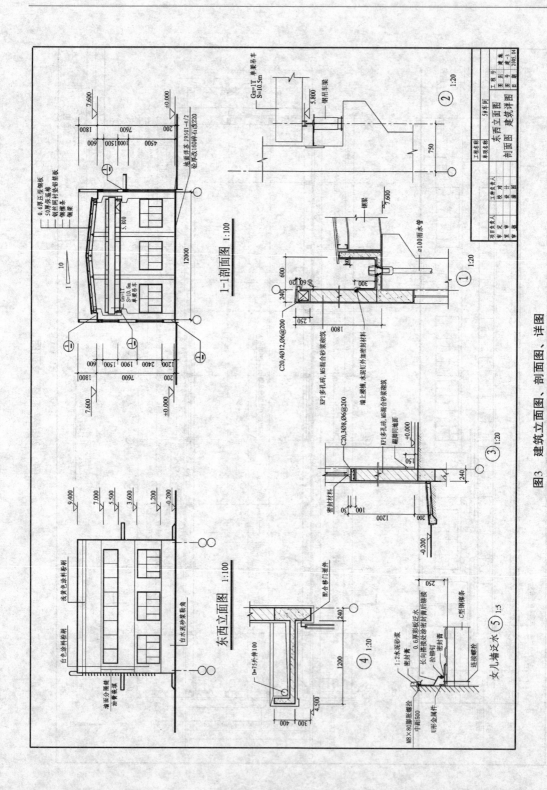

图3 建筑立面图、剖面图、详图

表1 门窗明细表

门窗设计编号	门洞宽（mm）	门洞高（mm）	数量	备 注
M4245	4200	4500	2	钢板门（参02J611－2钢大门图集）
M1622	1600	2200	2	钢板门（参02J611－1钢大门图集）
C5624	5600	2400	11	塑钢窗（参苏J002－2000塑料门窗图集）
C2724	2700	2400	6	
C10715	10700	1500	2	
C41615	41600	1500	2	

4. 尺寸布置

平面图上通常沿长、宽两个方向分别标注三道尺寸：第一道尺寸是厂房的总长和总宽；第二道尺寸是定位轴线间尺寸；第三道尺寸是外墙上门窗宽度及其定位尺寸。此外，还包括厂房内部各部分的尺寸、其他细部尺寸和标高尺寸。

5. 其他有关符号布置

1）指北针

在建筑物的底层平面图中应画出指北针表明建筑物朝向，指北针常画在图纸的左下角，如图1所示。指北针用细实线绘制，一般情况下，圆的直径为24 mm，指北针尾部宽度为3 mm（若需用较大直径绘制，则指针尾部宽度宜为直径的1/8），指针尖端部位写上"北"或"N"字表示北方。从图中的指北针可以看出该工业厂房为坐北向南。

2）剖切符号

建筑物剖面图的剖切位置要在底层平面图中画出，以反映剖面图的剖切位置及剖视方向。如图2所示中的1—1剖面（其剖面图绘制在图3中）。

3）索引符号

建筑平面图中，应在需要另画详图的局部或构件处画出索引符号。

三、建筑立面图

工业厂房建筑立面图除了反映厂房的整个外貌形状以及屋顶、门、窗、天窗、雨篷、台阶、雨水管等细部的形状和位置外，还反映出厂房室外装修及材料做法等内容。

在立面图上，通常要注写出室内外地面、窗台、门窗顶、雨篷底面以及屋顶等处的标高。

读立面图时应配合平面图。该厂房的南立面图（即①～⑩立面图）如图2上图所示，东（西）立面图如图3所示。这两个立面图主要表达了以下内容：

1. 厂房立面形状

从南立面图和东（西）立面图看，该厂房为一矩形立面。

2. 门、窗的形式

门、窗的立面形式、开启方式和立面布置如图中所示。门窗做法要参见相应的门窗表和详图。

3. 标高

立面图上一般注有室内外地面标高、门窗上下口标高、墙顶标高等，还有各部位的高度及总高。例如，本例室外地面标高为－0.200 m，总高为 9.400 m。

4. 墙面装修

墙面的装修一般在立面图中标注有简单的文字说明。如图 2 所示，南立面图中墙面做法标注有"外墙涂料饰面及分格同主车间"，即该厂房墙面按主车间立面图中的文字说明装修。

四、建筑剖面图

建筑剖面图有横剖面图和纵剖面图。

在单层厂房建筑设计中，纵剖面图除在工艺设计中有特殊要求需画出外，一般情况下不必画出。如图 3 所示，该厂房的 1－1 剖面图（横剖面图）所表达的内容如下：

1. 主要构配件的相互关系

该剖面图表达了厂房内部的柱、吊车梁断面及屋架、屋面板以及墙、门窗等构配件的相互关系。

2. 厂房竖向尺寸和标高

该剖面图表达了厂房各部位的竖向尺寸和主要部位的标高尺寸。

3. 单层厂房的两个重要尺寸

该剖面图中所标注的屋架下弦底面（或柱顶）的标高 7.600 m，以及吊车轨顶的标高 5.800 m 是单层厂房的重要尺寸。这两个尺寸是根据生产设备的外形尺寸、吊车类型及被吊物件尺寸、操作和检修所需的空间等要求来确定的。

4. 详图索引符号

由于剖面图比例较小，不能很好地表达建筑物的细部或配构件形状、尺寸、材料、构造做法等内容，需要另外绘制出比例较大的建筑详图来表达，所以在建筑剖面图上应标出相应的索引符号，如剖面图 1－1 中的⊜、⊜、⊜、⊜。

五、建筑详图

为了将厂房细部或构配件的形状、尺寸、材料、构造做法等表达清楚，需要用较大的比例绘制详图。

单层厂房一般都要绘制墙身剖面详图，用来表示墙体各部分，如门、窗、勒脚、窗套、过梁、圈梁、女儿墙等详细构造、尺寸标高以及室内外装修等。单层工业厂房的外墙剖面还应表明柱、吊车梁、屋架、屋面板等构件的构造关系和联结。

如图 3 所示绘出了①、②、③、④、⑤详图。

参考文献

[1] 贾洪斌，雷光明，王德芳. 土木工程制图. 北京：高等教育出版社，2006.

[2] 王晓琴，庞行志. 画法几何及土木工程制图. 武汉：华中科技大学出版社，2004.

[3] 赵景伟，宋琦. 土木工程制图. 北京：中国建材工业出版社，2006.

[4] 高远. 建筑装饰制图与识图. 北京：机械工业出版社，2004.

[5] 顾世权. 建筑装饰制图. 北京：中国建筑工业出版社，2000.